石油和化工行业“十四五”规划教材

综合与集成

思维 · 方法 · 案例

程光旭　孙 杰　胡海军　钟显康　涂圣文　编

· 北 京 ·

内容简介

综合与集成是近几十年产生和发展起来的当代科学技术新方法，目前已经成为解决巨大工程系统、复杂社会系统、生态系统、计算机网络系统和人工智能（artificial intelligence，AI）系统等问题的有效方法，被一些科学家认为是21世纪科学技术方法中最有发展前途的方法之一。

本教材介绍了现代科学技术的特征及发展趋势，通过对复杂性科学的探索引入综合与集成的方法论和科学思维方法，概述了综合与集成的基本方法及综合评价方法；通过信息网络建设对技术集成的要求，重点介绍了系统集成的概念、方法及机制；最后，用若干个应用案例介绍了综合集成方法的应用效果。

本书可供高等院校理、工、经、管、文、医等各专业大学生作为通识课程教材使用，也可供研究生和相关科学研究及工程技术人员阅读参考。

图书在版编目（CIP）数据

综合与集成 ： 思维·方法·案例 / 程光旭等编.
北京 ： 化学工业出版社，2025. 1. --（石油和化工行业"十四五"规划教材）. -- ISBN 978-7-122-47335-6

Ⅰ. N3

中国国家版本馆CIP数据核字第2025C2S455号

责任编辑：贾　娜　赵玉清
文字编辑：尉迟梦迪
责任校对：宋　夏
装帧设计：史利平

出版发行：化学工业出版社（北京市东城区青年湖南街13号　邮政编码100011）
印　　装：北京云浩印刷有限责任公司
710mm×1000mm　1/16　印张17¼　字数260千字
2025年4月北京第1版第1次印刷

购书咨询：010-64518888　　售后服务：010-64518899
网　　址：http://www.cip.com.cn
凡购买本书，如有缺损质量问题，本社销售中心负责调换。

定　　价：45.00元　

序

人类认识世界与改造世界途径之概述

人类认识世界（科学）与改造世界（工程）之知识与技能呈分化专精又综合集成交替演进之特征。人类文明之初，知识运用以综合集成为主。古之工匠建造、制器，兼虑材料、工法、构设及气候、地理诸因素，多凭经验知识之综合、初等技能之集成，由此达成改造世界又适应自然之目的。先哲们解释世界也多基于整体认识，如古希腊哲学家之本原论，认为世界的本原在于具有完整自足性的实体，而这些实体都有其独特的本质。华夏先祖则将世界万物概括为“木、火、土、金、水”五种基本性质和形态，可以看出其中也有了分而治之的科学理念。

欧洲文艺复兴后，科学日兴，学科渐分，但综合之势仍在。牛顿经典力学应时而生，却是数学与物理未有分家之结果。蒸汽机是人类改变世界之杰作，其发明也更多是综合知识运用和实践试错的结果。进入 19 世纪后，工程技术与科学相互促进，工程师与科学家们没有满足于蒸汽机效率的提高和劳动生产力快速增长的事实，而是进一步对蒸汽机做功原理进行深入探究，由此形成了热力学的重要基础，而热力学又成为现代科学大厦之基石，蒸汽机应用于各种旋转机械，进而衍生出机械工程的科学基础——机构学，为了解决产生蒸汽的锅炉的安全问题，材料学、固体强度学等工程科学的基础也应运而生。至 20 世纪，学科进入了细分阶段，如物理学自经典力学后又分为热、电、光、声学等分支，各有精研对象、理论体系与研究方法。工程学亦有专分，包括土木、机械、电气、化工、水利等。时至今日，按我国国家标准《学科分类与代码》（GB/T 13745—2009），学科门类包括自然科学、农业科学、医药科学、工程与技术科学、人文与社会科学 5 个门类，一级学科 62 个，二级学科 676 个，细分的三级学科则有 2382 个之多，而学科方向达数以万计。

也正是此时，人类创造的技术系统日益复杂。如先进的长征火箭系统箭上仪器设备近 1400 台，箭上设备元器件达 10 万之多，软件近 300 套，除了航空宇航科学与技术，还涉及数学、物理、化学、天文、力学、精密仪器、尖端机械、自动控制、软件等众多学科领域；又如华龙一号核电站包括了 359 个系统、近 30000 台设备、400 公里管道、1600 公里布线，同时对更长寿命（60 年）、更高安全可靠性的要求提出了诸多新的挑战，涉及的学科包括核工程与核技术、核物理、核化工与核燃料工程、力学、机械工程、电气工程、测控技术及仪器、自动化、材料科学与工程、金属材料工程、工程管理、计算机、安全工程、土木工程、消防工程等。

面对如此庞大复杂的工程技术系统，如何培养具有跨学科、跨领域能力的工程师在今天显得尤为重要。我国的工程教育在支撑国家经济发展方面做出了重要的贡献，但在培养高水平创新人才方面仍有较大的提升空间。一个大学生从大学开始，经过 4 ~ 5 年本科专业领域学习，再经过 2 ~ 3 年研究生细分学科方向上的科研训练，然后经过 3 ~ 5 年工程师岗位在专业领域历练，再经过 3 ~ 5 年高级工程师在多个岗位上的经历，才能胜任副总工程师的职责，这时候需要进一步熟悉系统相关的多个专业领域，再经 3 ~ 5 年的锻炼熟悉整个系统涉及的各个专业才能成为一名合格的总工程师。然而，能勇于跨出专业领域、整合相关学科知识或在学科交叉的边界开展工作的工程师仍是太少，因此能脱颖而出的高水平顶尖人才就更为稀缺。为此，工程教育的改革势在必行，其中一个关键是如何培养工科学生跨界整合的能力，这需要我们对工程教育的逻辑有更深刻的理解。在传授知识的过程中，我们希望学生既见森林又见树木，进而能深入探索树木根须生长的规律，这是自上而下的“认识世界”的逻辑，由此达成科学教育的目标，但是作为工程教育而言，则还要培养学生懂得利用根须树木生长的规律，既能植新木又能造新林，才能自下而上达成“改造世界”之目的。这个植树造林的过程也便是综合集成的过程，从中学习的知识必须有可拓展性（extendability），学习到的技能有可移植性（transferability），这两者或可作为综合集成能力培养的基础。一个人的知识可拓、触类而旁通，源于其对事物第一性原理的深入掌握，而技能可移植，则往往需要更多的实际训练，比如创新能力、批判思维、计算思维及人工智能技术能力等，均须个人深度参与实践，才能得心应手移植到不同的领域。还需要特别指出的是，全面工程教育主张工理人文融通，因此综合集成当集大成，除了集成科学技术，人文素质不可少，其内化于心则促进个人自洽和谐，外表于形则利于人际沟通、推进跨领域团队合作。

在 20 世纪末，我分管南京化工大学教学时，深感工科大学生长于学科分析、不擅工程综合已然成为问题，曾写就一文“走向综合的工程教育”（《高教研究》，南京化工大学，1998），此后我与同事们在华东理工大学的专业建设中积极实践综合集成的理念，2009 年“综合化工程教育模式的探索与实践”项目获得了国家级教学成果二等奖。当时的工作重点更多在于整合多学科交叉的专业培养方案，对于学生综合集成能力的培养或有潜移默化的作用，但并未将其作为一个培养目标提出，更没有形成一部方法论的教材。《综合与集成——思维 · 方法 · 案例》一书无疑很好地弥补了这一缺憾。该书作者之一程光旭教授是我国化工设备可靠性与风险控制领域的知名教授，又担任过高等学校重要领导职务，熟悉学科建设、科技创新与社会服务，书中内容乃集百家之大成，并经多年教学实践应用，反响很好。今该书出版，他嘱我为之序，与有荣焉！惜我学识有限，以上寥寥数语之读后感，完全不足以阐明其中思想与智慧，唯望诸读者、同学或老师精读精研，掌握其中精髓，并灵活应用于实践中。是为序。

中国工程院院士

华东理工大学　教授

2024 年 12 月 12 日

前言

科学技术的发展对人类认识世界、改造世界到提高生活质量，再到促进社会进步和提升国家竞争力，都起到了决定性的作用。

忆往昔，以牛顿经典力学为代表的“机械力”思想，深刻地影响了科学技术发展长达 300 多年！以相对论和量子力学为代表的新物质和宇宙图景，打破了经典力学中时空相对分离的绝对时空观，成为现代最重要的科学思想的发端点！

看如今，复杂性、非线性思想的产生带来科学方法论的变革；多功能一体化的信息网络和人工智能带来产业技术革命；知识经济时代的悄然来临，推动着社会意识形态的更新！科学技术发展之快、网络信息分布范围之广、人工智能功能之强、工程项目规模之大、生态系统结构之复杂等都是前所未有的。在这些科学和技术的进展中，至关重要的不是科学中的学术，而是科学中的研究方法。

那么“方法”何在？就在引起人们思维革新的方法——综合与集成方法。综合与集成方法针对某个应用目标，将分散的各种因素或单元结合成为一个更加协调有机联系的整体，共享内部资源，使整个系统获得更好的结果。它作为一种科学的方法论，其理论基础是思维科学，方法基础是系统科学，技术基础是以计算机为主的信息技术，哲学基础是马克思主义认识论和实践论。它被一些科学家认为是 21 世纪最有前途的科学技术方法。

科学在经历了分支细化向纵深发展的过程以后，已迎来融合的时代！你需要掌握综合性知识和综合分析的方法，具备解决重大科学技术问题的集成创新能力！你想要在激烈的社会竞争中求得大的发展，就必须具有全新的思维方法，站得更高、看得更远！面对三峡工程、人类基因组计划、神舟号飞船计划等诸多复杂系统，是否觉得它们复杂得令你茫然不知所措？纷乱的知识是否在你的头脑中激烈碰撞却找不到合适的出路？感受着高速、多功能、媒体化的信息网络的便捷，你是否知晓它的构建机理？科技的发展是社会进步的动力，思维方法的革新是科技的源泉！

面对科学技术日益迅猛发展的浪潮，当代大学生应该如何应对？应该掌握哪些知识和本领？这对我国高等教育的教材内容和教学方法提出了新的改革要求，仅仅传授知识的教学方法和传统的科学方法论正面临新的挑战，如何把工程实际中综合、复杂的问题带入课堂和将教材中的知识应用于真实、复杂的工程实际，培养大学生面向市场的应用技术以及分析问题的综合能力，掌握现代科学技术方法论成为教学改革的热点问题。

为了适应复杂性和综合性分析的要求，有必要在大学开设“综合集成思维与方法”课程。西安交通大学自 2004 年开始在大学生中开设了“综合集成思维与方法”通识课程，选课的学生除了各专业的大学生外，还包括钱学森试验班的学生和少年班的学生，我们编写了《综合与集成——当代科学技术方法概论》。科学技术在人工智能、量子计算、可控核聚变、生物合成、新材料、新能源、太空探索等领域的突破和发展，创新思维成为推动科学技术的思维方法。这种思维方法的出现，反映了科学技术发展的内在需求和对未来发展的前瞻性思考。我们与时俱进，不断总结经验，开展选课学生问卷调查，听取学生学习过程中的反馈意见，努力改革教学方法，不断充实教学内容，课程教学效果越来越好，选课学生越来越多。尤其是中国共产党第十九次全国代表大会报告提出“实现中华民族伟大复兴，就是中华民族近代以来最伟大梦想”。21 世纪中华民族要实现伟大复兴，关键要看我国能不能在科学技术上超越他国，关键要看世界科学中心能否在中国形成，关键要看我国能否培养和造就世界最高水平的科学家和工程技术创新人才。培养和造就一大批拔尖创新的各类人才是实现中国梦的历史要求。这就要求高等学校必须承担起这一历史重任，着力培养家国情怀浓厚、社会责任感强、综合素质高、创新能力突出、能够解决复杂性难题、能担大任的时代新人。在这样的时代背景下，迫切需要培养大学生的创业意识与创新思维，2022 年，“综合集成思维与方法”入选为西安交通大学通识核心课程，面向大学一、二、三和四年级的各专业学生开设。

目前尚未见到适合大学生学习的有关综合与集成方法论的教材。虽然，已经出版了许多关于计算机系统集成方面的教材和专著，但是它们都是从某一个系统或某一个应用方面进行阐述，很少专门论述综合与集成的基本概念和方法。我们编写了这本《综合与集成——思维 · 方法 · 案例》教材，不仅是适应高等教育进入普及化阶段对科学方法论教学改革的一次尝试，也是我国高等院校非常重要的一部系统讲解综合与集成方法论的教材。

本教材力求激发学生探索复杂社会的兴趣，综合大学学习期间的一些专业知识，培养学生运用综合与集成方法分析和解决大型复杂性问题的能力，教给学生新的思维方法。全书共分 6 章。第 1 章绪论，第 2 章通过现代科学技术发展的特征引出学习综合与集成方法论的必要性。第 3 章通过探索复杂性现象和复杂性科学提出综合与集成方法论的研究内容和作用。第 4 章主要讲述综合评价方法及过程综合的基本概念。第 5 章重点介绍集成与系统集成的概念和方法。第 6 章的内容是综合集成方法及其应用举例。课程的教学方式可以采用讲课、知识综合与复习、工程案例分析、大型工程设计和综合性实验等。

本教材的主要特点:

（1）系统总结了综合的方法和系统集成的基本概念，按照知识、能力、智慧、素质协调发展的要求构筑新的课程内容，力求充分体现当代科学技术发展的前沿和科学研究方法论，使之适应复合型人才的培养，起到拓展知识、培养能力、增强适应性的作用，形成新的思维框架。

（2）反映当代科学技术方法论研究的最新成果，由浅入深，由易到难，由简到繁。

（3）着重讲述人类社会从工业时代向信息时代过渡时期科学技术发展的特征，培养学生从新的视角、从新的观点、用新的思维方式探索复杂系统和复杂性。

（4）以纸质教材为核心，案例辅之以数字化资源，会使教材体现立体化，学生学习显现个性化，从而在培养学生能力和科学素养等方面起到行稳致远的作用。为进一步帮助学生强化对所学知识的理解与运用，作为新形态课程教材，本书还提供兴趣引导、彩图、视频、典型案例、拓展阅读等线上数字化资源。

《综合与集成——思维 · 方法 · 案例》是一本方法论的教材，该教材在中国高等学校教学改革中属于新生事物，要建立系统的教材内容和教学方法是一项长远的战略任务，其中有许多问题还需要从理论上进行深入探讨并在教学实践中不断积累经验。

本书由孙杰、胡海军、钟显康、涂圣文分工编写第 1 章、第 2 ~ 4 章、第 5 章、第 6 章，由程光旭统稿。在本书的编写和课程建设过程中，得到了西安交通大学李云教授、张早校教授、于德弘教授、张陵教授、田东平教授、王秋旺教授、杨建科教授等的大力支持及西安交通大学教改项目的资助，审稿人朱继洲教授、王宏波教授和李建群教授提出了很好的修改建议，在此一并表示衷心的感谢！

需要说明的是，综合与集成是一门新兴多学科交叉渗透的科学，涉及的知识面广，而笔者的知识面和教学经历都十分有限，书中难免存在一些疏漏和不妥之处，敬请读者和有关专家批评指正。

程光旭
于西安交通大学
2024 年 10 月

目录

科学与技术的发展进程中至关重要的是什么？

科学知识大爆炸时代——我们应该学习哪些知识？

破解复杂性问题有什么“金钥匙”吗？

综合评价有什么应用场景？

芯片是系统集成吗？

如何使用“金钥匙”解开复杂问题？

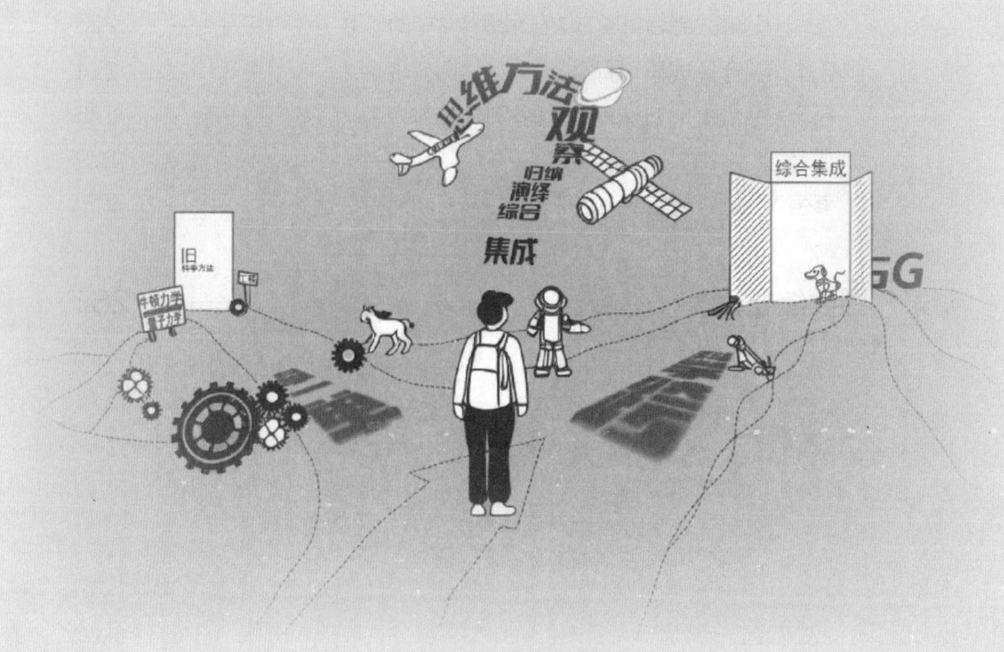

第1章 绪论

在当今这个科学与技术飞速发展的时代，我们面临着前所未有的挑战和机遇。本章简单介绍了科学与技术的目标、推动力，以及科学思想和方法，特别是还原论与整体论的对比，为我们理解科学本质提供了初步的基础。同时，详细分析了工程的定义和现代工程技术的新特点，以及综合与集成的含义和方法。这些内容不仅为我们揭示了科学思维方法在科学认识活动中的重要性，也强调了综合与集成在科学技术转化为现实生产力过程中的关键作用。

为什么要学习这章？在科学前沿高度分化而又趋向综合的背景下，跨学科的综合性课题日益增多，这要求我们不仅要掌握单一学科的专业知识，还要能够将不同领域的知识进行整合，以解决日益复杂的科学问题。通过学习本章内容，可以更好地理解综合与集成思维方法的重要性，以及它们在现代科学技术发展中的重要作用。

如何学习这章？需要从理解科学与技术的基础概念开始，逐步深入到科学思维方法的具体应用。通过分析科学发展史和现代科学技术特征，可以更好地把握综合与集成方法的精髓。通过研究国内外科学方法论的研究动态，可以了解这些方法在实际科研和工程实践中的最新应用。积极参与讨论和实践活动，将理论知识与实际问题相结合，也是学习这一章的重要途径。

学习这章有什么用？掌握本章内容对于大学生来说具有深远的意义。它不仅能够帮助学生建立起对科学与技术全面而深刻的理解，为未来的学术研究或工程实践打下坚实的基础，而且通过学习综合与集成方法，能够培养学生跨学科的思考能力，这对于解决现代复杂问题至关重要。特别是在高等教育普及化时代，培养“通专相济”的拔尖创新人才显得尤为重要。本章内容不仅为学生提供了丰富的知识资源，提升学生的专业技能，帮助其获得解决现实问题的工具，还能够拓宽学生的视野，激发其创新思维，培养其适应未来挑战的能力，为成为未来的科技创新者做好准备。

知识点思维导图

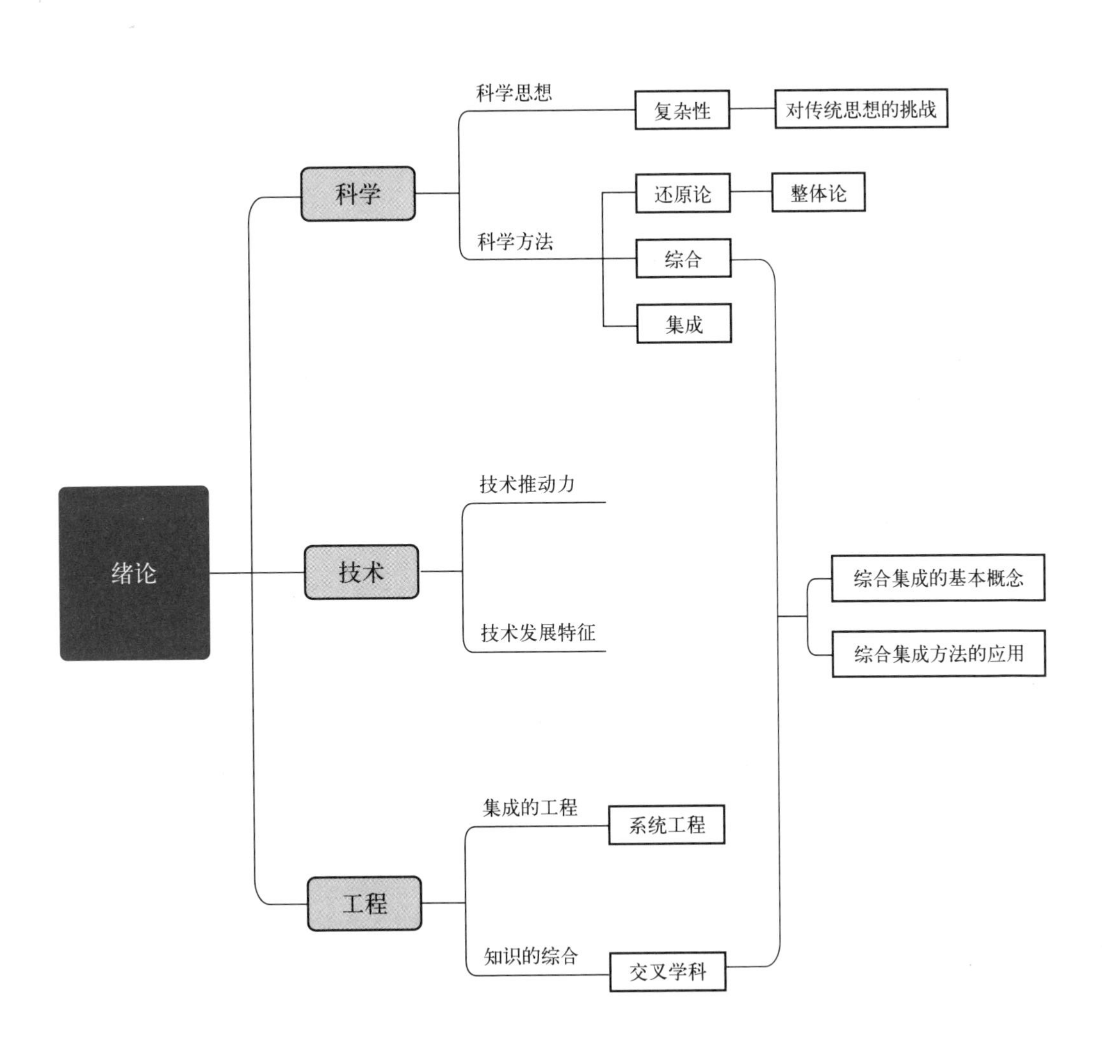
绪论
科学
科学思想
复杂性
对传统思想的挑战
科学方法
还原论
整体论
综合
集成
技术
技术推动力
技术发展特征
综合集成的基本概念
综合集成方法的应用
工程
集成的工程
系统工程
知识的综合
交叉学科

1.1 科学与技术

什么是万物之源？原始蒙昧，刀耕火种，人类从诞生的那天起，就开始了对自己所处世界的苦苦探求，在遥远、未知与困惑中寻觅着一个又一个神奇的答案，于是，科学诞生了，并以极其迅猛的速度发展着。与此同时，面对着脚下的这片神奇的土地，面对着在生存中求得发展的压力和挑战，人类也在不断地用自己的勤劳和智慧改造着、建设着周围的这个世界，于是，技术诞生了。

1.1.1 科学与技术的目标及推动力

从严格意义上讲，科学研究是为了认识世界，科学的价值观就是要有所发现，这个发现如果是一个重要的定理或者是建立一个重大的理论，它对人类认识客观世界就有重大贡献。科学发展的内在动力更多地来源于对科学价值的追求，来源于已有科学知识体系与新的实验之间的矛盾，来源于科学家的好奇心和探索、求知的欲望（路甬祥，2002）。

科学通向人类改造客观世界的社会活动的桥梁是技术，技术是改造客观世界的学问。因此，科学发展与技术进步的动力是不一样的（路甬祥，2002）。科学创新的动力是对未知世界的探索欲望，技术创新的动力来源于社会和市场的需求。尽管在技术创新过程中，科学家、工程师或发明家起了很大的作用，但是，如果没有需求的推动、没有市场的推动，技术创新的成功，尤其是技术创新成果的规模产业化是难以实现的。飞机的发明就是说明这一点的典型例子，从古至今，人类对“飞天”的探索从未停止，到了欧洲文艺复兴时期，列奥纳多 · 达 · 芬奇（Leonardo da Vinci）已经画出了人工动力飞机，表达了人类希望像鸟一样在天空中飞翔的愿望和理想，那时并不是什么现实社会需求的推动。到了 1903 年，莱特兄弟（Wright Brothers）试制的飞机第一次上天能飞行 12 秒钟。但是，当时这件事并没有引起世界上任何人的注意，直到 1908 年在巴黎举办的世界博览会上，莱特兄弟把经过多次改进的飞机拿到会上又飞行了一下，这次飞行时间长达 2 小时 22 分 23 秒，航程 117.5 公里，这件事一下子轰动了整个欧洲，引起了人们广泛关注。因为能飞 2 小时以上就表明这种飞机能够用于运输。几年后，第一次世界大战爆发，仅这次战争，交战双方就造了超过 18 万架飞机。二十几年后，在第二次世界大战中，飞机的发展更快，交战各方造了 70 多万架飞机。这一事例说明，科学的创新来自发明家的好奇心和一种创新欲望的推动，但是科学转化为技术，要产业化，要完善提高，一定要有社会需求和市场的推动。

由此可见，科学研究和科学创新成果的价值只能体现在“世界第一”，已经存在的、“世界第二”的科学研究结果是没有重大价值的，因为已有公开发表过的知识，“第二”与“最后”没有什么太大的差别（路甬祥，2002）。所以，科学创新就是要攀登世界高峰，就是要争世界第一。而技术创新的价值体现就不同了，在技术创新中，尽管原始性的世界第一的发明也很重要，但更重要的是要能将这一发明成果及时形成系统，能够推广应用，能够抢占市场，技术成果只有形成系统后才能充分体现价值。

技术与科学的不同之处还在于，科学上只要有所发现，有一点突破，发现者就会成为青史留名的人物；而做技术创新的人只有一项新发明还不行，还必须要使技术变成一个系统，而且要与企业家合作，最终使之变成一个产业，才能在历史上有重大的贡献。科学是认识世界的学问；技术是改造世界的学问；工程是造福世界的学问。因此，从事工程技术研究的人员，不仅要了解科学技术的前沿，知道世界上创新的科学发明，还应该重视技术集成工作，当今时代要求的是面向战略需求的技术集成创新，需要分析国内外市场的需求、社会的需求，然后积极主动地用自己的创造去满足市场的需求，同时去创造新的需求（约翰·霍甘，1995）。

科学、技术、工程的概念是如此的重要，以至于美国国家科学委员会于 1986 年首次提出 STEM 教育的概念，即由科学（Science）、技术（Technology）、工程（Engineer）和数学（Mathematics）这四个学科的英文单词第一个字母构成，旨在培养学生的科学素养、技术素养、工程素养和数学素养。为了加强国家竞争力，培养未来人才，美国开始在中小学开展 STEM 教育。近年来，美国政府加大了对从小学到大学各个层次的 STEM 教育的支持力度。

科学研究的深入和分化是几百年科学技术发展的主流，但是在科学不断分化的同时，科学的融合过程也在悄然兴起，各门类科学、各层次学科不断地纵横分化，同时带来更多的机会增强它们之间的交叉或非线性相互作用，加速纵横综合，导致纵横整体化的趋势。现在，科学向着宏观、交叉、系统综合的方向发展已经具有不可阻挡之势。由科学发展产生的学科分化与整合虽相互渗透而同时存在，但整合或整体化成为主要趋势，这种趋势主要表现在以下五个方面（成思危，1999）。

① 同一科学部类内部的有关学科之间的相互交叉与渗透，例如，产生了物理化学、生物统计、射电天文、经济地理等学科。

② 不同部类的有关学科之间的相互交叉与渗透，例如，产生了数理经济、社会生物、计量历史等学科。

③ 科学与技术的紧密结合，使得许多学科实现了工程化，例如，产生了化学工程、生物工程、知识工程、金融工程等学科。

④ 20 世纪 90 年代出现了系统论、控制论、信息论、协同论、突变论、耗散结构论、超循环论、混沌理论等一批“横断”学科，它们所发现的一般规律正在越来越多的学科中得到应用。

⑤ 由于科学研究活动的群体化及社会化程度不断提高，以及数学模型及计算机的普遍应用，自然科学家要学习经济与管理知识，而社会科学家则要学习数学与计算机知识，双方的相互了解日益增多。

比如，虽然哥白尼提出的日心说动摇了神学，但是，真正终结上帝论的，是牛顿的万有引力，而万有引力的验证过程，则融汇了数学、物理、天文学等多方面的知识。

目前，科学研究这种交叉融合过程还在不断继续，并在不断增强，最后必将会在此基础上实现新的综合，进而实现科学的大融合。显然，实现科学大融合的哲学基础是客观世界的系统性，即客观世界是一个由相互联系的各个部分所组成的、不断发展变化的系统。由于每一门学科的研究对象仅是这一系统中的一小部分，因此，在研究过程中决不能忽略其研究对象与系统其他部分的联系，而只有对系统及系统科学的基本知识有所了解，才能取得对客观世界的全面认识。

1.1.2 科学思想

科学与技术发展史表明：在古代时期，它们各自遵循了自己的发展道路，在近代时期，特别是 19 世纪中叶以来，科学与技术的关系日益密切起来。在 21 世纪，它们将互相依赖，更多地发生融合，朝着一体化的方向发展，即科学与技术组成一个有机系统。这种趋势表现为，科学来源与技术系统要素的交叉与集成将增大，相互作用面将扩大，科学技术化与技术科学化将不断地增强。未来技术，特别是高新技术，就是科学化的技术，而未来科学的发展、新领域的开拓，都依赖于技术发展的最新进展。总之，科学与技术的相互渗透、转化和协同发展将形成新的潮流（21 世纪初科学发展趋势课题组，1996）。

目前，科学家们也十分关心在 21 世纪里新的科学革命是否会发生？何时发生？要对此作出预测绝非易事。一般来讲，可以根据科学技术发展趋势作出试探性的回答。一般系统的进化和特殊的科学系统大体上遵循的规律是：凡组织水平最高的事物都处在进化的最后阶段，生物的进化、文化的进化和科学的进化大体上表明了这种状态。因此，对具有组织水平最高的复杂系统的研究，出现革命性突破的可能性最大（吴彤，2000）。由此，大体上判断，在 21 世纪，新的科学革命存在着可能性，而研究极端复杂系统的和满足人类社会多种需求的生命科学将可能发展成为这次科学革命的中心（21 世纪初科学发展趋势课题组，1996）。

科学与技术的发展史也表明，在科学与技术发生重大改变的过程中，科学思想和科学方法论都发挥了决定性的作用。科学与技术的产生、发展和应用离不开人的思维、客观条件的影响和社会活动的制约。然而，科学与技术的灵魂是科学思想和科学方法。简单地讲，所谓科学思想就是科学活动中所形成和运用的思想观念。科学思想来自科学实践，又反过来对科学实践具有指导作用，它既是科学活动的结晶，又是科学活动的灵魂（本书编写组，2001）。古代科学思想对后世影响最大的是分析“还原”思想和物质的“层次结构”思想，这些思想既是世界观又是方法论，科学由此找到了发展的起点。近代科学思想的形成凝聚了阿基米德（Archimedes）、培根（Francis Bacon）、哥白尼（Nicolaus Copernicus）、伽利略（Galileo Galilei）和开普勒（Johannes Kepler）等科学家孜孜以求的贡献，尤其是伽利略和培根使逻辑、数学和实验成为科学的内涵。但是从知识体系来看，近代科学真正的丰碑是牛顿（Isaac Newton）所建立起来的经典力学世界体系，而其背后则有一种深刻的思想，这种思想就是“机械力”的思想，它影响科学达 300 年之久。今天，当提起卫星上天和飞船登月时，我们都会想起牛顿的万有引力定律，其中最为重要的不是公式所表明的具体形式，而是公式背后有关引力的思想。牛顿的伟大之处就在于，他第一个从苹果落地这种现象想到了万有引力，想到了地球和天体的运动可以由万有引力得到解释。在牛顿关于力的思想的推动下，经典力学的发展达到了顶峰，同时力的思想开始从客观机械力向其他领域全面拓展，被建筑学、工程学、化学等学科多方应用。在这一拓展过程中，古老的原子论使力的思想获得了一次不小的成功。

现代最重要的科学思想发端于现代科学革命——相对论和量子力学。爱因斯坦的相对论是新物质和宇宙图景的基础，这一新的原理打破了经典力学中时间和空间相分离的绝对时空观，它的目标是研究微观运动的规律。

在现代科学思想中，最值得提及的是生态思想和系统思想。从科学的层面上来讲，生态思想来自对群落和生物圈的考察，是从整体上进行思考的产物。其中，最为重要的是生态平衡的思想，这是人类思想的一次突破。系统思想是对分析还原思想进行反思的结果，它不仅强调组成系统的要素、要素间的有机联系，还强调要素的有机结合所凸显的系统结构和功能。由于系统性是自然和社会的基本属性，所以系统思想已经成为人们思考自然界和社会演化的一种新思路。

1.1.3 科学方法

有了科学思想后，最关键的实施环节是科学的研究方法，即科学方法，它是人们在科学研究中所遵循的途径和所运用的各种方式和手段的总称，通常指各个科学部类中较为通用的一般科学方法。因此，科学方法是人们揭示客观世界奥妙、获得新知识和探索真理的工具。

科学方法按照适用范围大小，可以分为一般科学方法和特殊科学方法两个层次。一般科学方法通常又分为经验性科学方法、理论性科学方法和横向学科方法三类。经验性科学方法是获取经验材料或科学事实的一般方法，如观察方法、实验方法、调查方法、测量方法等。理论性科学方法是对经验、事实进行思维加工、建立理论的一般方法，包括分析、综合、归纳、演绎、类比等逻辑方法。横向学科方法是指由数学、一般系统论、信息论、控制论等横向学科抽取出来的一般方法，如各种数学方法和系统方法、黑箱方法、反馈方法、信息方法等。

科学方法按其普遍性程度不同，大体可以分为三个层次。第一层次是各门科学中的一些具体方法，它属于各门科学本身的研究对象，如初等数学中的数学归纳法、插值法等，高等数学中的微分法、积分法、差分法等。第二层次是科学研究中的一般方法，是从各门学科中总结、概括出来的，是许多学科或所有学科都普遍适用的方法，如模型法、逻辑方法、数学方法、控制论方法、系统论方法等，这些方法不仅在自然科学中，而且在社会科学中也被广泛应用。综合与集成方法应该属于第二层次的方法。第三层次是哲学方法，即辩证法、认识论和辩证逻辑，其普遍适用于自然科学、社会科学和思维科学，是一切科学最一般的方法。科学方法论是关于科学一般研究方法的规律性的科学。它既要研究各个一般研究方法的功能和特点，又要研究这些一般研究方法在整体上相互联结、相互配合、相互转换、相互移植等规律性的问题。科学方法论中最经典的是还原论与整体论。

1.1.4　还原论与整体论

自从古希腊哲学问世以来，哲学界及生命科学界关于心身关系的研究异常活跃，产生了一元论（心身 / 心脑同一论，即所有的心理现象之性质在根本上都是生物学或物理学的现象，心身的精神状态、事件和过程与心脑中枢神经系统的状态、事件和过程是相同的）和二元论（有心身 / 心脑平行论和同型论等代表性主张）；在与之平行的科学哲学领域中，则存在着还原论、整体论、不可知论和神秘主义论（丁峻，2001）。20 世纪初，一些著名的哲学家和自然科学家认为，所有学科最终都可以统一到关于原子、分子的物理科学，因此，哲学家把这种思潮称为“还原论”（孙小礼，2001）。回头看思维世界，古希腊时代哲学家毕达哥拉斯（Pythagoras）提出简约论思想，哥白尼根据这一思想，提出了“日心说”理论。到了牛顿时代，运用万有引力定律把天体的运动和地面的运动统一起来，推演出整个复杂的力学体系，构成了经典的力学理论。后来，拉普拉斯（Pierre-Simon Laplace）、拉格朗日（Joseph-Louis Lagrange）、哈密顿（Willian Rowan Hamilton）等人进一步用数学分析的方法将力学定律抽象化、数学化，最后概括为一个形式非常简洁的哈密顿方程。因此，近代以来，人们认为世界是简单的，复杂的事物和关系可以被还原为简单事物和关系的叠加，使得历史上还原论、简单性思想根深蒂固，决定论的线性思维、宿命论的命定思想，几乎充斥在古代每一篇文献中（吴彤，2000）。虽然现在是一个整体自然观的时代，但机械自然观并非已完全彻底地退出了历史舞台，有人指出“机械自然观的现代形态的基本特征是还原论”（郝宁湘，2001）。它包括五个方面的还原：第一，用量说明质，把质还原为量；第二，用低层次的结构、运动说明高层次的结构、运动，把高层次的结构、运动还原为低层次的结构、运动；第三，用部分要素说明整体，把整体还原为部分要素；第四，用简单性说明复杂性，把复杂性还原为简单性；第五，用必然性说明偶然性，把偶然性还原为必然性。物理学家过去比较习惯于用还原论方法把复杂系统简化为简单的物理模型（如质点、刚体等）的组合，通过研究这些简单物理模型的性质，进而叠加得到整个系统的性质。

科学史上长期存在的还原论和整体论影响着人们的专业视域和方法坐标，这是一种线性思维方式，它只在研究线性问题时才是有效的，然而自然界中有众多复杂问题是非线性的，它们不能通过模型的分解和简单的叠加来解释。例如，我们生活的真实而复杂的社会系统，它是由具有意识活动和主观能动性的人参与形成的大大小小的单元组成。社会系统包括人-人系统、人-事物系统，它所反映的是人、社会、自然界之间的能动关系，是人用来认识、控制和改造社会并使之按照人们的目的发生相应变化的各种手段的总和。因此，可以说社会系统是以人为子系统而构成的系统（朱今，1995），系统与外界有能量、信息或物质的交换，系统中各个子系统通过学习获取知识，系统与系统中的子系统分别与外界有各种信息交换，是一个“开放”的系统。同时，由于人的意识作用，子系统之间的关系不仅复杂，而且随时间及环境的不同有较大的易变性和复杂性。社会系统的开放性和复杂性，决定了控制和改造这样的特殊复杂系统不能采用简单的还原论方法。针对社会系统和社会现象的复杂性和特殊性，要把定性知识和定量分析、科学理论和经验知识、专家知识和群众意见有机地结合起来，利用计算机和现代通信技术等，把大量零星分散的定性认识、点滴知识、群众建议都汇集成一个整体结构，达到定量的认识，也就是达到综合集成。又例如，近二十年来，尽管在研究大脑的微观结构（诸如神经元、细胞膜、突触、离子通道、神经介质与递质、受体蛋白等）方面已取得了一系列令人欣喜的重要成果，然而，如果要问这些成果与解释人脑的高级功能到底有什么关系，人们不得不承认，确实需要去创立一系列新的方法，把神经生理学家非常熟悉的离子通道、突触、神经元的兴奋和抑制等概念与脑的高级功能之间联系起来，这些新方法可能蕴藏着本质上崭新的原理。上面列举的这类大脑问题研究属于特殊的系统水平的问题，显然不能用还原论的方法来解决，也不能期待通过对细胞和分子事物的阐述来解决，问题的实质是，必须去揭示由大量神经元组装的功能系统的设计原理，这种设计原理就是综合集成原理。

1.1.5 科学思维方法

思维是认知的根本，是发现、分析、解决问题的核心要素（胡翰林、沈书生，2021）。科学思维是一种建立在事实和逻辑基础上的理性思考。科学思维方法是指形成并运用于科学认识活动的、人脑借助信息符号对感性认识材料进行加工处理的方式与途径（余文质，2012）。高等数学的学习过程一定程度上就是科学思维方法的学习和应用过程，如学生们为了看出数学和思维有关系，经常把一堆需要记忆的公式和规则联系在一起。在学习过程中常用的逻辑思维方法有比较与分类法、归纳与演绎法、分析与综合法、抽象与概括法等。

21 世纪是一个信息技术高速发展的时代，以计算机技术为代表的信息技术已经逐步渗透到社会的各个领域，同时计算机为人工智能（artificial intelligence，AI）提供了基础设施和技术支撑。AI 致力于使计算机具有类似人类智慧的能力，已经成为学习、生产、生活必备的工具，并发挥着重大的作用。作为新一代的大学生，掌握计算机技术和 AI 尤为重要，不仅要掌握 AI 的应用，还要提高自己的思维能力以及遇到问题能够进行分析应变的能力。因此，能够恰当地运用科学的思维方法借助 AI 高效地解决生活和工作中遇到的问题，是当代大学生需要逐步培养并具备的能力。

大学阶段是学生自主学习及培养思维能力的“黄金阶段”，要培养优秀的大学生，需要从注重培养他们的思维能力开始，使其逐步养成用科学的思维方法思考问题、解决问题的习惯。因此，在新形势下要顺应时代发展对教育的更高要求，需要改革大学生的培养模式。其中，课程改革作为人才培养的重要环节，需要设置一些课程把大学生科学思维能力提升作为重要内容。教学的目的不仅要向学生传授比较全面的知识，还要培养他们运用科学方法和科学思维分析问题、解决问题的综合能力，使学生懂得如何学、如何用，形成发现质疑、分析推理、归纳综合的科学思维模式和较强的实践应用能力。

1.2 工程

1.2.1 工程的定义

众所周知，科学研究的目的在于发现自然界的真理，科学研究者是完成这项活动的主体。与科学不同，现代工程脱胎于军事工程，Engineering这个词18世纪在欧洲出现时，本来专指作战兵器的制造和执行服务于军事目的的工作，“工程师”是指军队里设计军事堡垒或操作诸如作战机械的士兵（程光旭、刘飞清，2004）。

目前对“工程”提出了多种不同定义，归纳起来一般认为：工程主要指应用科学知识与技术知识的活动，是一种以满足社会需求为目标的社会活动，是一种创造性的活动。从这个定义可以看出，工程有两个方面的含义：一方面，它是把科技理论的力量转化为实际物质力量的过程；另一方面，它是一种有计划、有组织的生产性活动，这种活动需要通过综合运用多种技术手段来实现社会经济利益和创造物质财富。因此，工程是不能脱离一定社会的物质、经济、人力、政治、法律和文化等而存在的，是受到一定历史条件限制的。传统的工程概念主要是指建筑工程、水利工程、交通工程、电力工程、通信工程、机械工程、能源工程等需要大规模集约劳动的领域。随着20世纪人类社会生产方式趋于多样化和许多新技术领域的出现，工程概念的应用范围也日益扩大，出现了系统工程、管理工程、工业工程、医药工程、信息工程、生物工程、遗传工程、网络工程、环境工程和现代农业工程等新的工程概念。

1.2.2 现代工程技术的新特点

任何一项科学发明或技术发展规律，只有通过工程活动才能实现其实际效用。同样，科学发明和技术应用产生的负面影响往往也是与工程活动相伴产生的。例如，核武器、核泄漏、生态恶化、环境污染、假冒伪劣商品泛滥、网络黑客和克隆人的实验等，不断向人类敲响警钟。尤其是近十几年来，人们已经越来越直接地感受到与众多的技术奇迹伴随而来的危机和灾难。随着科学技术的进步，大量新兴科学成果正在迅速转化为技术产业和工程实践，现代工程正在向人们展开着多姿多彩的技术蓝图。

工程活动历来就是一个体系复杂、规模巨大、涉及因素众多的活动。过去人类的活动领域多被束缚在一个狭小的圈子里，人类的思维受到极大的限制，于是工程活动也自然而然地在一个狭小的空间中进行。比如，修建一座宫殿，铺设一座桥梁等（当然，像万里长城这样宏伟庞大的工程实施，即使在今天也是叹为观止的）。像建筑工程、水利工程、交通工程、电力工程等传统工程一般是需要大规模集约化劳动的领域。随着许多新技术的发明和应用及人类的生活方式趋于多样化，工程的概念也在不断地升华和扩大，像系统工程、管理工程、制药工程、信息工程、生物工程、遗传工程、网络工程等现代工程有时不仅是需要规模集约化劳动的领域，而且是一个受多种因素制约的复杂的运动体系；不仅需要涉及科学技术和机械化设备在生产过程中的有效应用，还需要包括组织管理、协调、经济等基本要素的整合，必须协调社会、政治、法律、文化和环境等多种因素才能付诸实施。今天，由于工程已逐步走向大规模化，因此，工程也拓展到了一个更广阔的巨大空间里。比如，我国实施西部大开发，三峡工程、西气东输工程、西电东送工程、南水北调工程等大型基础设施的建设工程，绵延几千里的建设战线，途经数十个省（自治区、直辖市），汇集数百个相关领域的专家，跨越时空界限，大兵团协同作战。这样的巨大复杂工程建设过程，依靠过去那种几个专业领域的队伍单独作战的思路已经远远不够，必须建立起系统的概念，多学科专业技术队伍整体协作，工程难点各个击破。将有限的个体力量，通过现代的管理、调控等，使其各要素综合，达到整体效应的优化。因此，现代工业使工程师面临如何处理人与人、人与社会及人与自然的关系；如何处理工程与人、工程与社会、工程与环境的关系；如何抉择工程中的价值观和利益关系等新课题。工程自身的技术复杂性和社会联系性，必然要求工程技术人员不仅精通技术业务，能够创造性地解决有关专业的技术难题，还要善于管理和协调、处理好与工程活动相关联的各种关系。除对工程进行经济价值和技术价值判断外，还必须对工程进行道德价值判断，除具备专业技术素质外，还应具备道德素养，还要对社会公众，对环境以及对人类未来负责（程光旭、刘飞清，2004）。工程技术人员应代表社会对工程实施监督，并对工程进行道德审视，建立起强烈的道德责任感，自觉担负起维护人类共同利益的道义使命。无论是工程的决策阶段还是实施过程，都包含着价值选择和道德约束的要求。这都是现代工程突显的新特点，科技工作者只有树立起强烈的社会责任感和敏锐的道德意识，才能在错综复杂的工程活动中始终把握住正确的方向。

本书的第 2 章讲解现代工程技术和现代科学技术体系的特征。

1.3 综合、集成的含义

1.3.1 综合

自然界与人类社会都是由许多属性和类型不同的事物组成的统一整体，可以分解成为组成它们的细微单元，也可以复归成为原来的整体。就方法论而言，分析的过程就是分解，复归的过程就是综合。由于客观事物本身处于不停的运动状态之中，实际上它也是一个不断分析和综合的过程。基于这种自然过程，在科学研究中，人们建立了相应的研究方法，使分析与综合成为人们最基本的思维方法之一。

具体来说，分析是为了了解一个复合体的性质，将一个整体分离或分解为若干个基本要素或组成部分，并把一个已有的过程分开来进行仔细的观察研究。与此相反，综合是一种把研究对象的各个部分、侧面、因素联结和统一起来进行考察的思维方法，是将各个要素或各个部分合成或组合成为一个整体的过程。在这个过程中，把研究对象当作一个具有多因素、多组成、多规定的统一整体在思维中加以把握和再现，建立起相互联系的一个统一整体。虽然分析和综合实际上是研究问题的两种不同方法，但是它们是辩证统一的关系。分析与综合是不可分开的，分析必须以综合为先导和归宿。同时，在一定条件下，分析与综合是相互作用、相互促进、相互补充、相互制约和相互转化的。如果我们的科学研究只停留在分析的水平上，不实行综合，就无法反映客体作为多样性统一体的本来面目。因此，分析与综合呈螺旋上升式的发展，它们遵循着“分析—综合—再分析—再综合”的认知路线。

正如畅销书《第三次浪潮》的作者阿尔文·托夫勒（Alvin Toffler）在

书中描述的那样：我们每天翻开报纸，头条新闻令人触目惊心。恐怖分子挟持人质，大玩死亡游戏；谣传第三次世界大战即将爆发，货币市场风声鹤唳；大使馆被炸火光冲天，冲锋队四处救援；最能表现人心向背的黄金价格创历史新高；银行业摇摇欲坠；通货膨胀犹如脱缰野马，各国政府运作陷于瘫痪，无计可施（阿尔文 · 托夫勒，2018）。事实果真如此吗？大多数人，包括许多未来学家在内，认为明天只是今天的延续，他们忘了任何趋势（不管多么强劲）都不会永远呈直线。这些趋势到达顶点后，就会爆发出新的走势——改变方向、停止、再出发。我们可以看到一种回头的趋势，转向大规模思考，转向一般理论，转向拼凑碎片的工作。更重要的是，我们将挖掘表面上毫无关联事件的潜在关系。没有一件事情会维持原状，未来是流动的，不是冻结的，它是由每天变动不停的决定构成的，而每件事情都会牵动全局。托夫勒明确指出："我相信我们今天正处于一个新综合时代的边缘"（阿尔文 · 托夫勒，2018）。

为了从本质上认识综合方法，可以把它的一些基本特点归纳如下。

① 综合是按研究对象自身结构来进行的，并不是主观随意地把分析所得到的各种成分、各种规定机械地混合在一起。综合必须遵循各种成分和规定的内在联系，不能脱离事物内在联系机械地加以凑合，而应当是科学的综合。综合只是现实事物在思维中的再现，而不是现实事物在思维中的产生。

② 客观世界是无限可分的，综合也是一个无限的过程。它并不局限于对对象或客观事物简单地再现。思维的综合方法完全可以充分利用客观世界无限综合的可能性，按照一定的规律和原则进行无限的综合性创造。

③ 思维的综合可以建立理论模型，在思维中以物理或数学的形式，对对象的原型加以模拟，建立起具有普遍规律的理论模型。在科学研究中，许多理论模型的建立都是在综合过程的基础上完成的，是在大量感性材料或经验的基础上，经过一种创造性的思维活动和综合分析建立起来的。

综合方法在人类科学发展史上有着辉煌的纪录。目前，信息化社会中整个科学都处在综合化的状态。社会科学和自然科学正在消除界限，走向一体化，它们的研究方法呈现出交叉渗透、综合兼容的发展趋势（21 世纪初科学发展趋势课题组，1996）。

本书的第 3 章主要讲解复杂系统和当代科学思想方法，第 4 章主要讲解综合评价方法。

1.3.2 集成

集成是指将系统内各个成分进行有机连接，进行再创造，从而实现系统的特定功能。集成不等于集合，也不等于网络互连。集成的理念中蕴藏着深刻的方法论哲理，即它不仅蕴含要把各个分离部分物理地集合在一起，而且还包含要将这些分离部分在逻辑上互连起来，彼此协调，形成一个有机的整体。系统内和系统之间各种要素的集成也是社会、经济、科技协调发展的有效途径。高新技术只有与现代管理系统集成，才有可能转化为先进生产力，促成新兴产业的形成，也只有把高新技术的发展与社会经济发展的大系统紧密结合起来，并与发展战略相集成，才能实现社会、经济、技术的协调和持续发展。集成与优化技术支持着制造企业的人、技术、管理和资源以及物流、信息流与价值流的有机集成，也是在网络化敏捷制造环境中实现企业内和全球化企业间全局集成的基础。系统集成技术支持企业信息的交换与共享、工具和任务间的互操作、数据和过程的自动化管理。

展望世界科技创新发展趋势，科技集成将成为创新的常用形式。所以，我们更应当注重技术的集成创新，注重以产品和产业为中心实现各种技术集成。我国科技部原部长徐冠华 2002 年在论述“当代科技发展趋势和我国对策”时指出：我国新时期科技发展的思路和对策应该是“调整科技创新的模式，从注重单项创新转向到更加强调各种技术的集成，强调在集成的基础上形成有竞争力的产品和产业”（徐冠华，2002）。可以看出，技术集成在当今科技发展中有着非常重要的作用。

正如畅销书《芯片战争》中指出的那样：“在极紫外光刻（extreme ultraviolet lithography，EUVL）技术中，一台光刻机拥有数十万个零部件，在光刻机制造领域，竞争最激烈的是日本的佳能（Canon）、尼康（Nikon）和荷兰的阿斯麦（ASML），1984 年阿斯麦虽然是一家规模较小的公司，但是后来成长为光刻机制造的垄断公司”（克里斯 · 米勒，2023）。正如荷兰阿斯麦公司弗里茨 · 范霍特（Frits van Hout）回忆公司发展时所说：“阿斯麦公司既没有制造设施，也没有钱，为光刻机建造庞大的内部制造设施是不可能的，取而代之，公司决定从世界各地精心采购零部件组装系统，随着阿斯麦开始专注于开发 EUV 工具，从不同来源集成组件的能力成为其最大的优势”（克里斯·米勒，2023）。

在本书的第 5 章中，将通过计算机网络、CAD/CAPP/CAM 中的集成、系统集成框架、总体设计以及复杂系统综合集成的计算模式等几个方面来体现集成的基本概念及集成的实现方法。

1.4　综合集成方法

综合是一种重要的分析问题的方法，集成是实现系统内各个成分再创造的技术手段，综合集成是将综合与集成有机结合起来的方法，是比综合更高一层次的分析方法，又是比集成更先进的手段。事实上，研究复杂系统时，既有对层次和子系统的分析，又有层次和子系统的集成，综合与集成不会截然分开运用。

国内有关综合集成的研究及其应用也在迅速发展，应用的领域不断扩大。出版的有关图书和文献也迅速增加。例如，戴汝为等著《智能系统的综合集成》详细介绍了综合集成方法，是该领域奠基性的学术著作，而且也是一本如何进行科学研究的方法导论（戴汝为 等，1995）。顾基发等著《综合集成方法体系与系统学研究》详细介绍了关于复杂系统的一些新的集成建模方法（顾基发 等，2007）。很多学术期刊上大量的有关综合集成方面的研究论文表明，综合集成方法已应用于软科学研究（成思危，1997）、人体科学研究（王永怀，1995）、重大工程项目管理（杨建平，1996）、图书情报学（彭俊玲，1998）、洪水灾害分析与评估（魏一鸣，1999）、经济增长预测（冯利华，1999）、国防系统（田平，2000）、旅游规划（张述林，2000）等许多领域。

综观国内外科学及工程技术研究现状和发展动态，综合集成已成为适应 21 世纪世界复杂经济、军事和社会发展需要的新思想。综合集成方法已经应用于社会系统、经济系统、大脑系统、生命系统、生态系统、网络系统的研究，这将对研究社会、经济和人类自身的科学技术方法产生重要影响。可以预测，综合集成已经成为思维与方法的研究热点，未来的许多发展潜力都蕴含在这个方法论研究当中。

纵观近代一百多年科学技术发展的历程，可以说整个 20 世纪是一个不断发生着科学革命的世纪（21 世纪初科学发展趋势课题组，1996）。从天文学、地理学、化学、生物学到生理学、心理学，再到工程技术的能源、交通、新材料、海洋技术、空间技术、信息技术、生物技术等领域都发生过多次科学理论、方法和思想方面的革命性的变革和进步。例如，20 世纪初发生的相对论和量子力学取代牛顿经典物理学成为物理学基础理论，就是其中最著名的一次革命。20 世纪另一个重要的科学技术革命是计算机技术科学及网络技术。自第一代计算机诞生以来，迅速出现的连接全球的互联网（internet）及高速、多功能一体化的信息网络，将计算机、电话网和有线电视网集成起来，通过多媒体终端同时将文字、语言和图像传输到企业、政府、家庭和个人。其空间分布范围之广、规模之大、结构之复杂等都是前所未有的，从而给技术进步和整个社会提出了新的要求和思维的挑战。20 世纪带入 21 世纪最重要的思想革命是关于复杂性、非线性思想的革命。

随着科学的发展和技术的进步，科学发现的代价增大，发展的速度可能变慢，甚至出现一些知识创新危机。这种趋势使许多科学家感到要想获得最大限度的科学进展，至关重要的是研究科学中的方法，而不是科学中的学术，从而促使一些有远见的科学家开始思考并探索新的方法论，诸如系统论、非平衡自组织理论、非线性动力学等一批新的科学方法论相继问世。同时以计算机为核心的信息处理技术为这些方法论的应用提供了强大的工具，人们开始从新的角度，用新的思维方法，重新审视自然和原有科学体系。例如，在系统科学范畴内，人们逐渐认识到系统大于其组成部分之和，系统在远离平衡的状态下也可以稳定（自组织）；确定性的系统有其内在的随机性（混沌），而随机性的系统却又有其内在的确定性（突现）。这些新的发现不断地冲击着经典科学的传统观念，系统论、信息论、控制论、相变论、耗散结构论、突变论、协同论、混沌论、超循环论等新科学理论也相继诞生。近代科学革命体现了一种全新的思维方式，使人类拥有了全新的世界观和认识事物的新方法（吴彤，2000）。

在新理论不断产生的同时，人们不禁要问：科学技术的发展有没有尽头？科学的危机是否会来临？20 世纪最重要的方法论是什么？21 世纪的科学思想特征将是什么？为了回答这些问题，国内外研究者正在以极大的热情探讨各个科学领域的理论停顿和终结问题。人们逐渐发现，在科学上是整体性认识和复杂性科学的崛起；在技术上是信息网络的广泛应用；在工程上出现了集成的工程，再到更加细化的工程科学。可以认为，分化的学科、综合的方法、集成的系统是科学家贡献给 21 世纪的新思想，是 21 世纪科学技术发展的大趋势。大家熟悉的计算机集成制造系统（computer-intergrated manufacturing system，CIMS）的核心内容就是集成方法的具体体现。进行计算机网络系统集成和 CIMS 工程需要懂集成，总设计师和总体规划组的技术人员需要深入理解集成，企业和政府的有关领导需要了解集成，高等学校有关专业的学生更需要掌握这 20 世纪 90 年代以来提出的新概念。在集成平台上运作将成为基本技能，具备集成思想将是 21 世纪事业成功的关键。从方法论的角度来讲，无论是信息网络建设、复杂性科学，还是现代生物技术，它们的共同特点是研究对象是复杂系统，综合与集成是最重要的方法论之一。综合集成与系统集成已经成为当代科学技术方法论的研究热点和前沿，是 21 世纪科学技术方法论中很有发展前途的方法。

为了适应当代科学技术的发展趋势，综合集成方法应该是当代大学生和工程技术人员必备的一种思维方法和能力。大学生不仅要掌握本学科领域的专业知识，而且要能站在科学方法论哲学的高度，超越学科界限，掌握这种新的理论、新的思维方式、新的方法论，以及综合集成的创新能力。用综合集成新思维方法，不断把科学从深度和广度上向前推进。

1.5 综合与集成方法在工程技术中发挥着关键的作用

工程技术从传统的加工工程向产品工程，以及新装置的研究方面转变，特别是在材料和机械工业中，从过去的总体性质测量和关联转向在分子和纳米尺度上的现象观察、测量和模拟。从忽略环境问题转向关注环境、重视对环境无害化技术的研究。与传统的工程相比较，现代工程由于科技的发展进步，以及人类自身对自然界更加深刻的领悟，已经逐步脱离了那种单一化、简单化、小型化的特点，而逐步向规模化、复杂化、大型化的方向发展。工程项目和技术的综合化、复杂化和大型化发展，使得工程庞大、结构复杂、变量繁多、决策困难等。因此，现代工程无论在工程设计、工程决策、工程实施还是工程评价等各方面，都遇到新的问题，传统的工程技术面临着新的挑战！综合与集成在工程技术最终转化为现实生产力过程中发挥关键的作用，成为现代工程技术发展的显著特征之一。

综合各门类应用科学的复杂系统或大工程，成为技术发展的主要途径。大型工程系统包括的内容很广，涉及工程、生物、经济、管理、军事、政治、社会等各个方面，一些学者运用综合与集成方法研究企业管理与宏观经济、国防系统与人体科学、图书情报与旅游规划等，从新的视角出发思考复杂系统问题，已提出一些颇有新意的观点，使综合与集成方法成为解决复杂性问题的有效方法之一。例如，曼哈顿工程、阿波罗登月计划和人类基因组计划，被称为美国也是人类 20 世纪的三个科学工程；三峡工程被称为中国历史上最大的工程之一。每一项工程都需要动员巨大的人力、物力和财力资源，而人类基因组计划实际上已成为国际合作的大科学工程，体现着当代科学技术的大型化特点。

下面以世界两大工程为例，说明工程项目的复杂性和大型化特点。

案例 1.1

人类基因组计划

千百年来，人类的思维能力以及对自身的好奇本性，使人类从未停止过对“我是谁？我从哪里来？又将向何处去？”这类问题的探索。要揭开生命的奥秘，必须从基因开始。20 世纪 50 年代，美国和英国科学家建立的 DNA 双螺旋模型，打开了认识生命现象的大门。人类基因组计划（也称人类基因图谱工程）于 1985 年 5 月由美国科学家首次提出，并于 1990 年 10 月经美国国会批准正式启动。它的目标是测定人类基因组的全部 DNA 序列，破译生命密码。2001 年 2 月 12 日由 6 个国家的科学家联合公布的人类基因组图谱及初步分析结果，标志着人类在了解生命本质的历程中又向前迈进了一大步。这一消息迅速轰动全球，引起世界各国的广泛关注。人类基因组计划之所以能引起人们如此广泛的关注，是因为它是人类认识自身生命奥秘的最伟大的创举，也是人类科学史上的伟大科学工程（王世珍，2002）。它用了近 15 年时间，耗资近亿美元。人类基因大概有 10 万个，约有 30

亿个碱基对，要全部解码并绘出基因图谱显然是极其复杂和困难的。人类基因组计划的实施之难、耗资之巨、花时之长，都可以与阿波罗登月计划相比。此计划组织了包括美国、英国、法国、日本、加拿大和中国在内的多个国家的 1100 名生物学家、计算机专家和技术人员参加。因此，可以说此计划具有一定的国际合作性。

总结人类基因组计划实施的几点初步经验如下。

第一，国际合作的组织性和规模化。由于项目重大，引起政府和社会的高度重视，获得了项目的集中组织和强有力的资金支持。目前各国的基因组研究基本上都是以基因组中心为主，集中调拨和使用资金。

第二，各种科学技术的有机结合和关键技术的重点突破。技术的有效利用在于有机地配套，任何单一的技术在没有衔接起来的时候，其生产力或影响力都是线性的；一旦结合在一起，形成网络和平台，其生产力将呈指数或对数关系增长。

案例 1.2

三峡工程

举世瞩目的长江三峡工程，是集防洪、发电、航运于一体的大型水利枢纽建设项目。从有关数据上看，三峡拦河大坝全长 2309 米，坝顶高程 185 米，水库正常蓄水高程为 175 米，总库容量 393 亿立方米，预算动态投资为人民币 2100 亿元。水电站安装 26 台单机容量 70 万千瓦的发电机，总装机容量 1820 万千瓦，年均发电量 846.8 亿千瓦时。三峡工程是世界上规模最大的建设项目之一，整个工程主体的基础土石方开挖量为 1.025 亿立方米，混凝土浇筑 2715 万立方米，需要搬迁的移民达 113 万人。三峡工程关系国计民生，工程之巨大、费用之浩繁、移民之众多都是前所未有的（陆佑楣，2003）。

从建设的内容来看，三峡工程是一项复杂的系统工程，它涉及地质与地震、水文与水利、防洪与泥沙、航运与电力、生态与环境、移民与施工、机电设备与制造、投资与管理、综合规划与综合经济评价等。可见它是一项综合性的多课题和多功能工程，要完成这样一个大型项目，就不是哪一个或哪几个科学技术部门所能胜任的，在方式上也不是仅靠有关领域专家座谈和咨询一下就可以解决的。它的建设必然要采用当前最新科学技术成果，采用综合与集成的创新思维方法，运用现代科学技术体系提供的科学知识甚至包括有用的经验知识进行系统综合研究，采用先进的施工技术才能取得圆满成功。

从科学技术方面来看，通过三峡工程建设，我国在若干重大技术问题上实现了突破。例如，大坝截流和混凝土防渗墙施工技术、大坝混凝土快速施工新技术、船闸高边坡施工技术、电站大型钢衬钢筋混凝土压力管道和蜗壳保温保压技术，以及沥青混凝土心墙、船闸金属结构、水轮发电机组等重大技术等均达到了世界领先水平。

三峡水利枢纽工程是开发治理长江的关键工程，但是它的建设会对生态与环境产生广泛而深远的影响。它的有利影响主要在长江中下游，能有效地抵抗洪水和提供电能；不利影响主要在库区，将形成库区淹没和大量移民。在三峡工程的规划与设计，以及建设与运行过程中，都要最大限度地发挥有利影响，将不利影响降到最低。然而，由于影响因素（主要包括枢纽主要建筑物、静态和动态投资、流域环境状况、库区环境状况等）很多，而且影响规律复杂，为了做好三峡工程的环境影响评价，必须进行综合分析与评估。运用综合分析方法建立的三峡工程的环境影响评价层次系统如图1-1所示。这里省略评估过程，只分析影响因素。由图1-1可以看出，影响因素多，相互之间关联，构成复杂系统，只有运用综合集成方法，才能有效解决这类复杂系统的环境评价问题。

上面举的两个例子是非常特殊的大型工程，还有许多规模虽然比不上这些特大工程，但仍然是复杂大型工程项目的例子，这里不再赘述。列举这些例子是想说明当代工程技术人员不能只沿用传统的工程方法去研究、处理复杂工程中的各类问题，必须借助计算机技术、信

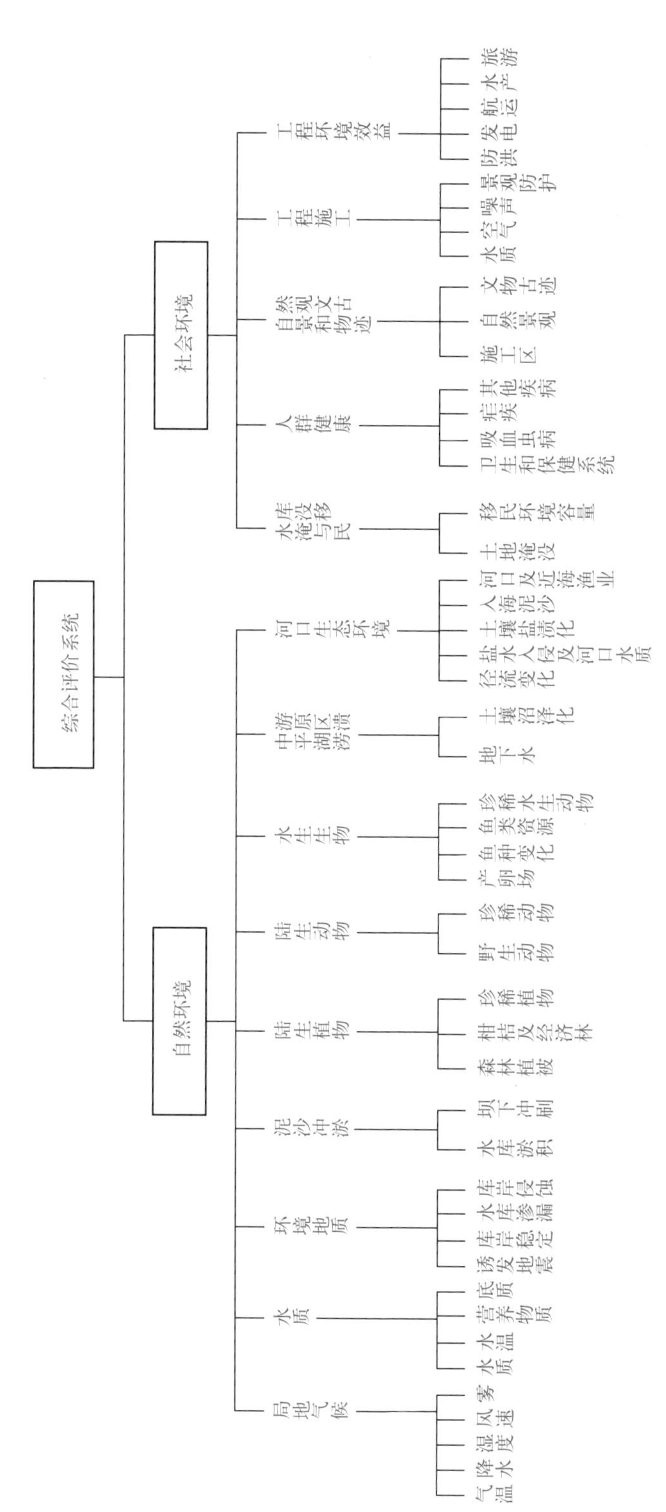

图1-1　三峡工程环境影响评价层次系统

息集成技术，采用综合与集成方法解决现代工程技术中的重大问题。因此，综合与集成方法在现代工程技术中发挥着重要的作用。

为了适应现代科学技术综合发展的趋势，大学教育的课程设置和教学内容中应包括大规模复杂系统分析方法的有关知识，在保持较宽的学科专业基础的前提下，培养学生掌握集成知识和综合分析问题的方法，将综合与集成方法作为大学生的基本知识来教授，无论在大学生的理论知识结构上，还是在实践活动中都具有十分重要的意义。

1.6 综合集成思维与方法课程教学的必要性

从原始的山穴草舍，到现在的摩天大楼，人类的足迹从荒芜与落后走向繁华与文明。在这漫长的时空变换轨迹中，人类在不断地发展完善着自己，也在积极地推动着社会的进步。如今，人类社会已经步入了现代文明的新时代。新的时代，使得现代高等教育也具有了新的特点，21 世纪的高等教育在当代科学技术快速发展的推动下，正在经历着急剧的变革和挑战。

1.6.1 高等教育普及化时代的通识教育

2024 年，我们迎来了中华人民共和国成立 75 周年。经过半个多世纪特别是改革开放 46 年的不懈努力，我国高等教育事业经历了从恢复发展到改革开放，再到进入大众化阶段的快速发展，如今已经进入普及化阶段。中国共产党第十八次全国代表大会以来，党中央深入实施科教兴国战略、人才强国战略、创新驱动发展战略，一体推进教育发展、科技创新、人才培养，不断强化人才对现代化建设的支撑作用。习近平总书记于 2012 年 11 月提出“实现中华民族伟大复兴，就是中华民族近代以来最伟大的梦想”（中共中央文献研究室，2016）。21 世纪中华民族要实现伟大复兴，关键要看我国能不能在科学技术上超越他国，关键要看世界科学中心能否在我国形成，关键要看我国能否培养和造就世界最高水平的科学家和工程技术创新人才。因此，党和国家对高等教育的需要比以往任何时候都更加迫切，对科学知识和卓越人才的渴求比以往任何时候都更加强烈。高等学校肩负着培养和造就各类人才的历史责任，要培养数以亿计的高素质劳动者、数以千万计的专门人才和一大批拔尖创新人才，就必须建设世界一流大学、一流学科和一流专业，就必须建设教育强国，同时促使我们思考：如何培养出更多拔尖创新人才。回顾我国高等教育关于拔尖创新人才培养的改革路径，大家会不由自主地想起“钱学森之问”。曾记得，2005 年 7 月 29 日，钱学森先生谈了我国目前科学技术发展的长远规划。钱老说：“现在中国没有完全发展起来，一个重要原因是没有一所大学能够按照培养科学技术发明创造人才的模式去办学，没有自己独特的创新的东西，老是‘冒’不出杰出人才。”已过鲐背之年的钱老道出了我国高等教育“蓬勃发展”之下的现实，也道出了危机。“没有一所大学”的措辞可能是严重的，可见在钱老的眼中，当时我国高等教育的创新人才培养并不是很成功。

分析制约我国高等教育培养拔尖人才的因素，教育思想和培养模式相对比较落后是最关键的因素。纵观我国高等教育四十多年的改革历程，各高校围绕培养创新人才，在教学方面做了很多努力，但是即使有些改革成绩也只是点上的小改小革，或是修修补补式的改革，缺乏面上的系统、宏观、顶层设计，教育思想和人才培养模式基本还是以旧的模式为主导，没有实现根本性的突破（程光旭，2021）。教育观念存在传统的知识传授重于能力培养，理论系统知识重于实践能力培养，课程体系和教学内容侧重于专业技能培养，教学组织方式侧重于课堂上以教师为主的“灌输式讲课”传授知识。这种传统的培养模式不利于拔尖创新人才的培养。因此，培养拔尖创新人才需要研究和更新教育思想与教学观念，也需要改变传统的人才培养模式。

人才培养模式集中反映了教育思想与教学观念、培养目标、教学内容和教学组织方式等，培养模式的改革是一门大学问、一个大难题。在如何培养科技领军人才方面，钱学森有他独到的见解。钱学森是享誉海内外的杰出科学家、中国航天事业的奠基人，但是人们有所不知，他十分重视科技创新人才培养，大力倡导培养科技帅才和将才，提出独特的“大成智慧”教育思想（理念、构想）（程光旭，2009）。钱学森提出的大成智慧学的核心就是要打通各行各业学科的界限，使整个知识体系各科学技术部门之间都是相互渗透、相互联系和相互促进的，这种交叉往往会产生创造性的成果。1991 年，钱学森在给朱光亚同志（中国“两弹一星”元勋之一）的信中写道："要再开创一个高等教育的新时代，开创一个培养科学技术帅才的时代，不但理工要结合，而且要理工文相结合。"钱学森认为，教育就是要培养创新人才，而学科跨度越大，创新程度也越高，"科学家应该学点艺术，艺术家也应该学点科学"，在人才培养中"不但要理工结合，还要理工加社会科学"。因此，钱学森将人才培养定位在通才教育，"必集大成，才能得智慧"。知识结构应该是专博相济、专深博广的统一，钱老称其为"博的基础上的专，和专的引导下的博，博与专要相互配合"。这样培养出来的人才能具备通才的基础和较强的综合能力，只有具备这样素质的通才，才能不局限于某个学科领域，在多学科、多领域有所创新，有所成就。

大学通识教育作为一种综合性教育模式，注重知识、技能和价值观等方面的培养，致力于培养学生的综合素养。通过学习不同领域的知识，学生可以拓宽视野，增加人文关怀，提升审美能力，进而更好地适应社会的多元化需求。通识教育鼓励学生学习多个领域的关键知识，并培养学生的跨学科能力，这种能力使学生能够将所学知识和技能应用于解决实际问题，更好地适应现实世界的复杂性。通识教育注重培养学生的批判思维能力，使他们能够独立思考，辨析信息，形成自己的观点，这对学生个人发展和职业发展都具有重要意义。通识教育加强社会责任感的培养，使学生能够关注社会问题，形成积极的社会价值观，这有助于他们在未来的工作和生活中，更好地履行自己的社会职责。由此可见，大学通识教育在培养学生的多元思维和跨学科能力方面可以发挥重要的作用，也恰恰达到钱学森说的"通才"培养的目的，在大学生中开设通识教育课程非常必要。"综合集成思维与方法"课程，正是适应了这种时代要求而设立的通识教育课程。

案例 1.3

个人计算机的发明过程

个人计算机（personal computer）又称 PC 机、个人电脑、计算机等，1981 年 IBM 公司的第一部桌上型计算机型号标注的就是 PC。个人计算机由硬件系统和软件系统组成，是一种能独立运行、可完成特定功能的设备。

世界上第一台个人计算机系统是20世纪60年代末至70年代初开始设计与研发的，于1973年完成并投入使用。由于该个人计算机是美国施乐（Xerox）公司于1970年成立的帕克研究中心设计并开发的，而帕克研究中心所在的城市是美国加州旧金山湾区的帕洛阿托（Palo Alto，也译为帕罗奥多、帕罗奥图），故第一台个人计算机系统取名为奥托（Alto）。奥托是当时最先进的计算机系统，有一系列的新构思、新创造、新发明、新部件，其中最主要的是有高分辨率的全屏图形系统，在世界上首先实现了图形用户界面，打破了传统的只能用字符实现人机交互的限制，翻开了计算机历史上有重大意义的新的一页。奥托的强大功能和优异性能来自它超前的设计思想，即将计算机的体系结构和计算机所要采用的程序设计语言和操作系统等系统软件和支撑环境统一加以考虑，以集成的方式进行设计和开发。在奥托的发展过程中，帕克研究中心汇聚了一批杰出的计算机科学家，其中，艾伦、兰普森、泰勒和萨克尔分别做出了重要的贡献。

在人类科学和技术的发展过程中，各个时代各国政府及各类组织等为了奖励作出贡献的人士，设立了各种各样的奖励。其中，在当今的科学界最为著名的当数诺贝尔奖。另外，还有一个可能许多工科大学生有所不知的工程奖——1989年由美国国家工程院设立的享有“工程诺贝尔奖”美誉的查尔斯·斯塔克·德雷珀奖（简称德雷珀奖）（郑晓静，2023）。该奖每两年颁布一次，奖金50万美元，用来奖励那些在大力增进人类福祉、显著改善人类生存质量与自由程度方面做出重要贡献的工程师。德雷珀奖已被视为世界上最具声誉的工程科学奖。截至2022年，德雷珀奖已颁布了24次，获奖者共60人。德雷珀奖的60位得主中，有9位也是诺贝尔奖得主。

第十届德雷珀奖于2004年颁发给了美国计算机科学家艾伦·凯（Alan Curtis Kay）、巴特勒·W. 兰普森（Butler W. Lampson）、罗伯特·W. 泰勒（Robert W. Taylor）和查尔斯·P. 萨克尔（Charles P. Thascker），其颁奖词为“以表彰对第一代实用联网个人计算机的设想、构思和开发”。

具有音乐天赋的艾伦·凯的贡献。在艾伦的工作之前，计算机没有显示屏幕的大机柜，展现在用户面前的是系统封装文本，如果用户想用这台机器，就必须学会它的特定语言。1969年，当艾伦在犹他大学完成了自己有关面向图形对象编程的博士学位论文，并获得计算机科学博士学位后，进入斯坦福大学人工智能实验室从事教学工作，也就是从那时起，艾伦开始思考如何使庞大的计算机变得更小。为此，他构思和设计了一种被称为Smalltalk的计算机语言，Smalltalk语言程序好比一个个生物分子，通过信息彼此相互连接，被业界人士公认为开创了“面向对象编程系列语言”的编程风格。在此基础上，艾伦主持并领导帕克研究中心全力攻克了IT技术的战略制高点——图形化设计。图形化设计拓展了通过开发面向对象的概念，研发出大量使用了图形和动画且操作简单的个人计算机系统。在同行眼中，艾伦对于个人计算机时期最伟大的贡献是其高明的眼光和不断地推陈出新。艾伦改变了一个行业以及计算机使用者的思考方式，IBM公司将他誉为“现代个人计算机之父”。艾伦在IT行业出名后，有人专门去研究他的家史和成长经历，想探寻这位神童的基因是不是家族遗传。可是却发现，艾伦的父亲是建筑工程师，母亲是音乐家兼艺术家。艾伦的早期教育一方面来自父亲教授的数学，另一方面来自母亲给他的音乐启蒙，这奠定了艾伦的语言天赋。艾伦的音乐功底非常好，他是学校合唱团的童声高音独唱，还会吉他演奏，小时候曾一度想要成为一名专业的音乐家。艾伦最显著的贡献是给世界计算机科学带来了范式转换，从而深刻地改变了计算机行业和世界的思维方式。而这种思维方式的改变可能来源于音乐对他的计算机研发思维方式的启发作用。

获得文科学士学位的巴特勒·W. 兰普森的贡献。1964～1967年，兰普森和同事在加州大学伯克利分校实现了第一套可允许用户用机器语言进行编程的商品级通用分时系统，即SDS 940系统。1971～1975年，兰普森任帕克研究中心计算机科学实验室首席科学家，他构思了计算机图形用户界面的操作模式。1975～1983年，兰普森还参与了许多其他革命性技术的发明，如激光打印机的设计、两阶段提交协议、以太网、第一个高速局域网等。兰普森在计算机领域做出如此卓越的贡献，本以为他是计算机专业的高才生。事实上，兰普森几岁时，家住当时属美国占领区的位于德国莱茵河畔的西部城市波恩（Bonn）的一个公寓，这个公寓楼里有购物中心、学校、教堂、俱乐部、图书馆、电影院等，兰普森在公寓楼中的图书馆里读到了很多关于科学家及其故事的儿童读物，萌发了对于数学和科学的兴趣。兰普森的中学时代是在距离新泽西州普林斯顿大约 10 公里的一所私立学校（劳伦斯维尔学校）度过的。1958 年，他的朋友在普林斯顿大学的小型实验室里找到了一台 IBM 公司开发的早期电子计算机 IBM 650。为了使用这台电子计算机，他不惜从中学乘坐公共汽车再走约 10 公里的路。也正是在那时，兰普森开始接触编程。1960 年高中毕业后，兰普森进入哈佛大学学习，尽管他获得的第一个学位是文学学士，但由于受到计算机的影响，他还主修了物理学。他同时还向当时哈佛大学经济学专业的研究生学习 FORTRAN 编程，之后他开始自己编写程序。1964 年秋天，兰普森没能进入普林斯顿大学读研，他转而来到加州伯克利分校攻读物理学研究生。1967 年，兰普森获得博士学位后留校任教，4 年后进入帕克研究中心参与奥托的研发。1984 年，国际计算机学会（ACM）将“软件系统奖”授予了奥托，兰普森作为奥托的首席设计师是第一获奖人。由此可见，兰普森是一个兴趣广泛、多才多艺的计算机专家，他在硬件、软件、程序设计语言、计算机应用、网络等诸多方面都有许多成果和专利。

1.6.2 培养“通专相济”的拔尖创新人才

当今科学技术的各学科广泛交叉、相互渗透、趋向综合，很多重大工程和军事问题都是涉及多学科的综合性课题，使综合与集成在工程技术最终转化为现实生产力的过程中发挥着关键的作用。综合性课题对以往仅要求大学生掌握的单一学科专业知识的传统教学模式提出了挑战。社会用人单位对当代大学生工作的反馈信息也表明：当前各行各业的实际工作和研究机构开展跨学科研究的重大困难是缺乏“人才”。这类“人才”是一种复合型人才，他们应该是在大学本科及研究生阶段进行两个学科或专业的学习，本科生可以是主、辅修，也可以是双学位，研究生一般跨学科，如工科专业与企业管理、外语与工科或理科，有交叉学科攻坚能力。他们既要有扎实的理论基础、掌握系统工程的基本方法，又要有敏锐的思想、宽广的知识面、较强的分析能力及组织能力，并能熟练地使用计算机。由于科学技术是改造社会的工程技术，而社会系统的复杂性和特殊性决定了工程技术必然是一门系统工程，要想真正解决当代某一复杂的工程技术难题，就需要走运用综合与集成方法的道路。

在全球第四次工业革命和新一轮科学技术革命与产业变革的大背景下，我国抢抓机遇成了《华盛顿协议》正式成员，以更高远的站位，开启了新一轮工程教育的改革和创新。以工科大学生的培养为例，我国工程教育或工程师质量认证通常依据《华盛顿协议》,《华盛顿协议》的本科毕业生一般应具备的基本素质与能力要求如下（李志义，2022）。

① 能够将数学、科学、工程基础知识以及某个特定专业的工程知识用于解决复杂工程问题。

② 能够应用数学、自然科学与工程科学的基本原理，定义与分析复杂工程问题，搜索相关文献，以获得有意义的结论。

③ 能够设计复杂工程问题的解决方案，设计满足特定需求的系统、部件或过程，并能够适当考虑公共健康、安全、文化、社会以及环境等因素。

④ 能够采用合适的知识和方法对复杂问题进行研究，包括设计实验、分析与解释数据，并通过信息综合得到合理的结论。

⑤ 能够针对复杂工程活动，研制、选择与运用适当的技术、资源和现代工程与信息技术工具，并能够理解其局限性。

⑥ 能够基于与工程相关的环境或背景信息进行合理的思考，对于专业工程实践在社会、健康、安全、法律以及文化诸方面涉及的因素与应承担的责任进行评价。

⑦ 能够理解专业工程解决方案对于社会与环境的影响，能够理解可持续发展的必要性，并具有相关的知识。

⑧ 能够在具有多样性和多学科背景的团队中作为个体、成员或负责人有效地发挥作用。

⑨ 能够就复杂工程活动与同行以及社会公众进行有效的沟通，包括理

解和撰写报告、设计文档、做现场报告、理解或发出清晰的指令。

⑩ 掌握并理解工程与管理的原理知识，能够作为团队成员或负责人运用这些知识，在多学科环境中进行项目管理。

⑪ 对于终身学习的必要性有足够认识，并有准备和能力，在技术变化的大背景下独立进行终身学习。

由此可见，毕业生基本素质要求就是培养解决复杂工程问题的能力，为了培养这种能力，需要掌握数学、自然科学、工程科学的基本知识，需要对专业工程实践在社会、健康、安全、法律以及文化诸方面涉及的因素与应承担的责任进行评价，能够采用合适的知识和方法对于复杂问题进行研究、设计实验、分析与解释数据，并通过信息综合得到合理的结论。这就要求工程教育需要从关注学科知识和技能转向关注更广泛的跨学科复杂工程问题，分析社会和可持续发展问题，并运用学科知识和技术手段解决这些问题；要求关注新工程能力需求以及应对可持续发展挑战的新趋势，注重培养学生创造性学习和思考能力、解决复杂问题的能力。

因此，对毕业生基本素质的要求包括知识、素养和能力等几方面。许多大学制定的工科大学生的培养目标是根据国家关于面向社会主义现代化建设需要，培养德、智、体全面发展的高素质人才。在业务方面具有基础厚实、知识渊博、个性鲜明、富有求实与创新精神的高级专门人才。

然而，20 世纪 80 ～ 90 年代，我国高等教育课程体系是根据产品生产工艺或产品制造的手段来设置专业课。例如，锅炉原理、制冷空调及设备、电力系统继电保护、电子材料与器件、化学分离工程、化学传递过程、机械设计与制造等。但在实际工程中，这些专业知识并不是单独运用，而是综合地运用。尽管 21 世纪初我国专业设置进行了改革，为了适应我国工业结构的调整，新知识、新技术的涌现，以及社会人力资源市场对本科毕业生需求的变化，改变本科专业划分过细、专业范围过窄的状况，高等教育按照“加强专业基础，拓宽专业口径，减少专业目录，增加毕业生适应性”的要求进行了改革。但是，总体来讲，有些专业设置仍然较窄，课程体系的设置仍然局限在某一专业领域，跨学科的通识教育课程仍然偏少。因此，有必要在大学生各年级开设综合性的课程，将综合与集成的方法介绍给学生。学习综合与集成基本知识和思维方法，激发大学生探索复杂社会系统的兴趣，综合运用大学期间学习的一些知识分析现实生活和当代科学技术中的复杂问题，培养学生运用综合集成方法分析和解决大型复杂性问题的能力，使学生了解当今人类社会所面临的若干重大挑战与思维方法之间的关联；了解复杂系统的综合集成研究内容、方法和作用；掌握综合评价方法及系统集成的基本概念，具备分析讨论综合与集成方法应用案例的能力。

可以作一个简单的比喻，如果把大学生所学的每门课程看作是一个知识和能力的“环节”，那么，综合与集成课程就是要把一些相关的“环节”连接成一个“链条”，使之成为一个有机的整体。这个“链条”的建立本身就是一个教学改革和实践的过程，是具有开创性意义的工作。

综合与集成方法不仅对人们的思维方式和社会科学方法论带来重大变革，而且还将会对人们改造社会的实践活动产生巨大的推动作用。深入研究综合与集成原理，并取得一系列的突破性进展，必将使科学与技术在广度和深度上、在思维方式和研究方法上、在科学与社会的关系等方面都出现质的飞跃。显然，21 世纪工程技术的特征变化要求大学生掌握综合性知识，这些变化趋势和特征给高等教育课程体系及本科生素质教育和知识结构调整带来了挑战和改革机遇。因此，建立综合与集成科学研究方法论的理论体系，以及在工学、理学、管理学、艺术学和医学等门类高年级本科生和研究生中开设综合与集成课程具有重要的意义。

国内外研究表明：关于综合与集成方法论的研究已经引起科学研究人员和教育工作者的高度重视（朱今，1995）。一些国际知名的一流大学纷纷开设专门的课程，对大学生进行综合与集成方面知识的培养（艾克武，1998；韩冬冰，1999）。例如，美国著名大学麻省理工学院（Massachusetts Institute of Technology，MIT）开设有工程综合课程（Unified Engineering Ⅰ）。该课程的主要目的是讲解工程原理和方法。它的主要内容是：把信号处理、电路、网络、系统分析集成起来；把信息与其表述综合起来；把静力学、材料、结构、动力学、流体力学、热力学、宇航力学综合起来；把材料、污染、能量转换、质量传递综合起来；把系统的静态和动态响应与稳定性综合起来。另外，也有更高层次的同类课程（Unified Engineering Ⅱ），该课程的主要目的是强调工程原理的综合、高技术仪器的应用和先进技术的集成。它的主要内容是工程综合、系统的模拟、集成和优化等。同样地，为适应现代工程综合与集成技术的要求，美国马里兰大学为未来的制造工程师和在职企业工程师开设了一门“集成产品与过程开发”课程，其核心内容是集成产品与过程设计和开发（integrated product and process design and development，IP2D2 计划）。

目前，我国高等院校在“综合与集成”课程教学研究和改革方面所做的工作甚少。因此，有必要开展这方面的教学研究和教学改革，建立综合化的课程体系，并编写和出版适合大学生学习的有关综合与集成方法论的教材，体现以研究科学问题的综合和工程新技术的集成为基础的教学内容，培养和激发学生适应社会市场的能力和在今后工作中独立解决重大复杂科学与大型工程技术问题的能力。因此，本教材注重教材内容的设计，尽量体现现代科学技术和工业生产综合化发展的需要。同时，在教学方式上按照知识、能力、智慧、素质协调发展的要求，构筑人才培养综合知识的新模式，课程内容适应复合型人才的培养，适应学科的交叉和相互渗透的要求。

思考题

1. 通识教育在拔尖创新人才培养中起什么作用?
2. 科学思维方法有哪些?
3. 现代工程有什么特征?
4. 什么是还原论的主要内涵? 什么是整体论的主要内涵?
5. 什么是综合的概念? 什么是集成的概念?
6. 为什么说分析与综合方法是科学技术的基本分析方法?
7. 如何理解学习综合集成课程的重要性?

参考文献

[1] 路甬祥. 面向战略需求，推进集成创新[J]. 机电工程技术，2002, 31(1): 13-14.

[2] 约翰·霍甘. 复杂性研究的发展趋势——从复杂性到困惑[J]. 科学(重庆)，1995, (10): 42-47.

[3] 成思危. 复杂性科学探索[M]. 北京：民主与建设出版社，1999.

[4] 21世纪初科学发展趋势课题组. 21世纪初科学发展趋势[M]. 北京：科学出版社，1996.

[5] 吴彤. 20世纪未竟的革命和思想遗产——复杂性认识[J]. 内蒙古大学学报（人文社会科学版），2000, 32(3): 2-10.

[6] 本书编写组. 科学的力量[M]. 北京：学习出版社，2001.

[7] 丁峻. 当代认知科学中的哲学问题[J]. 宁夏社会科学，2001, (6): 26-29.

[8] 孙小礼. 关于复杂性与简单性的学习、思考片断[J]. 系统辩证学学报, 2001, 9(4): 48-51.

[9] 郝宁湘. 数理还原论与数理自然观[J]. 东岳论丛, 2001, 32(3): 102-105.

[10] 朱今. 作为社会技术的综合集成方法[J]. 科学技术与辩证法, 1995, 12(4): 22-258.

[11] 胡翰林, 沈书生. 生成认知促进高阶思维的形成[J]. 电化教育研究, 2021, 42(6): 27-33.

[12] 余文质. 科学思维方法在高等数学教学中的渗透研究[J], 科技信息, 2012, (26): 25-27.

[13] 程光旭, 刘飞清. 现代工程与工程伦理观[J]. 西安交通大学学报(社会科学版), 2004, 24(3): 26-30.

[14] 阿尔文 · 托夫勒. 第三次浪潮[M]. 黄明坚, 译. 北京: 中国出版集团, 2018.

[15] 徐冠华. 当代科技发展趋势和我国的对策[J]. 中国软科学, 2002, (5): 1-12.

[16] 克里斯 · 米勒. 芯片战争[M]. 蔡树军, 译. 杭州: 浙江人民出版社, 2023.

[17] 戴汝为 等. 智能系统的综合集成[M]. 杭州: 浙江科学技术出版社, 1995.

[18] 顾基发, 王浣尘, 唐锡晋 等. 综合集成方法体系与系统学研究[M]. 北京: 科学出版社, 2007.

[19] 成思危. 论软科学研究中的综合集成方法[J]. 中国软科学, 1997, (3): 68-71.

[20] 王永怀. 历史的必然（上）——人体科学与综合集成方法[J]. 中国气功科学, 1995, 2(1): 6-12.

[21] 杨建平, 杜端甫. 重大工程项目管理中的综合集成方法[J]. 中国管理科学, 1996, (4): 24-29.

[22] 彭俊玲. 论图书情报学的综合集成化趋势[J]. 河北大学学报（哲学社会科学版）, 1998, (4): 144-146.

[23] 魏一鸣, 杨存键, 金菊良. 洪水灾害分析与评估的综合集成方法[J]. 水科学进展, 1999, 10(1): 25-30.

[24] 冯利华. 经济增长的综合集成预测[J]. 经济科学, 1999, (1): 80-84.

[25] 田平, 杨兆科. 国防系统的综合集成分析探讨[J]. 中国管理科学, 2000, 8(11): 377-382.

[26] 张述林, 邹再进. 面向复杂系统的旅游规划综合集成方法[J]. 人文地理, 2000, 16(1): 11-15.

[27] 王世珍. 试论人类基因组计划的社会价值[J]. 山东青年管理干部学院学报, 2002, (3): 91-92.

[28] 陆佑楣. 在实践中认识三峡工程[J]. 中国三峡建设, 2003, (1): 4-6.

[29] 中共中央文献研究室. 习近平总书记重要讲话文章选编[M]. 北京: 中央文献出版社、党建读物出版社, 2016.

[30] 程光旭. 嬗变与启示——改革开放四十年来中国大学发展的道与思[M]. 西安: 陕西师范大学出版总社, 2021.

[31] 程光旭, 邱捷. 践行钱学森教育思想探索科技领军人才培养模式[J]. 中国高等教育, 2009, (15/16): 34-36.

[32] 郑晓静, 周熹, 张宝. “工程诺贝尔奖”——查尔斯 · 斯塔克 · 德雷珀奖[M]. 北京: 科学出版社, 2023.

[33] 李志义.《华盛顿协议》毕业要求框架变化及其启示[J]. 高等工程教育研究, 2022, (3): 6-13.

[34] 艾克武, 胡晓惠. 综合集成的内容与方法——复杂巨系统问题研究[J]. 系统工程与电子技术, 1998, (7): 18-23.

[35] 韩冬冰, 纪洪波. 走向综合——工程教育改革对策之一[J]. 山东工业大学学报，1999,(4):81-82.

第 2 章 现代科学技术的特征及发展趋势

进入 21 世纪，人类的科学发展进入知识大爆炸的时代。这个时代，知识不仅在数量上急剧增加，而且在质量上也显著提升，现代科学技术极大地改变了人类的生活方式和认知能力。

当今科学技术的发展日新月异。从追求简单性到探索复杂性，从侧重无机界到关注有机生命和智能世界，从单一领域研究走向多学科综合与集成研究，各学科、各技术领域相互渗透、交叉和融合。综合与集成促进了科技的飞速发展，为人类社会的未来带来了新机遇和新希望。

现代科学技术有哪些特征？未来将如何发展？科学技术的发展将带给人们哪些新机遇？本章内容将告诉你答案。

知识点思维导图

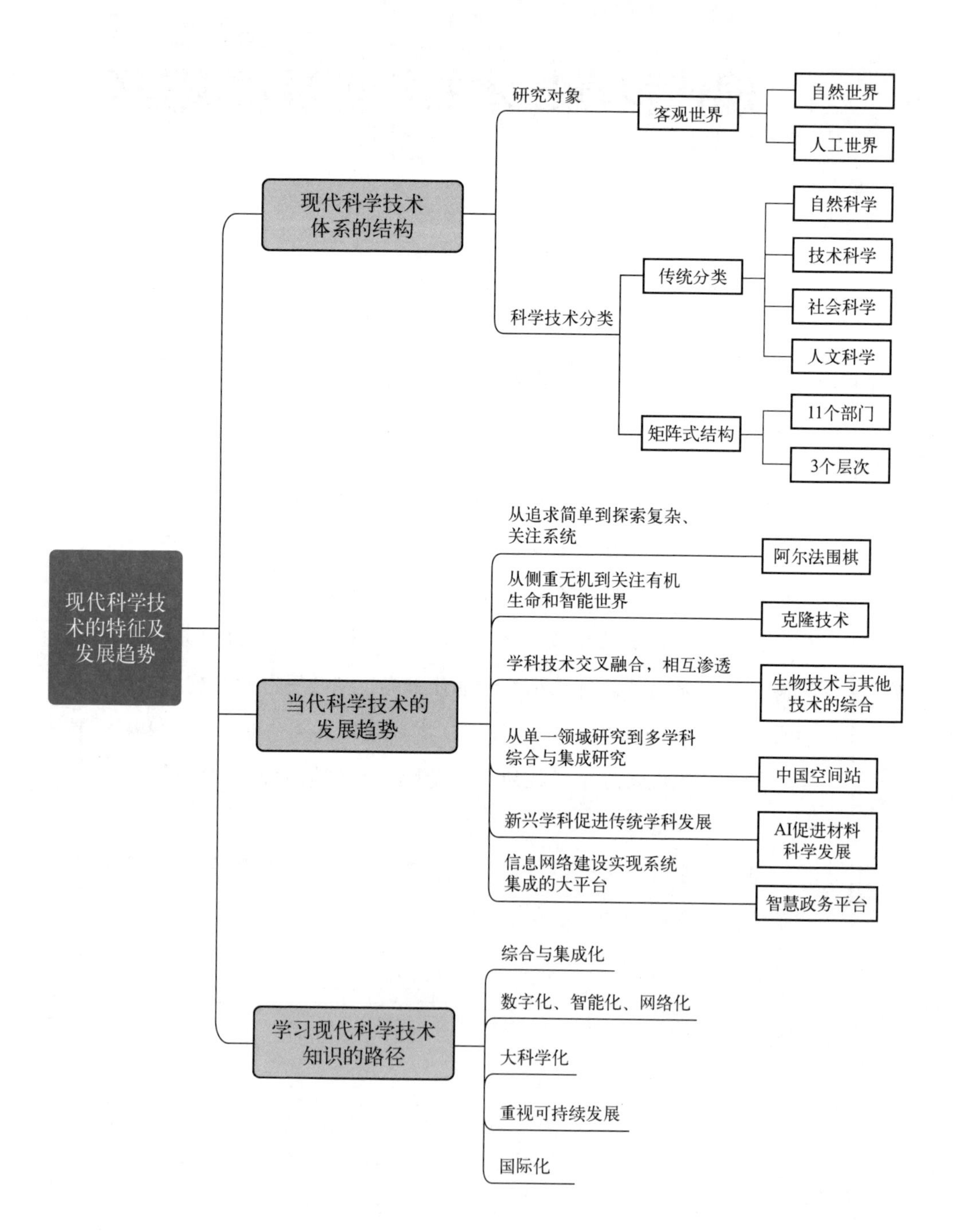
现代科学技术的特征及发展趋势
现代科学技术体系的结构
研究对象
客观世界
自然世界
人工世界
科学技术分类
传统分类
自然科学
技术科学
社会科学
人文科学
矩阵式结构
11个部门
3个层次
当代科学技术的发展趋势
从追求简单到探索复杂、关注系统
阿尔法围棋
从侧重无机到关注有机生命和智能世界
克隆技术
学科技术交叉融合，相互渗透
生物技术与其他技术的综合
从单一领域研究到多学科综合与集成研究
中国空间站
新兴学科促进传统学科发展
AI促进材料科学发展
信息网络建设实现系统集成的大平台
智慧政务平台
学习现代科学技术知识的路径
综合与集成化
数字化、智能化、网络化
大科学化
重视可持续发展
国际化

2.1　现代科学技术发展引起的工业革命

根据马克思提出的社会形态概念，任何一个社会都有三种社会形态，即经济的社会形态、政治的社会形态、意识的社会形态。科学革命、技术革命会促使整个社会物质资料生产体系发生变革，引起经济的社会形态的飞跃发展，即工业革命。18 世纪末，由于蒸汽机出现而形成的技术革命产生了大工业，引起了人类社会第一次工业革命，开创了人-机结合的物质生产体系，使社会生产力大为发展。19 世纪末，由于电力技术革命又引发了第二次工业革命，带动了重工业的迅速发展，出现了跨行业的垄断公司。20 世纪末，以微电子、信息技术为基础，计算机、网络和通信等为核心的技术革命，产生了全球互联网（internet），使劳动资料信息化、智能化程度迅速提高，实现了在信息资源开发及其流动方式上的重大变革，并由此引起了社会和经济的跨越发展，实际上也是一次新的工业革命。它是如此的重要，以至于人们称其为工业革命。可见，历次科技革命所引起的工业革命，都是在物质、能源的开发及其流动方式上的变革。

一方面，如果把信息网络（包括信息源）和用户结合起来，就构成了一个系统，即一个人-网结合系统。而用户本身又是社会系统的组成部分，从而用户就把信息网和社会系统耦合起来，使信息网络成了社会系统中信息流的载体。这样，信息网络加用户这个人 - 网结合系统，就具有组成部分数量大、层次结构多和因素复杂的特点，构成了一个典型的复杂巨系统（王寿云，于景元，戴汝为，等，1995）。这个复杂巨系统的显著特点是人的作用占主导地位，同时它是由人设计、制造和操作的开放系统。计算机技术与通信技术结合，在更广阔的区域内实现声、图、文一体化的多维信息交流、共享和人-机交互功能，使人类享用覆盖一个国家甚至全球的多功能一体化信息网络。由此可见，信息网络建设必须把信息资源开发、信息网络和用户使用三者作为一个整体来研究、设计和建设。随着信息技术与其他高新技术的发展及计算机的推广应用，在国民经济发展与国防建设中具有全局性影响的网络系统往往朝着大型化和复杂化方向发展。

另一方面，信息网络建设内容涉及社会的各个方面，必须与以下四大领域实现技术集成与紧密结合（王寿云，于景元，戴汝为，等，1995）。

第一，信息网络建设与经济的社会形态相结合，必将促进国民经济信息化。宏观上，信息网络建设使宏观经济发生根本性变化。首先，在产业结构上又创立了第四产业和第五产业。第四产业就是科技业、咨询业和信息业的总称。第五产业是文化业或文化经济产业。而且第四产业和第五产业在国民经济中占有越来越重要的地位。其次，信息网络建设还为宏观经济信息管理和调控提供了全新的技术手段，可以使市场经济的宏观调控建立在及时、准确和科学的基础上，从而大大促进经济发展。

第二，信息网络建设与政治的社会形态相结合，将大大推动政体建设、法制建设和民主建设。利用信息技术，政府、企业和社会团体建立起人民意见反馈网络体系，可以随时随地了解来自人民群众的意见和建议。甚至建立从中央到地方直到基层组织的行政网络集成体系和全国法制网络体系，实现现代化管理，将大大提高国家行政管理效率。

第三，信息网络建设与意识的社会形态相结合，必将促进教育、科技、文化和艺术的发展。建立有关文化教育信息网络，将会把全民教育推进到一个全新的阶段，从而对人类的生活、工作、学习、娱乐等社会生产和社会生活方式都产生深刻影响。仅就网络教育而言，它已经对人类传统的书本式、面对面教育体制、教学方式、教学内容等产生了变革性的改进。此外，信息网络建设还将促进科学、教育、文化、艺术日益紧密地结合，相互促进、相互渗透，向更高水平和更高层次发展。

第四，信息网络建设与地理建设相结合，建立起地理信息网络体系，将促进地理建设的信息化。地理建设包括环境保护、生态建设及基础设施建设，对经济稳定持续发展起着重要作用。地理信息网络体系的建立可以极大地推动环境保护和绿化，促进资源（水资源、海洋资源、地面资源和空间资源等）的合理开发和利用，优化能源系统结构，监测和防治自然灾害，形成综合交通运输体系和现代化的信息通信业等。

显然，上述四大领域既涉及生产力、生产关系层次，又涉及经济基础、上层建筑层次。但同时，这个系统建设不同于以往任何系统，其空间分布范围之广、规模之大、结构之复杂都是前所未有的。这就给系统研究、设计、生产、运行和管理带来了新的问题，即信息网络建设给整个社会提出了新的问题，需要搭建起系统集成的新平台。因此，信息网络已经成为现代科学技术体系的重要组成部分，本教材的大部分内容涉及信息网络和系统集成。

2.2 现代科学技术体系结构

现代科学技术的发展已经取得了巨大的成就，尤其是信息网络构成的人类社会一个典型的多层次、多尺度复杂巨系统。在时空尺度上发现了空间星体，在微观尺度上又观察到了分子、原子、电子等。今天，人类正在探索从渺观、微观、宏观、宇宙观（宇观）直到胀观五个层次时空范围的客观世界（钱学森，1989）。客观世界的时空尺度如图 2-1 所示。在宏观层次的地球上，有了生命、生物，也出现了人类和人类社会。所有这些研究已经形成了众多科学领域和学科。钱学森指出："现代科学技术不单是研究一个个事物，一个个现象，而是研究这些事物、现象发展变化的过程，研究这些事物相互之间的关系"（钱学森，1988）。

由图 2-1 可以看出，现代科学技术的体系结构复杂而精妙，它如同一张巨大的知识之网，涵盖了从渺观到胀观的五个层次时空范围。从宏观的空间星体到分子、原子、电子的微观世界，从自然的奥秘到人类社会的发展，现代科学技术不断拓宽人们对客观世界的认知边界。

从整体上来看，现代科学技术所研究的对象是整个客观世界，客观世界包括自然的和人工的，同时人也是客观世界的一部分。从不同角度和不同的观点，用不同的方法研究客观世界千奇百怪的问题时，现代科学技术又产生了各种不同的科学技术部门。从科学的发展历史可以看出，在科学处于萌芽阶段的古代文明时期，科学是一个统一的体系。作为古代科学代表人物的亚里士多德（Aristotle），就将哲学、自然科学与社会科学综合在一起而建立了一个包括哲学、天文学、物理学、动物学、植物学、逻辑学、政治学、美学等方面的体系。以后哲学逐渐独立出来，到了 15 世纪下半叶，随着社会的进步及生产的发展，科学才逐渐分化为自然科学与社会科学两大科学体系。

这一科学分化的过程至今仍然在继续，并已经形成了自然科学、技术科学、社会科学与人文科学四大类。关于科学技术的分类，目前我国科技

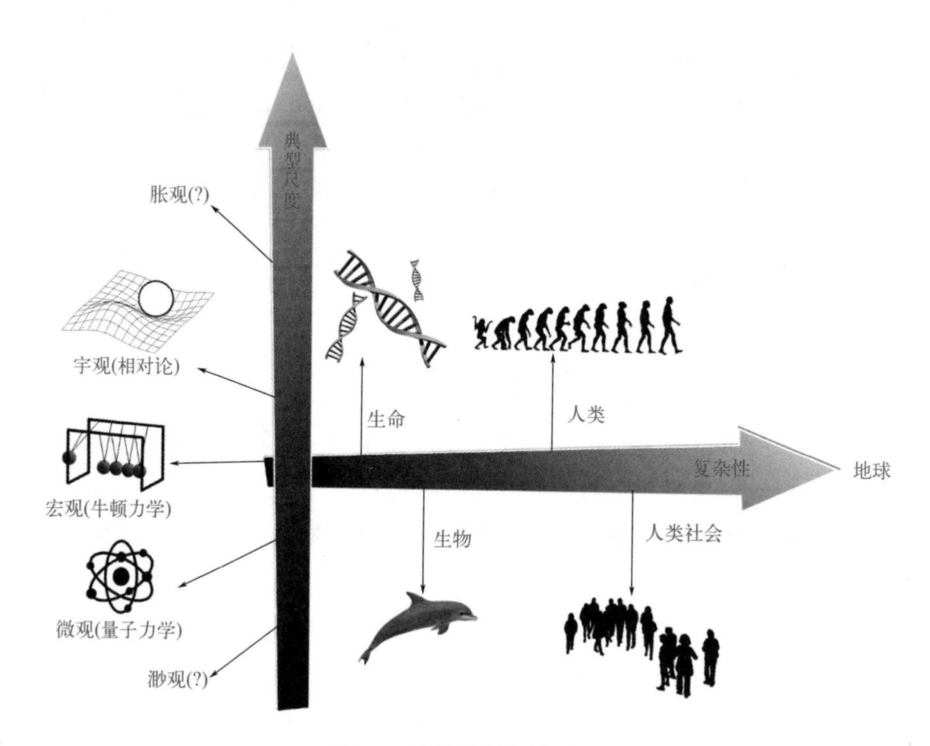

图2–1 客观世界的时空尺度

界比较认同的是钱学森提出的现代科学技术矩阵式结构（图 2-2）。

从系统思想出发，钱学森将现代科学技术划分成了 11 个部门。从横向上看，它们是自然科学、社会科学、数学科学、系统科学、思维科学、人体科学、地理科学、军事科学、行为科学、建筑科学、文艺理论。这是根据现代科学技术发展到目前水平所作的划分，今后随着科学技术的发展，还会产生新的科学技术部门，因此，这个体系是动态发展的。从纵向看，在每一个科学技术部门里包含着认识世界和改造世界的知识。科学是认识世界的知识，技术是改造世界的知识。自然科学经历了一百多年的发展，已经形成了 3 个层次的知识，即：直接用来改造客观世界的应用技术（或工程技术），为应用技术提供理论基础和方法的技术科学，以及更高层次的揭示客观世界规律的基础科学（基础理论）。实际上，人类从实践中所获得的知识远比现代科学技术体系所包含的科学知识丰富得多、复杂得多。因为科学知识不仅要回答自然科学的内容是什么，而且还要回答为什么，这一点现在还没有完全做到。而且人类在社会实践中还获得了大量的感性知识和经验知识，这部分知识的特点是只知道是什么，还不能回答为什么，

马克思主义哲学
性智
量智
美学 建筑哲学 人学 军事哲学 地理哲学 人天观 认识论 系统论 数学哲学 唯物史观 自然辩证法
文艺活动
文艺理论 建筑科学 行为科学 军事科学 地理科学 人体科学 思维科学 系统科学 数学科学 社会科学 自然科学
文艺创作
实践经验知识库和哲学思维
不成文的实践感受
哲学
桥梁
基础理论
技术科学
应用技术
前科学

图2-2　现代科学技术体系结构（于景元，2001）

所以进入不了现代科学技术体系之中，这部分知识被称为前科学（于景元，2001）。显然，随着社会实践经验的积累和人类对客观世界的研究总结，前科学中的感性知识和经验知识，经过研究和提炼，可以概括为某种科学知识，从而进入现代科学体系之中，这就推动科学技术本身又向前迈进一步。同时，人类社会又出现许多新问题和新现象，又出现一些经验知识，这样周而复始，使得科学技术体系不断充实、提高和发展。

就这 11 个科学技术部门而言，它们各自概括了学科中带有普遍真理、规律性的知识。同时，通过一定的“桥梁”，最后又延伸和过渡到哲学的层次。马克思主义哲学是人类对客观世界认识的最高概括，它不仅是知识，更是智慧。例如，自然科学通过自然辩证法这个“桥梁”过渡到马克思主义哲学；社会科学的过渡桥梁是历史唯物主义（唯物史观）；系统科学的桥梁是系统论；思维科学的桥梁是认识论等。马克思主义哲学就是全部科学技术的科学，马克思主义哲学的对象就是全部科学技术（于景元，2001）。

辩证唯物主义告诉我们，客观世界是由无数相互联系、相互依赖、相互作用的事物与过程所构成的统一整体。因此，作为反映客观世界规律的各个科学技术部门之间也必然是相互联系、相互影响和相互作用的，构成一个有机整体。当代人类科技活动已形成了一个由科学、技术和工程三个层次组成的系统：科学的目的在于认识，获取知识的方法属于发现；技术的目标是发展生产某种产品的手段，获取知识的方法属于发明；而工程的目标是建立有特定功能的人工系统，获取知识的方法属于系统的集成与运作。作为共同知识体系的一部分，科学知识是理论性的知识，技术知识只是体系的一部分，是可以直接应用并操作的知识，而工程知识是与经济和社会发展目标相结合的系统实用性知识（本书编写组，2001）。这就给我们一个重要启示，科学技术不应该只是某个单一的科学技术学科，而应该是整个现代科学技术体系。因此，必须充分发挥这个体系的综合优势和整体力量，尤其是不同学科技术部门之间的相互渗透和结合（于景元，2001）。

综上所述，从前科学到科学再到哲学，这样三个层次的知识就构成了人类的整个知识体系。也就是说，哲学、科学知识和经验知识就构成了人类的整个知识体系，在这个知识体系中，既有来自精密科学知识的定量知识，也有大量来自经验的定性知识，而这二者对于解决复杂性的科学技术问题都是至关重要的（于景元，2001）。同时，在宏观层次上，科学系统的发展具有若干新的特点，这主要表现为：在科学系统整体发展过程中，各门类科学、各层次分支学科不断地交叉，同时又加速地综合，使科学加速地朝着整体化、高度数字化和科学技术一体化方向发展，自然科学与社会科学等门类科学的交叉、综合将形成强大的潮流（钱学森，1989）。

科学的分化与综合，见证了人类智慧的演进。从古代文明时期科学的统一体系，到如今自然科学、技术科学、社会科学与人文科学的四大分类，再到钱学森提出的现代科学技术矩阵式结构，科学技术在不断地分化与融合中前行。这一动态发展的体系，不仅包含了精密的科学知识，还有大量来自实践的经验知识。

2.3 当代科学技术发展趋势

进入 21 世纪，科学技术的本质力量进一步全面展现，科学社会化、社会科学化过程加剧，经济和科技全球化浪潮滚滚而来，知识经济时代初见端倪。展望当代科学技术的发展趋势，其主要特征可以概括为以下几个方面。

（1）从追求简单性、强调还原论，转变到探索复杂性、关注系统性

当代科学技术在对宏观和微观极端尺度的探索中不断深化。在宏观尺度上，以系统科学、自组织理论、计算复杂性理论和非线性科学等新理论、新学科的出现为标志，形成了探索复杂性的科学前沿。复杂性研究形成了新的思维方式和观察世界的新视角。世界本来是非线性的、复杂的，用复杂性的方法才能真正揭示世界的本质（吴彤，2000）。复杂性前沿，不仅与我们生活的尺度密切地联系在一起，而且也将自然科学技术前沿与人文社会科学密切地联系在一起。例如，大脑的思维、机器智能、经济发展中的混沌问题、人机系统、重大科学工程、社会经济发展工程、全球性生态环境问题等，都不仅是科学技术问题，而且也是科学技术与社会内在密切联系的复杂性问题。

案例 2.1

阿尔法围棋（AlphaGo）

阿尔法围棋，作为人工智能领域的一项里程碑式成就，不仅是首个成功击败人类职业围棋选手乃至世界冠军的机器人，其背后的“深度学习”技术更是现代科技探索复杂系统、强化系统性理解的典范。它的运作机制高度精密且科学，其核心架构由四大关键组件构成，每一部分都精准服务于围棋博弈的复杂需求。

首先，策略网络负责在给定棋局下，智能预测并初步筛选出潜在的高价值落子位置，通过生成概率分布来指导后续的深入探索。这一网络通过大量棋谱的学习与训练，掌握了围棋的基本策略与布局知识。紧接着，快速走子系统以牺牲一定走棋质量为代价，实现了超高速的棋局模拟，其速度较策略网络提升了千倍之多。这一设计极大地扩展了阿尔法围棋在有限时间内评估棋局变化的能力，为深度搜索提供了坚实的基础。价值网络则扮演着评估者的角色，它接受当前棋局作为输入，直接输出白方或黑方获胜的概率，范围从 −1（对手绝对胜利）到 1（阿尔法围棋绝对胜利）。这一网络经过自我对弈的强化学习，能够准确判断棋局的整体态势，为决策提供关键参考。最后，蒙

特卡洛树搜索作为核心算法，巧妙地将策略网络、价值网络以及快速走子系统整合为一个高效协同的整体。它不仅利用策略网络指导搜索方向，还借助价值网络评估搜索路径的价值，同时通过快速走子加速搜索过程，最终在众多可能性中找到最优解。此外，阿尔法围棋还通过不断自我对弈生成新的训练数据，实现自我迭代与优化，这一循环学习机制是其不断进步的关键（刘知青，2016）。

在实战中，阿尔法围棋首先利用策略网络快速定位潜在的好棋，随后通过蒙特卡洛树搜索在有限时间内深入探索这些位置，同时借助价值网络评估各路径的优劣。最终，在搜索时间结束时，阿尔法围棋会根据模拟过程中被频繁考察且评估价值最高的位置来决定最终落子。这一过程不仅体现了阿尔法围棋强大的计算能力，更融入了近似人类的直觉判断，展现了人工智能在处理复杂决策问题上的独特优势。阿尔法围棋的成功，不仅标志着人工智能在围棋这一传统智力游戏领域的重大突破，更深刻地体现了现代科学技术向深度探索复杂性、高度关注系统性方向的转变。这一成就无疑将激励并引领人工智能技术的迅猛发展，开启更加广阔的智慧时代（Silver，2016）。

（2）从侧重无机界、物质世界，转变到特别关注有机生命和智能世界

近几十年，克隆研究正在深入，关于人类基因组的研究取得了重要进展，分子生物学即将进入“后基因组时代”。分子生物学、遗传工程、克隆研究以及人体基因组计划等生命科学技术的新进展向人们进一步展示，21世纪将是生命科学技术飞速发展、生物工程和产业成为最重要主导产业的世纪。研究生命、人工智能与认识问题成为发展趋势。

案例 2.2

克隆技术

克隆技术的发展历程可追溯至20世纪中叶，自科学家们首次在青蛙身上实现细胞核移植并成功孵化出蝌蚪以来，该技术逐步走向成熟。1997年，克隆羊“多莉”的诞生标志着体细胞克隆技术的重大突破，

它使用成年羊的乳腺细胞作为细胞核来源，证明了哺乳动物体细胞克隆的可行性。此后，科学家们相继克隆了牛、猪、马等多种动物，甚至在 2017 年，中国科学家成功克隆出世界上第一对体细胞克隆猴。

克隆技术的原理基于体细胞的无性繁殖，即从一个成熟的体细胞中提取细胞核，将其移植到去核的卵母细胞中，通过刺激手段使两者融合并发育成新个体。这一过程实现了遗传信息的完整复制，使得新生命在遗传上与供体细胞完全一致（Gurdon，1999）。

克隆技术具有深远的意义。在医学领域，它为器官移植提供了新的可能性，通过克隆人体器官和组织，有望解决供体器官短缺的问题，为患者带来生命的希望。在农业上，克隆技术可以培育出高产、抗病、抗虫的优良作物品种，提高粮食产量和品质。此外，克隆技术还在生态学和保护生物学领域发挥着重要作用，为拯救濒危物种、维护生物多样性提供了有力的技术支持。然而，克隆技术的发展也伴随着伦理和道德问题的挑战，需要我们在科技进步的同时，加强伦理规范和法律法规的建设，确保克隆技术的健康发展。

（3）各学科、各技术领域相互渗透、交叉和融合，科学和技术高度融合

17 世纪是自然科学开始形成的时期，学科门类还比较简单，每门学科中各个分支的界限划分也不明显。到了 19 世纪和 20 世纪，各门学科向纵深方向发展，自然科学高度分化，产生了许多新的学科分支。尽管高度分化是科学发展历史上一个必不可少的重要阶段，深化了人类对客观世界的认识，但是实际上，无论是自然科学还是工程技术，都是一个统一的整体，需要作综合的研究。只有在高度分化基础上实现高度的综合，才能推进科学和技术发生根本性的革命，这是科学技术发展的客观规律（21 世纪初科学技术发展趋势课题组，1996）。

历史事实表明：大多数的科学突破往往产生在各学科、各领域的边缘地带，并且学科交叉也是实现科学知识系统整合的重要途径。跨学科的综合研究领域，特别是社会迫切需要的难题和自然系统的综合研究，不仅要求各门类科学内的广泛交叉，而且涉及自然科学、社会科学和技术科学之间的交叉。其中最具代表性的例子是生物技术与其他学科之间的综合。

案例 2.3

生物技术与农业、化工、环境科学的综合

生物技术（biotechnology）或称生物工程（bioengineering），是指人们以现代生命科学为基础，结合先进的工程技术手段和其他基础学科的科学原理，按照预先的设计改造生物或加工生物原料，为人类生产出所需的产品或达到某种目的。它至少包括基因工程、细胞工程、酶工程、发酵工程和蛋白质工程五项工程。现代生物技术是以20世纪70年代DNA重组技术的建立为标志的，是当今国际上重点的高技术领域，大力发展生物技术，已成为世界各国的经济战略重点。目前生物技术已经成为一门集生物学、医学、工程学、数学、计算机科学、电子学等学科相互渗透的综合性学科。具体综合性体现在下面几个方面。

① 生物技术与农业的综合。现代生物技术的原理和方法已广泛应用于农业生产，如植物雄性不育和杂种优势利用、植物抗逆性、生物农药及生物控制方法防治病虫害、植物品质改良、转基因动物培育等，使传统的农业生产技术手段和运作方法从根本上发生变化，并已产生了巨大的经济效益。同样，生物技术也融入食品中，食品生物技术包含的内容很广，如提高食品质量、营养、安全性和食品保藏等。生物技术在食品方面的一个应用是转基因食品，利用遗传工程手段改善农作物的品质，如口感、营养、质地、颜色、形态、酸甜度以及成熟度等。这种直接改变控制农作物遗传性状基因的方法比传统的杂交育种具有更明显的优势，它可以把控制营养生长的基因从一种番茄转移到另一种番茄，可能改变番茄的大小；同时，可以修饰改变控制成熟的基因，使得成熟期变长，有利于保藏，人们可以一年四季吃到新鲜的番茄。

② 生物技术与化工的综合。将生物技术与化学工程相结合，形成了生物化工学科。它的主要任务是把生命科学上游技术的发展转化为实际产品以满足社会需要，而且在创造新物质、创造新材料、设计

新过程、生产新产品、创建新产业中都发挥着十分重要的作用。与传统生物化学工业相比，生物化工技术具有反应条件温和、能耗低、效率高、选择性强、投资少、“三废”少以及可用再生资源作原料等优点，已成为化工领域战略转移的目标。

③ 生物技术与环境的综合。由于人口的快速增长、自然资源的大量消耗，全球环境状况目前正在急剧恶化：水资源短缺、土壤荒漠化、有毒化学品污染、臭氧层破坏、酸雨增加、物种灭绝、森林减少等。人类的生存和发展面临着严峻的挑战，迫使人类进行一场“环境革命”来挽救人类自身。在这场环境革命中，环境生物技术已发展成为一种行之有效、安全可靠的方法，起着核心的作用。下面通过生物恢复技术来说明生物技术与环境科学的综合。

人类的工农业生产活动常常导致土壤污染，土壤被污染后，其中某些物质的含量或浓度已达到可直接或间接地对人类和环境产生危害的程度。常见的土壤污染有石油污染、有害或有毒化合物污染及重金属污染等。对于污染地的处理现多集中在分离和（或）去除污染物的物理和化学方法上。但是利用生物，特别是微生物处理环境中的化学物质也可起到改善作用。这种生物恢复技术主要涉及生物催化进行的降解、去毒或积累作用，又称为生物改善、生物挽救、生物再建或生物处理等。环境污染的生物恢复通常有两种方法：一是通过增加营养促使微生物在原有位置生长；二是通过生物反应器培养、增加混合物中有益微生物的数量，然后再将这些微生物混合类群接种到污染地进行生长、繁殖。

（4）从单一领域的研究走向多学科的综合与集成研究

人类所面临的共同问题，如环境问题（温室效应、臭氧层破坏、污染）、资源问题（能源、粮食）等，既是科技问题，也是经济问题，又是社会问题。它们具有复杂性和综合性，这些问题的解决超出了自然科学技术能力的范围，必须综合运用各门自然科学、各种技术手段和人文、社会科学的知识才能解决。今天，现代科学技术已经发展成为一个很严密的综合起来的体系（于景元，2001），这个综合体系一个很重要的特点是先进技术的集成，尤其是过程集成，它从系统的角度进行过程优化，负责过程综合、过程分析与过程优化的相互协调。中国空间站系统的总体设计就充分体现了多学科的综合与集成。

案例 2.4

中国空间站的“天—地—人”和谐共处的整体观

中国空间站的“天—地—人”和谐共处理念，深刻体现了中国古代哲学思想与现代航天科技的完美融合。在这一宏伟工程中，天、地、人三大要素被巧妙地融为一体，共同构建了一个高效、协调、可持续的太空家园。“天”指的是空间站本身及其所处的宇宙环境。中国空间站，名为“天宫”，以T字形构型翱翔于距地面约400公里的近地轨道，为科研人员提供了一个宝贵的太空实验平台。空间站内部，各个舱段和来访的飞船通过先进的对接技术形成组合体，以“最强大脑”进行统一控制和管理，确保各系统协调运作，资源优化利用。“地”则代表着地面支持系统的强大后盾。中国航天科技集团五院等科研机构，通过建设等比例的物理空间站和数字空间站，利用数字孪生技术实现了天地协同的实时监测与预测。地面团队24小时不间断地监控空间站状态，为在轨航天员提供坚实的保障，确保太空任务的安全顺利进行。“人”则是这一整体观中的核心要素。中国空间站的设计充分考虑了航天员的需求，从生活环境的舒适性到实验设备的便捷性，都体现了以人为本的理念。航天员们在太空中的生活与工作，不仅是对自身极限的挑战，更是对人类探索未知、拓展生存空间的贡献。他们与地面团队紧密合作，共同推动空间站的科学实验与技术验证，为人类的航天事业贡献力量。

（5）新兴学科的快速发展不断地提升传统学科的内容

任何一门学科都具有外延性和渗透性的特点，特别是在与生命科学和新材料科学相互促进上，合理利用资源、能源，改善环境等方面都具有重大渗透和交叉作用。因此，生命科学、新材料、新能源、信息技术、环境科学不断地与传统学科综合集成起来，不断地提升传统学科的内容，向高科技领域发展。

案例 2.5

人工智能促进材料科学的快速发展

人工智能（AI）在材料科学的发展中扮演了关键角色，极大地推动了该领域的快速进步。通过整合和分析海量材料数据，AI 能够识别出材料结构与性能之间的复杂关系，从而在理论层面预测新材料的物理、化学及力学性能。这种预测能力不仅减少了传统实验方法的耗时和高成本，还提高了新材料研发的效率和成功率。具体而言，AI 利用机器学习和深度学习算法，可以快速筛选有潜力的候选材料，优化实验条件和制备流程，从而加速新材料的探索、设计、合成与优化过程。此外，AI 还能在材料表征阶段辅助分析复杂的数据集，如光谱、图像和微观结构信息，提供更为精确和高效的材料特性评估。随着科技的进步，AI 在材料科学中的应用场景不断拓宽。例如，通过高通量计算和密度泛函理论，AI 能够生产标准化的材料数据集，并借助模型推理未知材料的性能。这种数据驱动的研究方法不仅提高了材料研发的精准度，还促进了跨学科合作，加速了材料科学的整体进步。总之，AI 的引入为材料科学的发展注入了新的活力，推动了材料研发的智能化和高效化。未来，随着 AI 技术的不断进步和材料数据库的持续扩充，预计 AI 将在材料科学的更多领域发挥重要作用，引领其迈向更高的发展阶段。

（6）信息网络建设成为系统集成的大平台

电子信息技术的快速发展对经济和社会形态产生了巨大的冲击，在人类历史上，还没有任何一项技术革命能像信息革命这样对社会及其环境产生如此广泛而深刻的直接影响。同时，信息网络还为不同科学技术的综合应用搭建起了系统集成的新平台。可见信息网络建设是一项复杂的社会系统工程。从理论上来看，信息网络建设从一开始就具有综合性、系统性和动态性的鲜明特点，仅靠一个领域的科学知识是难以科学处理和解决信息网络建设中的各类问题，它需要利用自然科学、社会科学、工程技术三个领域的科学知识，尤其是需要把来自三个方面的科学知识有机地结合起来，综合运用经济、法律、教育和行政的手段进行系统的综合研究，才有可能得到科学认识和结论。因此，信息网络的建设需要大批综合性人才，他们不仅要懂信息技术，而且要懂管理。信息网络的维护和使用也需要大量具有专业知识的人才，因此，这就要求当代大学生掌握适合于社会主义市场经济体制的信息资源管理体制和运行机制的知识，还要有相应的法律、法规和政策体系规范的综合知识；掌握解决工程问题的先进技术方法和现代化技术手段；具有进行工程领域技术开发的能力；具备独立担负工程领域技术或管理的工作能力。因此，大学生学习的课程内容应该向合理利用资源、能源，改善环境等方面渗透和交叉，把社会科学、信息科学与生命科学、新材料、新能源、环境综合起来考虑，向高科技领域发展。

案例 2.6

智慧政务平台

智慧政务平台是信息网络建设成为系统集成大平台的代表作之一。智慧政务平台是现代政府利用信息技术提升服务效能与管理水平的重要载体。该平台集成了云计算、大数据、人工智能等先进技术，旨在实现政务服务的智能化、便捷化和高效化。智慧政务平台通过构建统一的在线服务平台，为公众提供一站式、全天候的政务服务。无论是企业注册、税务申报，还是社保查询、公积金提取，民众都能通过该平台轻松完成，极大地节省了时间和精力。同时，平台还支持移动应用，让政务服务触手可及，随时随地满足民众需求。在内部管理方面，智慧政务平台通过数据共享与交换，打破了部门间的信息壁垒，实现了政务数据的互联互通。这不仅提高了政府决策的科学性和精准性，还促进了跨部门协同办公，提升了政府整体运行效率。此外，智慧政务平台还注重数据安全和隐私保护，采用先进的加密技术和安全防护措施，确保政务数据在传输、存储和处理过程中的安全性和完整性。总之，智慧政务平台是现代政府数字化转型的重要成果，它以高效、便捷、智能的特点，为民众提供了更加优质的政务服务体验，也为政府管理创新提供了有力支撑。

2.4　学习现代科学技术知识的路径

现代科学技术的知识丰富多彩，呈现出分化的学科、集成的工程、复杂的系统。综合与集成化使不同学科知识相互渗透，技术集成推动产业创新升级；数字化、智能化、网络化带来了信息的高效处理；大工程展现了研究规模的宏大、跨学科合作的广泛以及技术集成的深度与广度；重视可持续发展体现了科学技术对人类未来的责任担当；国际化则让全球科技力量紧密合作，共同推动人类科技的进步。

（1）综合与集成化

现代科学技术的综合与集成化特征日益凸显，成为推动科技进步和社会发展的重要力量。这一特征促使“浩瀚”的知识学习需要与时俱进，适应发展趋势。首先，跨学科融合成为常态。传统学科界限逐渐模糊，不同领域的知识、技术与方法相互渗透、融合，形成新的学习和研究范式。这种跨学科的综合与集成，不仅拓宽了研究的广度和深度，也促进了创新思维和方法的不断涌现。其次，技术集成推动产业创新升级。随着信息技术的飞速发展，各种先进技术如大数据、云计算、人工智能等被广泛应用于各个领域。这些技术的集成应用，不仅提高了生产效率和产品质量，也催生了新的产业形态和商业模式。同时，技术集成还促进了科技创新的加速和迭代，为社会发展注入了新的动力。最后，综合与集成化特征促进了科技政策的协同与整合。面对全球性科技挑战，各国政府和国际组织纷纷加强科技合作与交流，共同制定科技政策和计划。这些政策和计划的制定和实施，不仅需要考虑不同领域的需求和利益，还需要注重协同与整合，以确保科技资源的有效配置和科技创新的持续推进。

（2）数字化、智能化、网络化

数字化是现代科技的基础，它将各种信息（如文字、图片、声音等）转化为可度量的数字或数据，进而通过计算机进行处理、存储和传输。这一过程不仅提高了信息的准确性和效率，还为后续的智能化和网络化提供了可能。数字化技术的广泛应用，使得社会各个领域都实现了数据的快速积累和高效利用，推动了社会信息化的进程。智能化则是在数字化的基础上，通过人工智能等技术手段，使机器具备类似人类的感知、学习、推理和决策能力。智能化的实现，不仅提高了生产效率和产品质量，还极大地改善了人们的生活体验。例如，智能家居、智能医疗等领域的快速发展，正是智能化技术应用的生动体现。网络化则是将各种设备和系统通过互联网连接起来，实现信息的实时共享和交互。网络化的普及，打破了地域和时间的限制，使得人们可以随时随地获取所需的信息和服务。同时，网络化也为各种创新应用提供了广阔的平台和机会，推动了社会经济的持续发展。

（3）大科学化

现代科学技术的大科学化特征主要体现在研究规模的宏大性、跨学科合作的广泛性以及技术集成的深度与广度上。研究规模的宏大性是现代大科学项目的显著标志，通常包括大科学计划和大科学工程，需要完成一系列重大的、更为复杂的科学计划，需要大规模协作和重大科学基础设施的支撑。例如，国际空间站的建设与运营，就是一个集多国之力、耗资巨大的科研项目。它不仅需要高精尖的技术支持，还需要长期的人员驻留、科学实验与数据收集，其规模之庞大、影响之深远，远非传统小型科研项目所能比拟。跨学科合作的广泛性也是大科学化的重要特征。面对全球性挑战（如气候变化、疫情防控等），单一学科的研究已难以满足需求，必须依靠多学科、多领域的交叉融合。例如，疫苗的研发就需要生物学、化学、医学、信息学等多个学科的紧密合作，共同攻克技术难关。最后，技术集成的深度与广度也是大科学化的关键所在。现代科技项目往往涉及多种先进技术的集成应用，如人工智能、大数据、云计算等。这些技术的深度融合，不仅提升了科研效率，也催生了新的科研范式和创新模式。例如，在基因编辑领域，CRISPR-Cas9 技术的出现，就是生物学、物理学、化学等多个领域技术集成的结果，为生命科学的发展开辟了新的道路。

（4）重视可持续发展

现代科学技术的发展日益重视可持续发展，这体现在多个方面。例如，在能源领域，太阳能、风能等可再生能源技术的快速发展，正是科学技术重视可持续发展的生动体现。这些技术不仅减少了对化石燃料的依赖，还降低了温室气体排放，有助于应对气候变化挑战。同时，在农业生产中，精准农业技术的应用，如智能灌溉、病虫害监测等，提高了资源利用效率，减少了农药和化肥的使用，促进了农业的可持续发展。此外，在环境保护方面，科学家们利用现代科技手段，如遥感技术、环境监测系统等，对生态环境进行实时监测和评估，为制定科学的环保政策提供了有力支持。这些实例充分展示了现代科学技术在推动可持续发展方面的重要作用。

（5）国际化

现代科学技术的国际化特征日益凸显，成为推动全球科技进步与合作的重要力量。首先，科研合作的国际化是显著标志。随着科技问题的日益复杂化和全球化，单一国家的科研力量已难以满足需求。因此，各国科研机构、高校和企业纷纷加强国际合作，共同应对全球性科技挑战。这种跨国界的科研合作，不仅促进了知识、技术和资源的共享，还加速了科技创新的速度和效率。其次，科技资源的国际化配置也是重要特征。在全球化的背景下，科技资源如人才、资金、设备等实现了更加自由的流动和配置。各国通过开放合作，吸引和利用国际科技资源，提升自身科技创新能力。同时，国际科技组织、项目和平台的建立，也为全球科技资源的共享和优化配置提供了有力支撑。此外，科技成果的国际化传播和应用也是现代科技国际化的重要表现。随着信息技术的快速发展，科技成果的国际化传播速度加快，各国科技工作者能够迅速了解和学习国际最新科技成果。同时，科技成果的国际化应用也促进了全球经济的繁荣和发展，推动了人类社会的共同进步。

思考题

1. 信息网络建设主要涉及哪些社会形态和技术领域？
2. 当代科学技术发展趋势有哪些特征？
3. 试列举我国社会主义建设中大型复杂工程项目有哪些？
4. 试分析真实社会的复杂性表现在哪几个方面？
5. 为什么说综合与集成在现代工程技术中正在发挥着越来越重要的作用？
6. 生成式人工智能技术的迅猛发展，将引发哪些行业的颠覆式变革？
7. 如何看待小米公司提出的“人车家全生态”概念？它体现了综合与集成的思想吗？
8. 马斯克的脑机接口公司 Neuralink 展示了植入脑机接口设备的猴子可以通过意志控制光标玩电子游戏，请问这项技术的综合集成特征体现在哪些地方？

参考文献

[1] 王寿云, 于景元, 戴汝为, 等. 开放的复杂巨系统[M]. 杭州: 浙江科学技术出版社, 1995.

[2] 钱学森. 论系统工程（增订本）[M]. 长沙: 湖南科学技术出版社, 1988, 513-531.

[3] 于景元. 钱学森的现代科学技术体系与综合集成方法[J]. 中国工程科学, 2001, (11): 10-18.

[4] 本书编写组. 科学的力量[M]. 北京: 学习出版社，2001.

[5] 钱学森. 基础科学研究应该接受马克思主义哲学的指导[J]. 哲学研究, 1989, (10): 3-8.

[6] 吴彤. 20世纪未竟的革命和思想遗产——复杂认识[J]. 内蒙古大学学报（人文社会科学版）2000, 32(3): 2-10.

[7] 刘知青, 吴修竹. 解读AlphaGo背后的人工智能技术[J]. 控制理论与应用, 2016, 33(12): 1685-1687.

[8] Silver, et al. Mastering the game of Go with deep neural networks and tree search[J]. Nature, 2016, 529(7587): 484-489.

[9] J. B. Gurdon, A. Colman. The furture of Cloning[J]. Nature, 1999, 402: 743-746.

[10] 21世纪初科学发展趋势课题组. 21世纪初科学发展趋势[M]. 北京: 科学出版社, 1996.

第 3 章 复杂系统与当代科学方法论

人类社会是一个“特殊复杂巨系统”。何为复杂巨系统？解决复杂巨系统的问题有哪些基本方法？这些问题的答案隐藏在本章的段落中。

自 20 世纪 40 年代提出一般系统论的概念以来，系统科学得到了迅速的发展。而 20 世纪 80 年代提出的复杂系统与复杂性科学的概念，则主要是研究复杂性和复杂巨系统的。因为复杂性研究与系统科学关系密切，故本章首先介绍系统科学的一些基本概念，主要涉及系统科学和复杂性科学的基本理论、综合与集成研究方法论，以及当代科学方法中的自组织理论、分形理论和混沌理论等基本思想，为解决复杂巨系统问题奠定理论基础。通过对系统科学、复杂性科学问题及综合集成方法等进行阐述和举例应用，引导学生从新的视角，用新的观点审视复杂系统特征，形成创新的思维框架，初步掌握解决复杂性问题的基本方法。

知识点思维导图

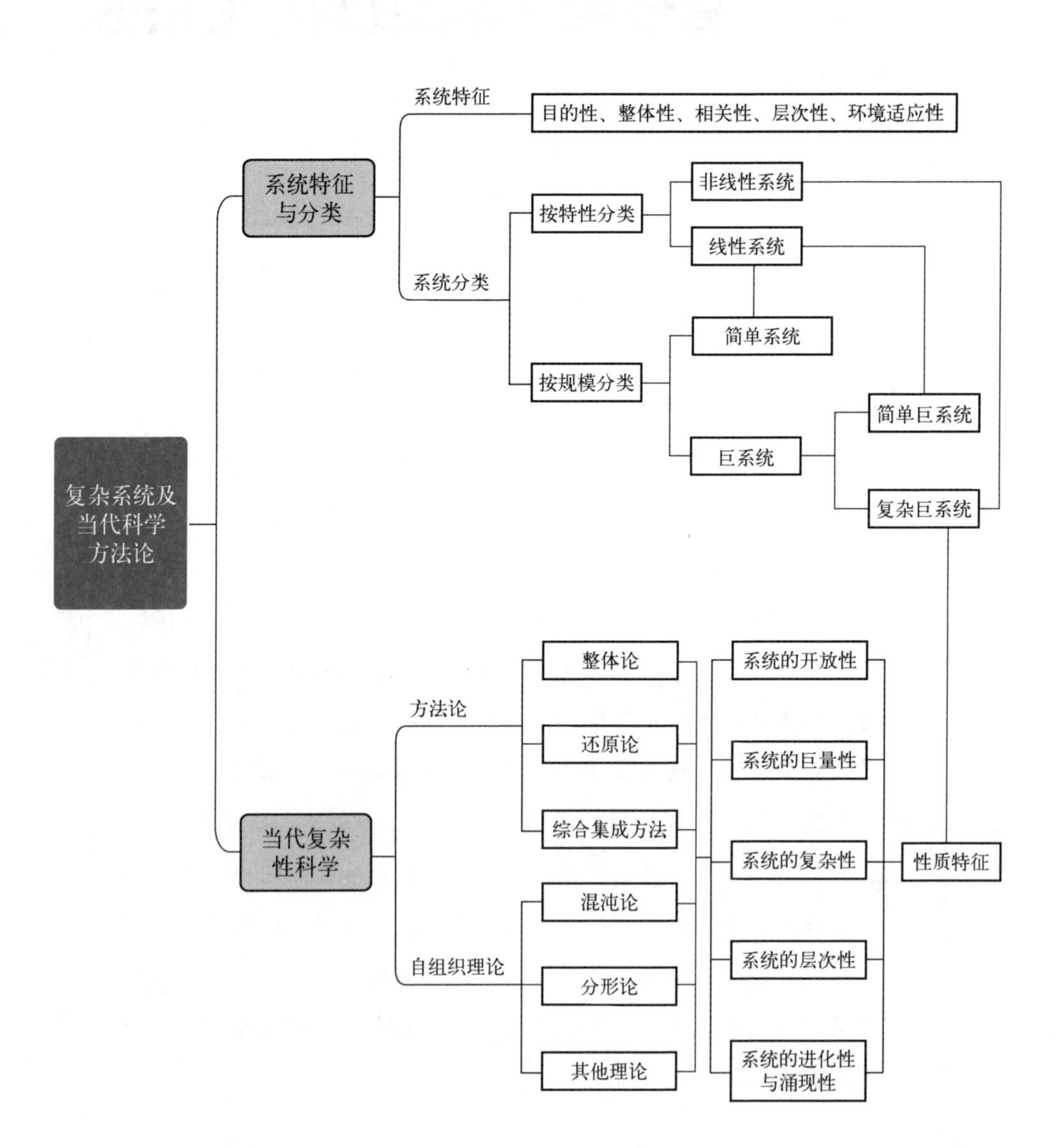
复杂系统及当代科学方法论
系统特征与分类
系统特征
目的性、整体性、相关性、层次性、环境适应性
系统分类
按特性分类
非线性系统
线性系统
按规模分类
简单系统
巨系统
简单巨系统
复杂巨系统
当代复杂性科学
方法论
整体论
还原论
综合集成方法
自组织理论
混沌论
分形论
其他理论
系统的开放性
系统的巨量性
系统的复杂性
系统的层次性
系统的进化性与涌现性
性质特征

3.1　系统科学的基本概念

3.1.1　系统

系统是为实现某一特定目标，由具有特定功能、相互关联、相互作用、相互制约的诸多元素所构成的一个整体（曲东升，1998）。可见，系统本身是许多元素的集成组合体，系统思想的突出特点就是强调整体性。系统是普遍存在的，自然界、人类社会及人本身都是系统。一个系统以外的部分叫作系统环境，系统与其环境的界限叫作系统边界。系统对其环境的作用是系统输出，而环境对系统的作用称作系统输入，通过输入 / 输出，系统与系统环境进行物质、能量和信息的交换。

迄今为止，自然科学所研究的自然界，无论从整体上，还是从任一个层次上来看，都具有系统性。“系统”的概念是如此重要，以至于在美国国家科学教育标准中，要求在从幼儿园到 12 年级的教学活动中，所有的学生都应培养对“系统、秩序和组织”这个概念和过程相关的理解和能力（王世珍，2002）。经过 20 多年的评价、研究和应用，系统思想和方法已在相当程度上融入我国自然科学、社会科学、工程技术、经营管理以及其他领域的广大工作者的知识结构中。从学术刊物到文学作品，都在使用系统、信息、系统工程、自组织之类的术语。

一切呈现系统性（整体性、秩序性、组织性、目的性、演化性等）的现象都是具有系统意义的现象。在现实生活和理论探讨中，凡着眼于处理部分与整体、差异与统一、结构与功能、自我与环境、有序与无序、合作与竞争、行为与目的、阶段与全过程等相互关系的问题，都是具有系统意义的问题。或者说，凡需要处理多样性的统一、差异的整合、不同部分的耦合、不同行为的协调、不同阶段的衔接、不同结构或形态的转变以及总体布局、长期预测、目标优化、资源配置、信息的创生与利用之间的问题，都是具有系统意义的问题。

系统科学以系统为研究对象，从事物的部分与整体、局部与全局以及层次关系的角度来研究客观世界（包括自然的、社会的以及人本身的），它是研究系统结构和功能一般规律的基础学科。系统科学的理论和方法对于解决复杂性问题具有普遍的意义，得到了广泛的应用（黄小寒，1999）。自从路德维希·冯·贝塔朗菲（Ludwig von Bertalanffy）于20世纪40年代提出一般系统概念以来，系统科学得到了迅速发展，其主要成就之一就是系统工程的广泛应用。系统工程的作用就是按照系统科学的原理来设计并改造一个系统，使其达到预期的功能。

系统结构是由相互关联、相互制约、相互作用的部分组成的，每个部分本身也可能是一个系统，可以称作原系统的子系统。系统、子系统（一个子系统可能还有其他的子系统……），这就是系统结构的层次性质。不同层次的子系统构成了该系统的垂直结构，而同一层次的各子系统相互联系又构成了系统的水平结构。系统组成部分（或子系统）的相互关联、相互制约、相互作用，是通过物质、能量和信息交换的形式实现的。

综上所述，典型的系统有如下一些特征。

（1）目的性

系统以一定的目的而存在，以人工系统为例，人工系统是指人类加工改造的自然系统或人类借助系统创造出的新系统。人工系统必须具有目的性或功能性。它将劳动创造者的功能与自然系统的功能相互融合、相互渗透，构成一个新的运转合理的系统。它可以分为纯人工系统和自然人工系统。比如，人工系统有立体成像系统、生产系统、交通系统、电力系统、计算机系统、教育系统、医疗系统、企业管理系统、人工智能系统等。

（2）整体性

系统是一个集合，是若干从属于它的要素构成的集合或整体，每个要素都具有独立功能，它们只有逻辑地统一和协调于系统的整体之中，才能发挥系统的整体功能或效应。系统具有整体效应，表现在：①整体联系的统一性，提高要素素质和系统的有序程度，整体功能大于部分之和，如三个臭皮匠凑成一个诸葛亮；②系统功能的非加和性，如果要素素质低，组合有序度不高，整体不等于部分的综合，如三个和尚没水吃。

系统的整体性首先表现为系统整体与部分、部分与部分、系统与环境相联系的统一性与有机性。因此，系统的整体性原则，就是系统思维方法的一条基本原则。该原则认为：世界上任何一个有机整体系统，不但内部各组成要素之间是相互联系的，而且系统与外部环境之间也是有机联系的，我们在处理与解决问题时，应当从整体出发，从分析整体内容各组成部分的关系以及整体与外部环境之间的关系入手，去揭示与掌握其整体性质。

（3）相关性

系统的相关性是指系统的各要素、系统与要素、系统与系统、系统与环境，以及系统的结构、功能、行为之间的普遍联系的特征。这种联系主要表现为相互依存、合作、协同与竞争的关系。它们之间的依存、合作、协同是维持和发展系统的整体性；它们之间的制约、竞争是维持部分自身的独立性。

（4）层次性

系统层次性是指系统各要素在系统结构中表现出的多层次状态的特征。一方面，任何系统都不是孤立的，它和周围环境在相互作用下可以按特定关系组成较高一级系统；另一方面，任何一个系统的要素，也可以在相互作用下按一定关系成为较低一级的系统，即子系统，而组成子系统的要素本身又可以成为更低一级的系统。

层次性反映系统从简单到复杂，从低级到高级的发展过程。层次不同，系统的属性、结构、功能也不同。层次越高，其属性、结构、功能也就越复杂。

（5）环境适应性

适应性主要是指系统保持和恢复原有特性的能力，泛指一个系统在环境中的生存能力，通常系统与环境之间有物质、能量和信息的交换。因此，一个系统要生存与发展，必须适应系统外界环境的变化。

20 世纪 70 年代，贝塔朗菲首先提出系统科学体系结构问题，构建了一种系统科学体系，即贝塔朗菲纲领（黄小寒，1999）。在我国，系统科学研究早已成为大批科学家关注的研究领域，20 世纪 80 年代初，钱学森在明确的科学系统观指导下，探讨了现代科学总体系和各门学科的体系结构。在众多研究成果中，钱学森提出的关于简单系统、简单巨系统和复杂巨系统的分类方法引起了国内外同行的重视（钱学森，1990）。他根据组成系统的子系统的数量和种类的多少，以及它们之间关联关系的复杂程度，提出了新的系统分类，如图 3-1 所示。

简单系统是指组成系统的子系统数量比较少，子系统之间的关系比较

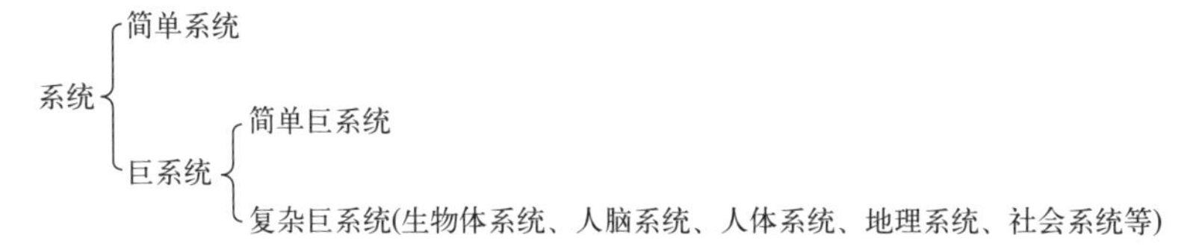

图3-1 系统分类

简单的系统。传统的近代科学有时会用到简单系统这个概念。例如，质点、刚体、电磁场等都可以看成系统，但是这些系统往往规模较小，属性和行为比较简单，而且可以用比较简单的数学工具（如微积分等）来解决，所以属于简单系统。

巨系统是指系统中基本单元或子系统的数目极其巨大，成千上万，甚至达到上百亿。复杂巨系统是指系统中不仅子系统的种类繁多，而且子系统之间存在多种形式、各种层次的交互作用。

实际上，简单系统与复杂系统的区别并不在于构成子系统单位数量的多少，它们的本质区别在于系统内部的相互作用机制。如果是线性相互作用机制，不论其构成要素的数量多么巨大，其整体性质也仅仅是部分性质的简单叠加，因此仍是简单系统。例如，一个热力学系统，其包含的分子数目非常巨大，但是由于分子之间的相互作用非常简单，其整体行为并不复杂，用统计方法很容易解决。而如果系统构成元素之间是非线性相互作用，就会使各元素之间相互依赖、相互制约，出现协同效应，使整个系统出现子系统所不具备的性质，表现出复杂性。

从系统科学的角度看，社会系统、人体系统、地理系统、人脑系统等系统在本质上都属于复杂巨系统。这些系统与自然界都密不可分，具有很强的自然演化发展的特点，这种演化的过程难以被受一般教育的人们所深入理解。例如，社会系统的复杂性表现在组成社会个体的“活动性”，即社会系统过程中人类个体主观意识上的随意性、偶然性、模糊性、多样性和封闭性。而地理系统的复杂性来源于它是空间系统，也是时间系统。它涵盖了地理学、生态学、环境学和航天信息学中的典型系统，同时，又涉及资源管理、生态系统、环境工程、灾害监测、人口调控、城镇体系、产业结构等复杂工程。

案例 3.1

嫦娥探月工程系统

我国自2004年开启了嫦娥探月工程，工程阶段分为三期，简称为“绕、落、回”三步走。2007年10月，第1个月球探测器——嫦娥一号成功实现绕月飞行，并从太空中传回所拍摄的第1幅月面图像；

2020 年 12 月，嫦娥五号探测器在月球表面成功着陆（如图 3-2 示意），完成月面样品自动采集，并带回了 1731 克样品。2021 年 2 月，习近平主席会见参研参试人员代表时，肯定了嫦娥五号在探月工程中的标志性地位和对中国航天的重要意义，指出“是发挥新型举国体制优势攻坚克难取得的又一重大成就，是航天强国建设征程中的重要里程碑”。

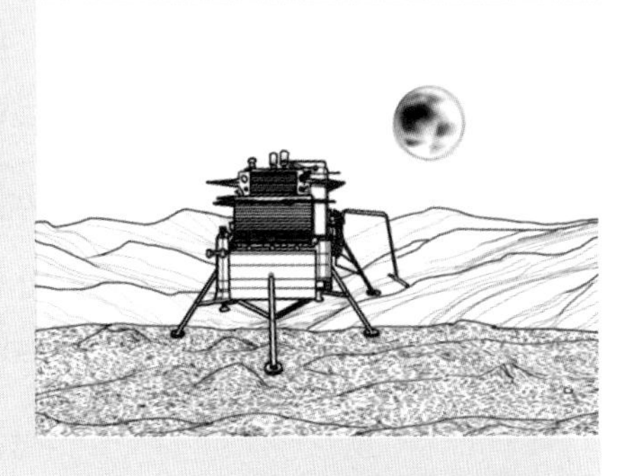

图3-2 嫦娥五号在月球表面成功着陆（示意图）

嫦娥探月工程是一个庞大复杂的系统，由卫星（探测器）、运载火箭、发射场、测控和地面应用五大系统组成。其中，嫦娥一号的卫星平台由结构分系统、热控分系统、制导、导航与控制分系统、推进分系统、数据管理分系统、测控数传分系统、定向天线分系统和有效载荷九个分系统组成。卫星平台共搭载了 8 种 24 台科学探测仪器，重 130 千克，即微波探测仪系统、γ 射线谱仪、X 射线谱仪、激光高度计、太阳高能粒子探测器、太阳风离子探测器、CCD 立体相机、干涉成像光谱仪。嫦娥一号工程在包括集成技术、轨道设计技术、远距离测控通信技术、高精度测定轨道技术、火箭可靠性增长技术、高可靠发射技术、月球科学探测技术、数据接收与研究技术，以及能源和环境技术九个方面都取得了突破（王晶金，2024）。

3.1.2 线性系统

随着人类认识自然的不断深入和科学的不断发展，人们已经认识到复杂性和非平衡基本上都与非线性有关，非线性现象是自然界的基本现象之一，非线性系统是复杂系统的基本属性。

为了了解非线性系统，首先对线性系统作一简单介绍。我们知道，变量之间最简单、最基本的关系是函数关系，即因变量对自变量的依存关系。如果因变量与自变量成比例地变化，即变化过程中二者的比值不变，则称为线性函数。线性函数描述一个变量对另一个变量的依存关系，不是几个变量相互影响、相互依存的关系。描述变量之间相互依存关系的主要数学形式是方程。最简单的关系是一元线性函数，其一般的方程形式为

$$y = ax + b \ (a \neq 0) \tag{3-1}$$

在几何学中，一元线性函数由平面直线或直线段表示。较为复杂的变量关系必须用多元函数表示。二元线性函数可以表示为

$$z = ax + by \tag{3-2}$$

式（3-2）在几何上代表三维空间中的一个平面。更复杂的情况，x_1、x_2、x_3 三个变量之间的线性代数关系可表示为

$$\begin{aligned} a_{11}x_1 + a_{12}x_2 + a_{13}x_3 \leqslant b_1 \\ a_{21}x_1 + a_{22}x_2 + a_{23}x_3 \leqslant b_2 \end{aligned} \tag{3-3}$$

式（3-3）表示变量 x_1、x_2、x_3 只能在给定的两个代数关系内变化，每个变量的变化都影响另两个变量的变化。

但需要强调的是：上面函数和代数方程描述的只是变量之间的静态相互关系，动态过程中诸变量的相互依存关系要复杂得多，数学表达式将出现微分、差分、积分等描述动态特性的项。设某动态过程有两个变量 x 和 y，均为时间的可微函数，导数 $\dot{x} = \frac{\mathrm{d}x}{\mathrm{d}t}$ 和 $\dot{y} = \frac{\mathrm{d}y}{\mathrm{d}t}$ 代表它们的变化率，则它们之间动态的线性相互关系可用微分方程描述为

$$\begin{aligned} \dot{x} = ax + by \\ \dot{y} = px + qy \end{aligned} \tag{3-4}$$

因此，在物理上可以将线性系统定义为能够用线性数学模型（线性的代数方程、微分方程、差分方程等）描述的系统。式（3-3）描述的是线性静态系统，式（3-4）描述的是线性动态系统。

线性系统的基本特征包括输出响应特性、状态响应特性、状态转移特性等线性特性。它满足叠加原理的两个要求，即一般地，令 f 代表某种数学操作（如关系、变换、运算、方程等），x 为数学操作的对象，$f(x)$ 表示对 x 实行操作 f。则叠加原理为

加和性 $$f(x_1+x_2)=f(x_1)+f(x_2)$$

齐次性　　　　　　　　$f(kx)=kf(x)$

一般来说，一个系统能否使用线性模型，没有普遍适用的判据，除了取决于系统本身非线性特性的强弱外，还与实际应用场合对允许误差的要求有关。一个对象，有时可以作为线性系统，有时则不可以作为线性系统，即不能建立线性模型。这时需要根据具体情况作出是否可以用线性模型的判断。满足叠加原理是线性系统的基本判据，有了数学模型，可直接按模型判别；没有数学模型时，可以用实验手段进行判别。实验判别的基本方法：给系统以不同输入数据，分别测得系统的输出，比较输入数据与输出数据即可判断系统是否满足叠加原理。

对于线性系统，由于系统内相互作用为线性响应，所以系统的整体性质就是各子系统孤立存在时性质的简单加和，即整体等于部分之和。因此，在研究线性系统时，一般采用还原论的方法，把系统分成若干子系统，只要把每一个子系统的性质研究清楚，相加就会得到整个系统的性质。对于一个线性系统，确定了初始条件，就确定了系统的演化轨道，系统未来的性质完全可以根据系统现在的状态推断出来。例如不考虑摩擦的单摆系统（图 3-3）。

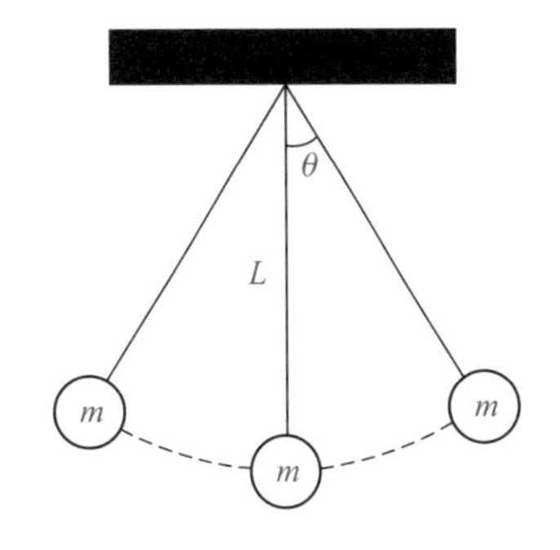

图3-3　线性系统（单摆系统）

3.1.3　非线性系统

线性与非线性原本是一对数学概念，用于区分不同变量之间两种基本的相互关系。数学模型是由描述系统的变量和常量所构成的数学表达方式决定的，不论是静态系统还是动态系统，只要建立了数学模型，首先就要区分系统是线性的还是非线性的。几百年来，科学研究的主要对象是线性系统，但是现代科学正在转向以非线性系统为主要研究对象，未来的科学本质上是非线性科学（21 世纪初科学发展趋势课题组，1996）。

用非线性数学模型描述的系统称为非线性系统。非线性系统理论研究的基本对象是不能线性化的问题，即系统在大范围内的行为，特别是本质非线性现象和特性。

（1）非线性系统的特征

① 变比特性。两个变量不按固定的比率变化，即，对于 $x_1 \neq x_2$，一般

$y_1/x_2 \neq y_2/x_2$。变比特性是广泛存在的非线性现象。

② 饱和特性。单调递增或递减的函数在一定阶段后逐渐趋向于或保持在某一常数值，即为饱和特性。

③ 非单调性。单调变化与线性关系有较多的共性，非单调的函数关系表现出更强的非线性。如图 3-4 所示为三种非单调变化的函数。

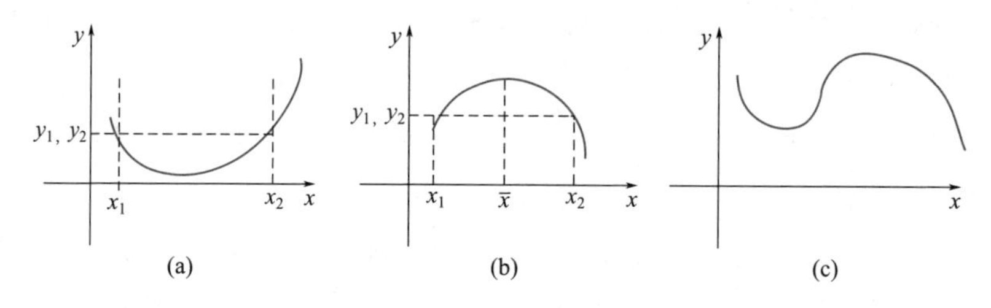

图3-4 几个非单调变化的函数

④ 振荡特性。在实际工程中的各种曲折、起伏、波浪运动等，可能都有振荡特性。非线性更强的系统可能表现出如图 3-5 所示的振荡特性。

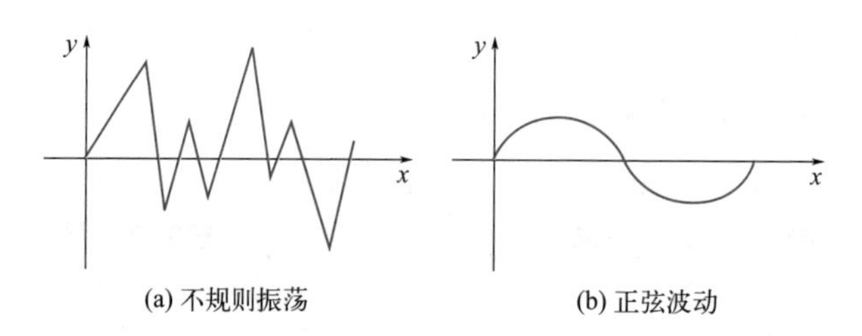

图3-5 两种非线性振荡特性

⑤ 多值响应特性。在工程实际中，大量的情况表现为一因多果的非线性现象，即在同一输入作用下，系统以不同的输出去响应，表现出不确定性。在数学上，这种特性用多值函数描述，如图 3-6 所示。

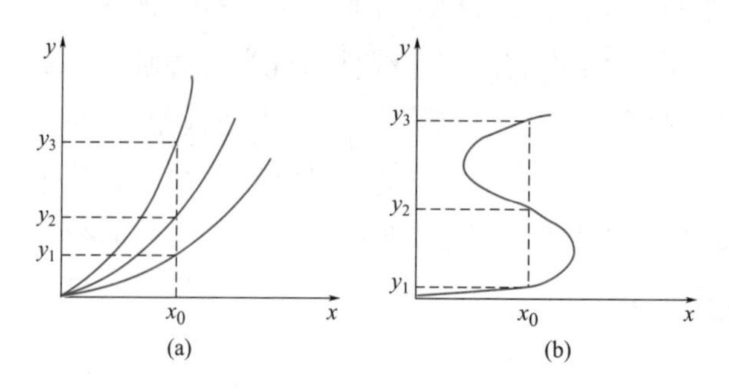

图3-6 多值函数

⑥ 循环特性。事物周而复始的运动也是普遍存在的非线性现象，在数学上用闭合曲线表示。

⑦ 间断（跳跃）特性。在自变量的某些点上，函数发生不连续的变化，称为间断特性，如图 3-7 所示。

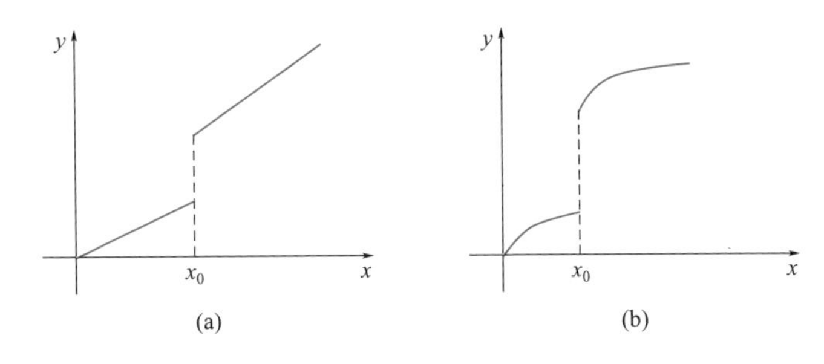

图3-7 函数不连续的跳跃特性

⑧ 折叠特性。一个连续的过程在某处突然改变方向，用数学语言描述就是函数连续而它的导数发生不连续的改变，这在实际生活中是常见的，如图 3-8 所示。

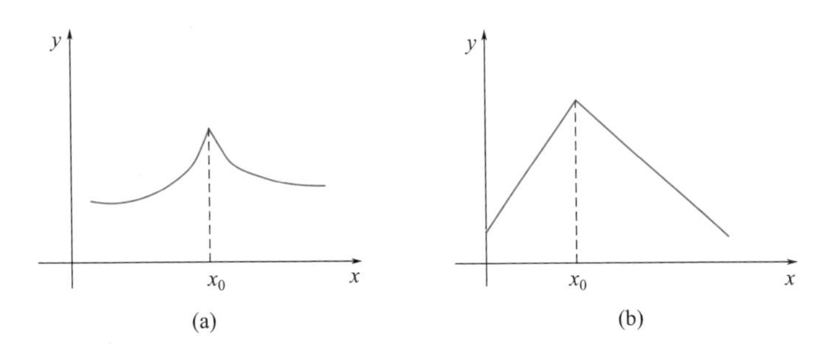

图3-8 非线性的折叠特性

⑨ 滞后特性。滞后特性是一种重要的非线性现象，可能给系统带来某些不寻常的状态和行为。

（2）非线性方程

非线性系统的基本特征是不满足叠加原理，即系统的输出响应特性、状态响应特性、状态转移特性中至少有一个不满足叠加原理。建立起数学模型后，只要其中有一个非线性项，就是非线性系统。更一般地说，一个系统如果不能用线性模型描述，不论是否给出数学模型，实质上都是非线性系统（21 世纪初科学发展趋势课题组，1996）。多个变量的非线性相互作用，一般用非线性方程描述，包括非线性的代数方程、差分方程、微分方程等。例如，某一现象可以用抛物线函数描述它的输出响应特性。

$$y=ax^2 \tag{3-5}$$

令输入 x_1 和 x_2 对应的输出响应分别为 y_1 和 y_2，则输入 $x=x_1+x_2$ 对应的输出应为

$$y=y_1+y_2+2ax_1x_2 \tag{3-6}$$

$y \neq y_1+y_2$，不满足叠加原理的加和性要求，因为增加了非零项 $2ax_1x_2$，即系统自身的非线性效应。

设系统为动态的，输出 y 与输入 u 均为时间 t 的函数，令输入是频率为 w 的周期函数

$$u=\cos\omega t \tag{3-7}$$

由三角学可知输出响应为

$$y = a[\cos(\omega t)]^2 = \frac{a}{2} + \frac{a}{2}\cos(2\omega t) \tag{3-8}$$

输出中出现非周期项 $a/2$ 和倍周期项 $\cos(2\omega t)$，频率成分不同于输入，不满足叠加原理的齐次性要求。这种定性性质的改变是系统的非线性特征造成的，与线性系统的定性性质是不同的。

非线性系统的动态行为可以用一组方程来描述，设连续非线性系统的动力学方程的一般形式为

$$\begin{aligned} \dot{x}_1 &= f_1(x_1,\cdots,x_n;c_1,\cdots,c_m) \\ \dot{x}_2 &= f_2(x_1,\cdots,x_n;c_1,\cdots,c_m) \\ &\vdots \\ \dot{x}_n &= f_n(x_1,\cdots,x_n;c_1,\cdots,c_m) \end{aligned} \tag{3-9}$$

动态量 $\dot{x}_1$ (x_i 的变化速率，i=1,2,⋯,n) 由 n 个状态变量共同决定。$f_1,f_2,\cdots,f_n$ 中至少有一个是非线性函数，反映动态变量 $\dot{x}_1$,⋯, $\dot{x}_n$ 。以非线性方式依赖于状态变量 $x_1,\cdots,x_n$。与线性函数的单一形式不同，非线性函数有无穷多种不能互换的不同形式，代表无穷多种性质不同的系统特性，不可能用单一的或有限的几种方法解决非线性系统的一切问题。非线性现象的这种多样性，正是现实世界无限多样性、丰富性和复杂性的根源。

用一般方式讨论式（3-9）的求解问题是不可能的。对于最简单的一维非线性系统，它的动力学方程一般形式是

$$\dot{x} = f(x) \tag{3-10}$$

非线性函数 $f(x)$ 仍然有无穷多种不同形式，式（3-10）代表无穷多种定性性质不同的系统。尽管式（3-10）在相当宽的条件下存在唯一解，但一般地求解此方程仍不可能。只有当 $f(x)$ 为可积函数时，可用分离变量法求得解析解，普遍有效的办法是通过数值计算求近似解。

对于弱非线性系统，根据“非线性是对线性的偏离”的观点，得到一种有效的处理方法。由微积分知，只要非线性函数 $f(x)$ 满足连续性、光滑性要求，在局部范围内可用线性函数近似地代表它。考察式（3-10）在 x_0 附近的局部性质，按泰勒公式展开，得

$$f(x) = f(x_0) + f'(x_0)(x - x_0) + \cdots + \varphi(x) \tag{3-11}$$

式中，$\varphi(x)$ 为高次项，即非线性余项。只要 $x-x_0$ 足够小，非线性项可以忽略不计，得到它的线性近似表达。因而非线性系统式（3-10）在 x_0 处的局部性质可用线性系统近似地描述为

$$\dot{x} = f(x_0) + f'(x_0)(x - x_0) = ax^2 + b \tag{3-12}$$

式中，$a = f'(x_0), b = f(x_0) - x_0 f'(x_0)$。当 n=2 时，系统为

$$\begin{aligned} \dot{x}_1 &= f_1(x_1, x_2) \\ \dot{x}_2 &= f_2(x_1, x_2) \end{aligned} \tag{3-13}$$

设 f_1、f_2 在 (x_{10}, x_{20}) 附近连续可微，将式（3-13）展开为

$$\begin{bmatrix} \dot{x}_1 \\ \dot{x}_2 \end{bmatrix} = \begin{bmatrix} \dfrac{\partial f_1}{\partial x_1} & \dfrac{\partial f_1}{\partial x_2} \\ \dfrac{\partial f_2}{\partial x_1} & \dfrac{\partial f_2}{\partial x_2} \end{bmatrix} \begin{bmatrix} x_1 \\ x_2 \end{bmatrix} + \text{高次项} = \begin{bmatrix} a_{11} a_{12} \\ a_{21} a_{22} \end{bmatrix} \begin{bmatrix} x_1 \\ x_2 \end{bmatrix} + \text{高次项} \tag{3-14}$$

在 (x_{10}, x_{20}) 附近略去高次项，得到线性方程

$$\begin{aligned} \dot{x} &= a_{11}x + a_{12}y \\ \dot{y} &= a_{21}x + a_{22}y \end{aligned} \tag{3-15}$$

式（3-15）可作为描述非线性系统式（3-13）局部特性的线性模型。

就非线性系统的研究方法而言，可在某一点附近把非线性模型展开，略去非线性项，化作线性模型，利用线性系统理论来分析模型，由此得到有关非线性系统局部行为的近似结论。只要系统满足连续性和光滑性要求，且限于考察局部行为，得到的结论就是可信的。这种方法叫作对非线性系统的局部线性化处理，是经典科学处理非线性问题的基本手段，有广泛的应用。

在许多情况下，完全不考虑展开式中高次项的影响，仅仅用线性方法得到的结论不能满足要求。作为方法论，经典科学的办法是在作线性化近似处理后，再把高次项作为扰动因素考虑进去，对结果加以修正，这叫作线性化加微扰方法，也是经典科学对付非线性的主要手段，有重要的方法论意义。需要指出的是：线性化加微扰的方法本质上不是非线性系统理论的方法，而是线性系统理论的方法。它只限于处理非本质的非线性问题（连续、光滑的非线性问题），不能处理有间断点、不光滑的非线性问题。即只适用于分析局部特性，不能用于大范围问题。

非线性系统往往也是由大量子系统组成的，但是由于子系统之间的非线性相互作用，系统不再满足叠加原理。从子系统层次到系统层次，不仅有量的累积，而且会发生质的飞跃，使系统整体表现出来的现象不再是个体行为的简单相加，而是一种个体表现不出来的行为。

笔者近年来接触到的资源、环境、交通、运输、经济等方面的实际课题，研究对象都是内部结构复杂、指标和因素较多的非线性系统，对于此类系统结构及输入、输出的模拟、预测和调控，经典的数理统计工具往往不能满足需要。

回头来看思维世界，历史上还原论、简单性思想根深蒂固。简单性被当作真理的基本特征，复杂性仅仅是现象。由于简单性常常被理解为真理的特征，现象被认为是复杂的，在方法论上人们常常通过自己简单的认识、借助于某些数学工具减少复杂性，达到简单性。这种降低复杂性的策略，一直被当作一种追求简单的基本观念。但问题在于，现实是一个非线性的世界，而线性只不过是一种幻想，因此，在一个非线性的复杂的现实中，线性思维虽然理想，但却危险（吴彤，2000）。20 世纪以来，出现了一些描述非线性的新的名词，如孤粒子、分岔、突变、混沌、分形、自组织、涌现等，这些都是由于系统内存在非线性相互作用而引起的非平衡现象，因此，非线性现象也被认为是自然界的基本现象之一。要研究这些非线性现象，必须采用新的研究方法。自 20 世纪 60 年代开始，非线性问题的研究一直是自然科学和社会科学研究的热点课题。非线性研究的兴起是探索自然界和社会中复杂性的激励因素，而且标志着思维方式的重大转变，是崭新的思维。到目前为止，已经形成了以研究非线性特征为主要任务的学科群——耗散结构理论、协同学、突变论、超循环理论、混沌学等。它们的兴起及蓬勃发展，不仅使人类对客观世界的本质有了更清楚的认识，而且也改变了当代科学家的思维模式。

3.2 复杂性及复杂系统

3.2.1 复杂性

在客观世界中，复杂性到处都有，复杂系统无处不在，复杂性是目前自然科学和技术科学领域中使用频率极高的词语（成思危，1999）。然而，关于什么是复杂性，目前尚无统一的认识和定义。许多科学家提出了不同的定义，有人认为是组分众多具有层次结构的系统；有人认为是具有多样性的系统；也有人认为是耦合度高的系统；还有人认为复杂系统最本质的特征是其组分具有某种程度的智能，即具有了解其所处的环境，预测其变化，并按预定目标采取行动的能力。1995 年霍甘统计了不同学者给出的 30 多种定义（约翰·霍甘，1995），多数人把复杂性科学与非线性科学等同起来，把复杂性与非线性等同起来。美国著名的桑塔费研究所（Sanata Fe Institute，SFI）的科学家对复杂性的看法是：复杂性处于混沌的边缘，主要指的是复杂适应系统。我国著名的科学家钱学森指出：复杂性是开放的复杂巨系统的动力学特征，复杂性问题是开放的复杂巨系统的动力学或开放的复杂巨系统的问题（王寿云，1995）。一般认为，任何事物或现象的复杂性，可以从系统论的观点归纳出两种意义上的复杂性，即存在意义上的复杂性和演化意义上的复杂性。所谓事物或现象存在意义上的复杂性，是指其组织系统具有多层次结构、多重时间标度、多种控制参量和多样的作用过程。而演化意义上的复杂性是指当一个开放系统远离平衡状态时，不可逆过程的非线性动力学机制所演化出的多样化“自组织”现象。为了探讨复杂性的深刻含义，有人提出复杂性的基本属性有突变、约束、编码、组织（颜泽贤，1993），非线性是复杂性产生和演化的动力学机制，是连接简单性与复杂性的桥梁；混沌和分形是复杂性在空间和时间上表现出的状态性质；涨落和突变是可编码外的复杂性演化的内在特性；随机性和被冻结的偶然性是其复杂性演化道路上的表现。目前我国研究者认为复杂性具有以下几个特点（成思危，1999）。

① 整体性。复杂性体现整体性、系统性，复杂性代表开放的复杂巨系统（可简称复杂系统）。整体大于各组成部分之和，即每个组成不能代替整体，每个层次的局部不能说明整体，低层次的规律不能说明高层次的规律。

② 多组成性。即有多种多样的子系统和子子系统，每个子系统有相对独立的结构、功能与行为。

③ 多层次性。复杂的多层次结构反映在时间与空间尺度两个方面，既是网络体系，又是不均一的。

④ 非线性。各组成之间、不同层次的组成之间相互关联、相互制约，并有复杂的非线性相互作用，而且相互作用也是多种多样的。

⑤ 开放性。系统与外部环境是相互关联、相互作用的，系统与外部环境是统一的。

⑥ 动态性。系统处于不断变化之中，而且趋向有序化发展。经过系统内部和系统与环境的相互作用，不断适应、调节，通过自组织作用，经过不同阶段和不同的过程，系统随着时间而变化，向更高级的有序化发展，表现出独特的整体行为与特征。

⑦ 阶段性。系统的演化过程是阶段性的，有渐变与突变，整个过程是非线性的。

追根溯源复杂性思想，20 世纪 30 年代以前，人们受到线性思维观点的支配，总是认为，简单系统行为一定简单，复杂行为一定意味着复杂原因。20 世纪 40 ～ 50 年代产生的一般系统论、控制论、信息论等理论首先打破了人们机械的线性思维观点，建立了不同因素相互作用的影响绝不是简单相加的观点，对于信息内含的多重意义的逐渐发现，对反馈作用的新认识和整体大于部分之和的思想已经真正深入人心（黄小寒，1999）。20 世纪 50 年代之后，物理学家、数学家、生物学家和天文学家创立了另外一套思想，即简单系统能够产生复杂行为，复杂系统也能够产生简单行为。70 ～ 80 年代产生的耗散结构论（dissipative structure theory）、协同学（synergetics）、突变论（catastrophe theory）和超循环论（hypercycle theory）则探索了复杂性产生的环境条件、动力机制、途径和耦合问题。因此，人们把 20 世纪 40 ～ 50 年代贝塔朗菲（L.Bertalanffy）、维纳（N.Wiener）、申农（C.E.Shannon）等人创立的一般系统论、控制论、信息论等理论看作是复杂性思想发展的先驱，而把普里戈金（I.Prigogine）、哈肯（H.Haken）、艾根（M.Eigen）等人创立的耗散结构论（1969 年）、协同学（1969 ～ 1971 年）、突变论（1972 年）和超循环论（1971 年）看作是这场思想革命大军中探索复杂性的开路先锋，进而把洛仑兹（E.N.Lorenz）、约克（J.Yorke）、曼德布罗特（B.B.Mandelbrot）等人创立的混沌理论（20 世纪 70 ～ 80 年代）和分形理论（20 世纪 70 ～ 80 年代）看作是复杂性系统思想革命的主力军（成思危，1999）。

客观世界表现出分层、分叉和分支，锁定然后放大生命系统非线性的发展或演化过程，使整个过程神奇而不可预测（普里戈金，1998）。由于上述种种新理论、新思维向传统的还原论和经典科学思想提出了挑战，同时成为解决当代科学技术重大难题的有效工具，所以复杂性研究集中体现了全新的思维方式，代表了新的研究方向。它可以打破学科间的壁垒，促进学科的交叉、融合，促进整体性研究，并对解决科学自身和人类安全与生存、协调人与自然、进行科学化决策与管理以及解决经济、社会和国防等重大问题有所帮助。

3.2.2 复杂系统

复杂系统与复杂性有所不同。复杂系统维数高、子系统数量大、种类多、关联复杂，并通常带有由于不确定性、复杂性、知识不完备带来的困难。复杂系统自己的组分之间的无穷无尽的相互作用使得每一个系统作为整体产生了自发性的自我组织（即自组织）。这些复杂的、具有自我组织性的系统是可以自我调整的，这种调整不是被动的，而是有利于自我发展的。随着科学技术的进步，复杂系统的概念也在不断演变。现阶段可以认为复杂系统主要是指具有以下特征的系统（普里戈金，1998）。

① 具有宏观、微观的不同功能、运动形态和时空尺度的高层次结构。

② 对于不同层次、不同子系统及其不同侧面的多模式、多视图的描述。

③ 对于进行分析、设计和控制的多途径集成的处理方法。

根据这几点特征，也可以将复杂系统定义为具有复杂行为的系统，其复杂性表现在系统的部件之间或子系统之间有着很强的耦合作用，具有难以线性化的非线性性质，所以会出现极限环甚至混沌现象。同时，系统具有高度的不确定性，要求具有实时性，而且难以用传统的方法来建立系统的数学模型。

现代大型工程系统具有相当的复杂性，包括技术的复杂性、组织的复杂性和利益关系的复杂性，其中可能包含着不同的利益集团，如工程项目的所有者或投资人、工程实施的承担者、组织者、产品设计者、施工生产者、工程成果的受益者或产品消费者，以及生活受到工程活动影响的人，都将成为一个复杂系统的构成元素。

如何把不同领域的科学知识甚至经验知识综合起来用于研究和解决实践中的复杂系统问题？这就提出了方法论。类似的问题也出现在其他方面，如人类共同关心的可持续发展问题。这些问题表明，探索复杂性是非常困难的，原有的思维方式、概念、理论和方法受到了巨大的冲击和挑战，复杂的社会实践在科学技术层次上，向我们提出了方法论的迫切需要。

复杂性科学对复杂系统的研究将有助于人们了解自然界的自然灾害、社会领域复杂的现象，揭示其规律、动因及影响要素，以便人们更好地适应与进行调控。复杂性科学属于基础科学层次，它的理论包括非线性科学、混沌理论、分形学、信息论、控制论、相变论、自组织理论、系统论、耗散结构论等许多分支学科。除了已经产生了非常重要的理论外，研究的方法和工具也非常重要。

目前，复杂性科学研究的基本工具有系统仿真、元胞自动机、神经网络、布尔网络、开关网络模型、遗传算法、计算机模拟、数学模型（常用的是由状态变量和结构变量构成的状态方程）等。

3.3 复杂性对科学方法论的挑战及复杂性科学的崛起

哲学上把牛顿力学称为确定性的科学，对于一个力学系统，在给定系统所受外力的条件下，确定了初始条件，也就确定了系统的变化规律。在物理学上，牛顿力学统一描述了各类物质的机械运动所遵循的共同的力学规律，圆满解决了当时面临的力学问题和较好地解释了当时遇到的力学现象。但是，20 世纪初的两大科学发现——相对论和量子力学，对 300 多年来许多科学家奉为圣明的牛顿力学提出了挑战，证明了牛顿力学的一些基本原理在超大的宇宙尺度和超微的原子尺度下都不能适用，从而导致了 20 世纪科学创新事业的蓬勃发展。人们不禁要问，21 世纪还会产生像相对论这样的划时代伟大思想吗？这种创造性的理论会在哪个领域产生呢？当科学家们展望和预测科学的未来时，出现了两种截然相反的观点。

一种观点来自《科学美国人》（*Scientific American*）的资深编辑霍甘（J.Horgan），他曾出版一本名为《科学的终结》（*The End of Science*）的书。该书在采访了许多位世界知名科学家对 21 世纪科学发展观点的基础上，总结认为“科学（特别是纯科学）已经终结，伟大而激动人心的科学发现时代已经一去不复返了”。“将来的研究已不会产生多少重大的或革命性的新发现了，而只有渐增的收益递减”（成思危，1999）。

与此相反，阿申巴赫（J.Achenbach）指出，“处身 20 世纪之末的科学，正逐渐走出由易解问题构成的领域，开始接触真正难解的问题。科学已达到一个新的转折点：新发现的代价越来越大，周期将越来越长，更糟糕的是，其边界也将越来越难以理解”。因此，我们面临的不是科学的终结，而是科学的新转折点。

国内外多位泰斗级的科学家在《复杂性科学探索》一书中指出，人类文明从工业-机械文明向信息-生态文明的大转变必然伴随着科学的大转折。而以还原论、经验论及“纯科学”为基础的经典科学正在吸收系统论、理性论和人文精神而发展成为新的科学——复杂性科学。目前，科学正处于一个新的转折点，那就是复杂性科学的兴起，复杂性成为当代科学重大变革的重要标志（成思危，1999）。

为了适应当代科学的重大变革，一些有远见的科学家已开始探索这一新的转折点。1983 年诺贝尔物理学奖获得者盖尔曼（M.Gell-Mann）就指出，“我们必须给自己确立一个确实的宏伟任务，那就是实现正在兴起的、包括许多学科的科学大集成”。面对复杂性的挑战，1984 年，在诺贝尔物理学奖获得者盖尔曼、安德逊（P.Anderson）和经济学奖获得者阿若（K.Arrow）等的支持下，一批从事物理、经济、理论生物、计算机等学科的研究人员，在美国新墨西哥州组织和建立了桑塔费研究所，主要开展跨学科、跨领域的复杂性研究，试图找到一条通过学科间的融合来解决复杂性问题的道路。该所首任所长考温（G.Cowan）指出，“通往诺贝尔奖的堂皇道路通常是用还原论的方法开辟的”“为一群不同程度被理想化了的问题寻求解决的方案，但却多少背离了真实的世界，并局限于你能够找到一个解答的地步”“这就导致科学的越分越细碎，而真实的世界却要求我们采用更加整体化的方法”。20世纪80年代中期，他们首先提出了复杂系统和复杂适应系统的概念，如生命系统、免疫系统、生态系统和演化经济系统等，并开创性地将计算机技术应用在这些研究中。

美国刊物《科学》（*Science*）于1999年4月出版了一个关于复杂性的研究专辑，专辑的题目为“复杂系统”，内容与当时学者们感兴趣的前沿性“复杂性科学”（science of complexity）有密切关系。1997年，《复杂——诞生于秩序与混沌边缘的科学》一书在美国和其他国家产生了较大的影响，从而使SFI在美国的学术地位大幅度上升。除了SFI的具体研究成果外，SFI的复杂性方法论的研究能给我们什么启示呢？从现在情况来看，至少有以下两个方面的重要意义。

第一，在科学方向上，SFI的复杂性研究作为正在形成中的新的交叉学科，体现了现代科学技术发展高度综合的趋势。

第二，从科学方法论上来看，复杂性研究需要新的方法论，复杂性对传统的科学方法论提出了严峻的挑战。从近代科学到现代科学，还原论方法起了重要作用，并取得了很大成功。这种方法是把事物分解开来进行研究，以为低层次和局部问题弄清楚了，高层次和整体问题也就自然清楚了。但复杂性问题通常都有层次结构，高层次事物可以具有低层次事物所没有的性质，或者说整体可以具有组成部分所没有的性质。因此，SFI的科学家们也认识到用还原论方法不能较好地处理复杂性问题，需要创造新的方法。

当代科学的突出特点是学科前沿的交叉、融合和一体化进程的加速。整体性认识和复杂性研究成为当代科学发展特点和趋势的主旋律。认识复杂性的动力学起源被认为是当代科学最引人入胜的概念难题之一（吴彤，2000），进一步地说，研究复杂性的演化与整合特性更是当代科学最复杂的认识使命之一（吴彤，2001）。随着科学的发展和技术的进步，人们逐渐认识到系统大于其组成部分之和，系统具有层次结构和功能结构，系统处于不断的发展变化之中，系统经常与其环境（外界）有物质、能量和信息的交换，系统在远离平衡的状态下也可以稳定（自组织），确定性的系统有其内在的随机性（混沌），而随机性的系统却又有其内在的确定性（突现）。这些新的发现不断地冲击着经典科学的传统观念。系统论、信息论、控制论、相变论（主要研究平衡结构的形式与演化）、耗散结构论（主要研究非平衡相变与自组织）、突变论（主要研究连续过程引起的不连续结果）、协同论（主要研究系统演化与自组织）、混沌论（主要研究确定系统的内在随机性）、超循环论（主要研究生命系统演化行为基础上的自组织理论）等新科学理论也相继诞生。这种趋势使许多科学家感到困惑，也促使一些有远见的科学家开始思考和探索系统的复杂性和复杂系统的科学问题。

在此前后，还有一些学者在进行复杂性与复杂系统方面的探索，根据乔治梅森大学（George Mason University）的沃菲尔德（J.Warfield）教授介绍，目前仅在美国就已经形成了五个学派，即系统动力学学派、适应性系统学派、混沌学派、结构基础学派、暧昧学派等。从哲学的观点来看，可以认为复杂性科学的出现意味着向唯物辩证法的回归及螺旋式推进。也有人认为，复杂性科学将是系统科学发展的新阶段，也是系统工程今后演进的方向（成思危，1999）。它集中体现了一种全新的思维方式，代表了一种新的研究方向与领域。

近年来，诺贝尔奖获得者普里戈金发表了《探索复杂性》一书，在他的另一本著作《从混沌到有序》中也提到了复杂性科学。复杂性研究引起了国内外一些专家学者的更大重视，使复杂性研究正成为当代科学研究中一个重要的前沿课题，受到各科学领域学者和众多行业的管理者日益强烈的关注，并引起他们极大的兴趣。这种复杂性科学以复杂系统为研究对象，它的特点可以总结为下面三点（成思危，1999）。

① 其研究对象是复杂系统，如植物、动物、人体、生命、生态、企业、市场、经济、社会、政治等方面的系统。还可以包括物理、化学、天文、气象等方面具有复杂性的系统。

② 其研究方法是定性判断与定量计算相结合、微观分析与宏观综合相结合、还原论与整体论相结合、科学推理与哲学相结合的方法。

③ 其研究深度不限于对客观事物的描述，而是更着重于揭示客观事物构成的原因及其演化的历程，并力图尽可能准确地预测其未来的发展。

随着知识经济的到来，人类进步速度加快，现代社会实践越来越复杂，研究复杂系统方法论问题也就越来越突出。数学某些进展和耗散结构理论、突变论、协同学、超循环理论、分形和混沌理论等为探索复杂性提供了一定的理论与方法，而迅速发展的高技术（如计算机技术、图像显示技术、数字模拟技术、非线性处理模型和信息系统网络等）则使复杂性研究成为可能。现在又有了从定性到定量的综合集成方法，这些理论或方法构成了复杂性科学的基本内容。目前，系统科学与非线性科学、复杂性科学的关系，是当前学术界最为关心的研究课题。复杂性科学的研究目前虽还处于萌芽状态，但它已被有些科学家誉为“21 世纪的科学”。

正如每个世纪都有自己的技术特征一样，每个世纪也都有自己的思想特征。例如，19 世纪在技术上被称为电气世纪，在思想特征上则被著名物理学家玻尔兹曼（L.Boltzmann）称为“机械自然观”的世纪。20 世纪在技术上是一个电子世纪，同时发生过多次科学理论、方法和思想方面的革命。例如，20 世纪初发生的相对论和量子力学取代牛顿经典科学就是其中最为著名的一次革命。然而，20 世纪的思想特征是什么呢？在 20 世纪即将结束时，人们逐渐发现 20 世纪带入 21 世纪最重要的思想革命是关于复杂性、非线性思想的革命。因此，有人认为复杂性认识是 20 世纪未竟的革命和思想遗产（吴彤，2000）。虽然这场革命才刚刚开始，正在不断深化，但是由这场革命建立起来的关于复杂性、非线性的新认识的思想也许是 20 世纪区别于以往世纪的最重要的思想特征。

3.4 研究复杂性科学的基本方法

复杂性科学是国外在 20 世纪 80 年代提出的主要研究复杂性和复杂系统的科学（成思危，1999）。目前，对复杂性研究尚未形成一种系统完整的理论和方法，还没有形成一种能够解决复杂性问题最有效的方法。一般来说，研究复杂系统的基本方法应该是唯物辩证法指导下的系统科学方法，具体方法主要体现在下述十个方面的结合。

（1）定性判断与定量计算相结合

通过定性判断建立系统总体及各子系统的概念模型，并尽可能将它们转化为数学模型，经求解或模拟后得出定量的结论，再对这些结论进行定性归纳，以取得认识上的飞跃，形成解决问题的建议。

（2）微观分析与宏观综合相结合

微观分析的目的是了解系统的组元及其层次结构，而宏观综合的目的则是了解系统的功能结构及其形成过程。人们对客观世界的认识往往是从个别事物开始的，但是当人们认识了一类事物的若干个体后，就必须把握对其总体的认识。因为，一方面总体具有个体所不具备的某些性质，如气体分子的微观集合可以具有压力、温度等宏观性质；另一方面，总体的性质可以与个体的性质联系起来，如气体的压力（宏观）可以表达为气体分子对器壁的平均碰撞强度（微观）。因此，为了对宏观世界取得全面而深入的认识，必须发现从个体的角度（微观）来认识事物与从总体的角度（宏观）来认识事物之间的差异，同时必须注意微观与宏观的结合。

（3）综合与集成相结合

综合主要是从整体论的观点，强调系统内部各部分之间的相互联系和作用决定着系统的宏观性质，集成则主要从局部机制和微观结构中寻求基本元素对宏观现象的影响，如果没有对局部机制和微观结构的深刻了解和集成，也就很难对系统整体地把握，更难以综合。

（4）科学推理与哲学思考相结合

科学理论是具有某种逻辑结构并经过一定实验验证的概念系统，科学家在表述科学理论时总是力求达到符号化和形式化，使之成为严密的公理化体系。但是科学的发展总有一些“异常”的现象和事件出现，用科学方法证明任何理论也往往不是天衣无缝的。这时就有必要运用哲学的基本思想，用个别和一般、必然性和偶然性以及对立统一等规律来进行分析、论证和预测。

（5）层次结构与功能结构的结合

按照系统论的观点，可以将由个体（单元）集合而成的整体称为系统。系统有两种基本的结构，即由物理位置或逻辑位置相近的单元所组成的层次结构，和由实现同一功能的单元所组成的功能结构。例如，人体可以划分为头、手、足等部分，也可以划分为呼吸系统、消化系统等部分；一个国家的经济系统可以按地区来划分，也可以按行业来划分。在研究一个系统时，必须注意这两种结构的结合。

（6）静态与动态的结合

客观事物总是处于不断的发展变化之中，它从一个状态推移到另一个状态，这一推移就称为过程。因此，事物的发展可以看成是状态与过程的交叉迭代。对一项事物既可以从静态的角度研究其状态，也可以从动态的角度研究其过程。这就是在工程中常用的两种办法：一是将过程的某一状态人为地“冻结”起来，再在“离线”的情况下进行详细的研究；二是尽量加快研究的进程，从而可在研究对象的状态变化尽可能小的“在线”情况下完成。实际上，科学和技术工程应用表明：最好的方法是将静态与动态结合起来，从事物过去的状态推移来加深对其现状的认识，并预测出其发展变化的方向。例如，在处理物质流、能量流与信息流的过程中，往往是用静态模拟来研究其状态，以便进行物料衡算及热量衡算；而用动态仿真来研究其过程，以便进行过程控制与操作培训。现在的趋势则是将二者结合起来，用统一的模型（如将静态模型中的参数表示为时间的函数）来进行模拟及预测控制。

（7）系统与环境的结合

为了便于进行研究，通常将研究对象看作系统，而将其外部世界看作环境，并且还常假设系统处于与环境隔绝的平衡状态。实际上，系统与环境之间有千丝万缕的联系，并常有物质、能量及信息的交换。因此，在研究一个系统时，必须注意其与环境的联系，特别是在系统与环境边界处所发生的交换过程。同时还应注意系统与环境之间的相互作用，环境的变化固然会影响系统的发展，但系统的变化也会引起环境的变化。此外，系统及其环境都不是均一的，系统内部各单元之间的相互作用以及系统的某一部分与环境某一部分之间的相互作用的可能域（即各种可能性的集合）几乎是无穷无尽的。因此，必须把系统与环境结合起来考虑。

（8）明确性与模糊性的结合

从理论上讲，客观世界从哲学上说是可知的，但在实际上却总有未知的部分。因此，我们应当承认在对客观世界的认识中存在着一定的模糊性，并采取适当的方法来处理这种模糊性，使其相对地“明确化”。

（9）确定性与随机性的结合

由于系统内各单元之间是相互联系的，因此人们往往会认为这种联系是固定的；又因为系统与其内部各单元的变化之间存在着因果关系，而系统的发展变化是有一定的规律可循的，从而认为系统是确定的。但是，随着科学的发展，特别是量子力学、分子生物学等方面的发展，人们开始认识到系统的随机性，即由于一些偶然性因素的作用，系统内会出现多变的联系，不可预知的因果关系，以及无一定规律可循的发展变化。近年来还发现，即使在确定性的系统中，也存在着内在的随机性，就是所谓的混沌现象。应当承认，确定性与随机性都是客观存在的，从较短的时期内和较低的层次上来看，随机性可能会出现较多，甚至会起主导作用；但是从较长的时期和较高的层次上来看，确定性会起主导作用，这就要将确定性与随机性结合起来。

（10）自组织与组织的结合

由于系统内部各单元之间的相互作用，可以使系统向功能更强、更加适应外部环境的方向发展变化（如生物的进化、技术的进步、社会的发展等），这一过程就称为系统的自组织。在某些情况下，可以通过外部环境的改变，人为地加速或延缓系统的发展变化，这一过程可称为系统的组织。例如，在经济系统中，无数企业及个人的日常经济行为通过市场这只“看不见的手”在促进经济的发展，而政府这只“看得见的手”也可以通过调整利率、税收政策及货币发行量等手段来进行宏观调控（成思危，1999）。在 3.6 节中还将更加详细地介绍自组织理论。

目前，运用复杂性方法研究人体、音乐、结晶长度、地震、经济演化等，已经取得了一定成果，表明复杂性方法抓住了复杂事物和过程的本质（吴彤，2001）。但是，就复杂性科学研究中所用的理论工具而言，主要是微分方程和形式逻辑，缺少必要的新工具，还有许多方面的工作有待进一步深入研究。今后应该努力研究的重点有以下几点。

① 综合集成技术。包括系统的结构化、系统与环境的集成、人的经验与数据的集成、通过模型的集成、从定性到定量的综合集成等。

② 不确定条件下的决策技术。包括定性变量的量化（多维尺度、广义量化等）、经验概率的确定（数据挖掘、知识发现、智能挖掘等）、主观概率的改进、案例研究与先验信息的集成等。

③ 整体优化技术。包括目标群及其优先顺序的确定、巨系统的优化策略（分隔断裂法、面向方程法、多层迭代法、并行搜索法等）、优化算法（线性规划、目标规划等）、离线优化与在线优化、最优解与满意解的取得等。

④ 计算智能。包括演化计算（如遗传算法、演化策略、演化规划、遗传程序设计等）、人工神经网络、模糊系统等。

⑤ 非线性科学。目前美国非线性科学研究权威人士认为：非线性科学已由传统的动力系统理论（稳定性和分叉理论、混沌等）和统计力学（分形、标度），延伸到多尺度、多体，以及非平衡系统的复杂和随机现象的研究。

⑥ 数理逻辑。即数学化的形式逻辑，包括经典谓词逻辑、广义数理逻辑（如模型论、集合论、证明论、递归论等）、多值逻辑、模态逻辑、归纳逻辑等。

⑦ 计算机模拟。计算机模拟是十分重要的手段，目前已广泛用于复杂性科学的研究中。

3.5 复杂巨系统

随着科学技术的进步及当今世界大部分国家日益卷入工业化过程，人类的各种活动正在破坏其自身生存所必需的大自然平衡，使得人类活动从影响局部生态转到开始影响整个地球生态圈，表现为复杂的、综合的全球过程。例如，人口问题、资源问题、环境问题等，使系统科学的研究重点逐渐转向真实的复杂自然界和复杂社会系统。

3.5.1 复杂巨系统的定义

系统科学或复杂性研究包含两个方面的基本内容，一方面，“复杂系统”本身就意味着多样性和不同的个性；另一方面，它必须研究各类复杂系统的共同的、一般的规律特征，否则它就不成为系统科学了。在系统科学里，近年来提出的复杂巨系统（complex adaptive system）概念最为重要，它是对自然界、人类社会以及人自身普遍存在的复杂事物的科学概括。复杂巨系统的一般定义：按照系统的分类，若一个系统的子系统数量非常庞大，且相互关联、相互制约和相互作用关系又很复杂，并有层次结构，该系统即为复杂巨系统。典型的复杂巨系统可以概括为下面六个方面（王寿云，1995）。

① 生命系统、生物体系统、人体系统、人脑系统、认知系统、免疫系统等。

② 地球系统、地球表层系统、气候系统、生态系统等。

③ 地理系统、城市系统、区域系统等。

④ 社会系统、经济系统、金融系统、管理系统、作战系统等。

⑤ 信息网络系统等。

⑥ 星系系统等。

其中，以有意识活动的人作为子系统而构成的社会系统是最复杂的巨系统，所以又称为特殊的复杂巨系统。从理论上来看，开放的复杂巨系统研究开辟了一个值得重视和研究的科学新领域，这一领域涉及基础研究、高新技术以及应用，充分体现出现代科学技术发展的综合趋势，具有重要的理论意义和广泛的应用前景。

钱学森概括了判断开放复杂巨系统的四个基本原则：整体论原则、相互联系原则、有序原则及动态原则。根据这几个原则，可以把复杂巨系统的性质特征概括为下面五个方面。

① 系统的开放性（openness）。系统对象及其子系统与系统的环境之间有物质、能量和信息的交换。

② 系统的巨量性（giant）。系统中基本单元或子系统的数目极其巨大，成千上万，甚至上亿。

③ 系统的复杂性（complexity）。系统中子系统的种类繁多，子系统之间存在多种形式、多种层次的交互作用。

④ 系统的层次性（hierarchy）。从已认识得比较清楚的子系统到可以宏观观测的整个系统之间层次很多、甚至几个中间层次也不完全清楚的多层次系统。

⑤ 系统的进化与涌现性（evolution and emergence）。系统中子系统或基本单元之间的相互作用，从整体上使系统的演化、进化表现出一些独特的、新的性质。

由于复杂巨系统具有上述极其独特的性质，给复杂巨系统问题的解决带来极大的困难。例如，对于社会实践中复杂经济系统和大型工程项目的规划和实施，遇到的主要困难有以下几点（艾克武，1998）。

① 在系统分析初期，因为变量数目庞大，求解十分困难，缺乏有关领域的常用分析方法和工具，致使建立模型困难，定量分析方法难以运用。

② 问题涉及面广，需要大量有关领域的专家，只能进行定性分析。

③ 需要大量的信息和数据，一方面，信息收集工作量大，并且许多信

息很难或根本无法得到；另一方面，即使收集到一些数据，如何将大量数据、模型、专家的经验和知识综合运用到分析中也没有一种有效的方法。

④ 对于从不同角度或侧面得到的分析结果，缺乏有效的系统综合方法。

虽然从近代科学到现代科学，还原论方法起了重要作用，并取得了很大成功，但是，由于解决复杂巨系统问题具有上述四个方面的主要困难，因此，用还原论方法处理不了复杂性问题，需要新的方法。

3.5.2 解决复杂巨系统问题的方法

为了有效解决复杂巨系统问题，国内外许多科学家提出了一些方法，尤其受到重视的是我国钱学森提出的方法。20 世纪 80 年代初，他曾提出用科学理论、经验知识、专家判断相结合的半理论、半经验方法来处理复杂系统问题。到了 80 年代末，他又明确提出了处理开放的复杂巨系统的方法论是“从定性到定量综合集成方法”，后来又发展成“从定性到定量综合集成研讨厅体系”。综合集成方法吸收了还原论方法和整体论方法的优点，同时也弥补了各自的局限性，是还原论和整体论的结合，也是宏观与微观结合的系统研究方法的概括和发展。许多复杂系统问题只有通过综合集成，才能得到有效解决。

如果将整体论、还原论和综合集成方法论进行比较会发现：应用综合集成方法研究问题时，与还原论一样也要求进行系统分解，在分解研究的基础上，再综合集成到整体，达到从整体上研究和解决问题的目的。它们解决问题的效果可以形象地表示为

$1+0=1$　整体论方法

$1+1\leqslant 2$　还原论方法

$1+1\geqslant 2$　综合集成方法

由此可见，综合集成方法作为科学方法论，它的理论基础是思维科学，方法基础是系统科学，技术基础是以计算机为主的信息技术，哲学基础是马克思主义认识论和实践论。因此，要想真正解决当代某一复杂的工程技术难题，就必须走综合集成方法的道路。综合集成方法被认为是目前解决复杂性问题的最佳方法。综合集成方法如此重要，以至于钱学森在 1990 年曾建议成立“综合集成”专业（徐冠华，2002）。

为了说明解决复杂巨系统问题的思路和方法，下面举一个自然灾害的例子。

案例 3.2

自然灾害复杂巨系统是地球系统、地理系统和社会系统综合的复杂巨系统

人类在自己的历史发展进程中，创造了众多的工具和器具，由简单到复杂。20 世纪以来，人类制造（或创造）的产品越来越复杂，人类把简单的硅材料制成了半导体，由此开发出众多的电子产品（如计算机、电视机等）。到了 21 世纪，可以说，人类已经进入了一个不断创新和开发新的复杂系统的时代，在世界上有两类复杂系统产品的工程技术受到挑战，一类是超强的应力条件，另一类是超代价的重大经济损失、人身安全事故及造成的人类居住星球的环境破坏（徐志磊，2002）。因此，这里以自然灾害系统为例来讨论超代价重大经济损失，以说明复杂巨系统的层次结构和子系统是如何构成的。

关于自然灾害的定义可以这样理解，当自然物质运动变异到足以给人类的生存和物质财产造成一定程度的危害和破坏时，也就形成了自然灾害。由于自然物质运动变异形式是多样的，且相互联系，因此，形成的各种自然灾害也不是孤立存在的，它们之间是相互作用、相互联系、相互影响的，形成了一个具有一定结构、功能、环境和特征的整体，从系统论的观点来说，这一整体就是自然灾害系统（如图 3-9）（魏一鸣，1998）。

自然灾害所表现出的不均匀性、多样性、差异性、随机性、突破性、迟缓性、重现性以及无序性等复杂性特点，使得“简单”的理论和手段已不适用于解决日趋复杂化的自然灾害系统的问题。对于自然灾害系统，它的主要复杂性特征进一步说明如下（魏一鸣，1998）。

（1）系统组成的层次性和高维性

从图 3-10 中可以看出，自然灾害系统（S）至少是由气象灾害系统（S_1）、生物灾害系统（S_2）、海洋灾害系统（S_3）、地质灾害系统（S_4）、地震灾害系统（S_5）、火山灾害系统（S_6）及磁异常灾害系统（S_7）七个子系统组成；

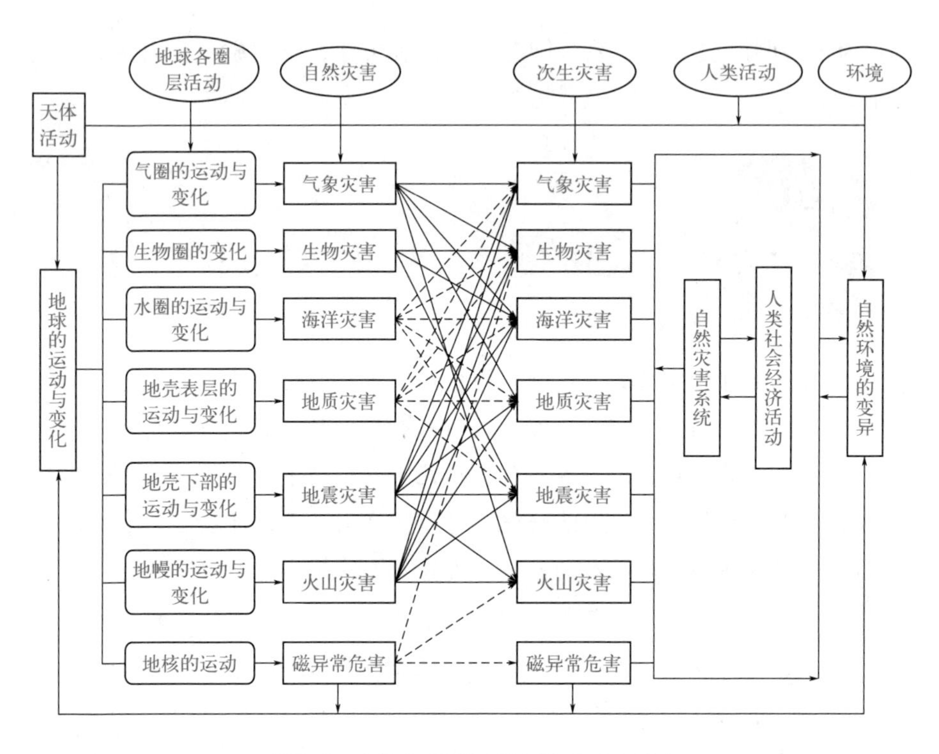

图3-9 自然灾害系统及其环境关系示意图

每一个子系统又由各自的子系统组成。例如，气象灾害子系统（S_1）又由洪涝灾害系统（S_{11}）、干旱灾害系统（S_{12}）、台风灾害系统（S_{13}）、冷冻灾害系统（S_{14}）、风暴灾害系统（S_{15}）等子系统组成（即孙子系统）；每一个孙子系统又由各自的子系统组成。例如，冷冻灾害子系统（S_{14}）是由冷害（S_{141}）、冻害（S_{142}）、冻雨（S_{143}）、结冰（S_{144}）、雪害（S_{145}）等组成，表现出系统的多层次和高维性。

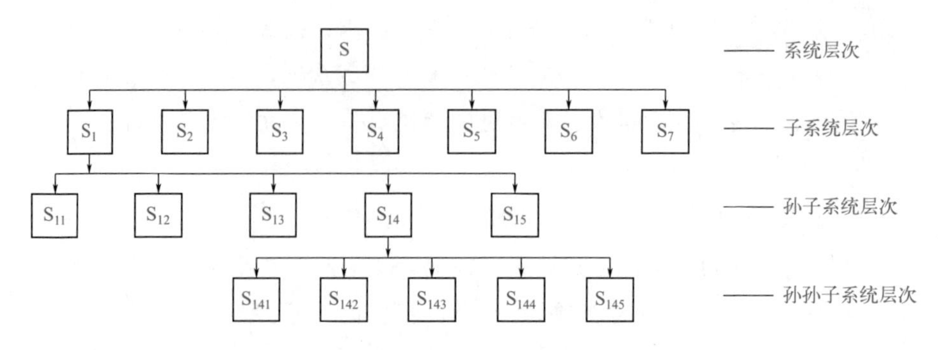

图3-10 自然灾害系统层次结构示意图

（2）系统的不确定性

自然灾害系统的边界、结构和功能都具有模糊性，而且系统中各种灾害的发生具有随机性，难以预测，甚至因灾害造成的危害也是极其复杂、多样的。例如，暴雨灾害链、台风灾害链等。

（3）系统的开放性

自然灾害系统是复杂地球巨系统的一个子系统，它不断地与环境发生着物质、能量和信息的交换。它不但与各圈层（岩石圈、大气圈、水圈、生物圈、冰冻圈）的运动与变化存在着物质、能量的交换，而且与人类社会的经济活动、自然环境之间存在各种形式的交换。

（4）系统的动态性

由于地球的各圈层、人类社会的经济活动以及自然环境都随着时间的推移会发生显著的变化，从而引起自然灾害系统的结构和功能发生变化，使得自然灾害系统呈现显著的动态性。

（5）系统的非线性

自然灾害系统对环境的输入响应不具备线性叠加性质。例如，同一种自然灾害事件，在经济发展水平相近的地域，其规模量级大小和损害数量程度方面有一定的对应关系，但是由于不同的地域背景条件、人口密度、经济发展水平等方面有差异，所以自然事件的规模和造成的灾害损失之间不可能构成线性函数关系，表现出自然灾害系统的非线性特征。

从系统科学的观点来说，自然灾害系统是一个开放的动态复杂巨系统。针对这一系统的控制与管理，无论采用经典理论还是采用传统技术都遇到了困难，必须探讨应用新的概念和方法来研究自然灾害的整体行为和演化规律及调控机制。开展自然灾害复杂性研究，一方面可以使人类能更好地认识自然灾害的性质与特性、发生的基础、时空分布规律及其发展变化趋势；另一方面是要对自然灾害给人类造成的破坏进行科学评价，从而最终为减灾、救灾的决策提供理论依据。这是一项依赖于多学科综合研究的课题，需要将各方面的有关专家、统计数据和各种信息资料与计算机技术有机地结合起来，构成一个系统，充分发挥这一系统的整体优势，采用定性与定量的综合集成方法研究系统的整体特性。基于这个思路，目前采用地理信息系统（geographical information system，GIS）研究自然灾害的复杂性（张蓝兮，2024），可以充分发挥 GIS 定位、定性与定量分析的功能，并结合非线性科学中的分形、混沌、神经网络等方法，建立洪水灾害行为的时空模拟模型、灾害分析与评价模型、辅助减灾决策模型，从而实现洪水灾害的预测、模拟、分析、评价与决策的综合集成。

由此可见，复杂性理论与综合集成方法的诞生为深入开展自然灾害的复杂性研究提供了崭新的方法，并极大地促进了人们对自然灾害整体行为的探索，有利于揭示自然灾害复杂行为的规律、本质及调控机制，从而可以更加有效地处理人类目前所面临的严峻的自然灾害问题，促进经济、社会的发展，具有重大的科学研究意义和社会效益。

3.6 自组织系统及自组织方法论

在 3.4 节关于研究复杂性科学的基本方法中已经指出自组织与组织的结合研究思路。关于自组织的含义，可以通过自然界中的现象来理解。在现实世界的不同领域和概念层次上随处可以看到各种各样的结构、模式、形态。在物理层次上，有晶体、山峦、云雾、星球等；在生命层次上，有形形色色的花卉、森林、动物等；在社会领域，有家庭、社区、村镇、城市和国家等；在精神领域，有语言、概念、理论、文化等。从古到今人们一直在追问，这些结构、模式、形态是如何产生的？它们是如何演化的？支配它们的核心力量和原理是什么？同样，从古到今也有人一直在不断地回答这类问题。其中最有影响力的答案来自先进的哲学学说，该学说把它们判定为事物“自己运动”的产物。显然，这个回答给出了所有现象的行为，但没能揭示出事物“自己运动”的动因、机制和规律。进入 20 世纪末，人们越来越认识到，从自然界到社会领域，都存在着大量的自组织现象。尤其是在对复杂性的探索中，人们获得的最大成功之一是终于找到了复杂性问题的关键所在就是系统具有自组织特性。根据自组织概念，把历史与现实的许多问题总结归纳一下就会发现：我们面对的自然界是一个自发运动的自组织世界，我们的社会也是一个自组织的社会，甚至我们的精神运动也是一个自组织过程，只有自组织理论才能够提供科学的答案，因此，自组织现象是非常重要的科学问题。下面介绍自组织理论的发展历史及其基本概念。

3.6.1　自组织理论

科学研究实践表明，无机界的物质系统总是从不均匀到均匀、从有序向无序的方向演化的。但是，有机界却存在着这样一种物质系统，它能够自发地形成、维持、增大系统内部物质和能量的差异，自发地从无序中产生有序、维持有序、增加有序，以实现自我的有机化和组织化，这个过程称为自组织。因此，自组织过程是指具有一定功能的、非线性的多体系统在离开平衡时从无序变成规则或不规则的序的过程。

最初的自组织理论出现于 20 世纪中叶，达尔文的进化论是生物学的自组织理论，自然选择（或物竞天择）原理就是一种自组织原理。同样，可以认为，马克思主义的五种社会形态演进理论是关于社会历史的自组织理论，生产力决定生产关系、经济基础决定上层建筑的原理是对社会历史系统自组织机制的一种理论阐述。显然，达尔文和马克思的理论还停留于对自组织现象的定性描述上，尚不能满足现代科学的规范要求。后来产生的相变理论是关于自组织现象的定量描述，系统地解释了物质三态转变的机理。但相变理论限于物理学范围，而且只能描述平衡过程的自组织。这三个原理都是某个特定领域的自组织理论，都未明确地提出和使用自组织概念。然而，相变理论经过几十年的发展之后，人们对平衡相变的机制和规律有了本质的了解，为非平衡相变研究创造了条件。特别是阿希贝出版了专著《自组织原理》，使自组织研究出现了根本的改观。20 世纪 60 年代末以后，出现了一批以揭示一般自组织规律为目标的科学学派，提出了耗散结构论、协同论和超循环论，这些理论以现代科学的前沿成果为依据，构建描述自组织现象的概念框架。美国桑塔费学派在 20 世纪 80 年代以来给自组织理论以新的强有力的推动，他们预测，20 年至 30 年之后，真正的自组织理论即可诞生。

组织内部的自我组织称为自组织，组织外部力量对组织变革的安排称为他组织（或称组织）。自组织和他组织，作为一对概念范畴，它们有何方法论意义呢？归纳起来，它们的方法论意义表现在下面四个方面。

第一，自组织概念对我们认识事物演化具有重要的方法论意义。例如，经济学中一直对经济过程中一个没有权威的无组织世界何以演化出组织秩序，政府作用如何体现等问题给予高度的重视，自组织概念和方法的出现为理解和揭示复杂经济系统的规律提供了非常有力的分析工具。用自组织理论不仅可以分析经济系统的相互作用机制，以解决经济学某些结论性的存在性、唯一性、稳定性等问题，而且还提供了认识研究经济问题的思想方法，尤其使经济学中市场供需这个最关键的综合性问题的研究更加深入。事物的演化有进化和退化两个基本方向，通过“自组织”与“他组织”概念和方法的运用，我们可以认识和把握事物进化与退化的性质、规律和演化方向。在事物进化过程中，事物是自组织进化呢，还是通过他组织的方式进化呢？这两者虽然同为进化，但是却有十分显著的差别。一个很形象的例子：自由恋爱婚姻和包办婚姻，前者是自组织，后者是他组织，虽然都是婚姻，但除了个别情况外，大多数自由恋爱婚姻优于包办婚姻。又例如，市场经济与计划经济，一个是自组织，另一个是他组织，但是进化的结构、结果明显不同。

第二，自组织是自然界和社会长期演化选择和形成的最优的进化方式，它是自然界各个子系统演化过程中，已经形成的一套有效利用自然资源、物质和能量的利用率较高的循环方法和道路。自然界经过长期演化，已经证明自组织方式比他组织方式更为优秀（吴彤，2001）。例如，供需关系的自组织过程就是市场“自动地演化过程”，在经济活动中，需求和供给是一对基本矛盾，在完全自由竞争的市场中，商品的价格由市场供需差额进行自行调整。一般来说，如果一种商品的需求量大于供给量就会引起商品价格的上涨，高价格引起高利润，由于有利可图，使得更多资金、技术、劳动力等向这种产品的生产流动，即外界向该经济系统不断地注入“负熵流”，系统内的总熵减少，增加商品的供给量，使经济系统进入相对有序状态，达到供需均衡。

第三，在任何一个自组织的大系统中，对于不同的子系统而言，一旦形成自组织后（即形成一种特定的演化方式后），子系统都必然受到这样的演化方式的制约。例如，大江东流，有哪一个水分子能够在总的方向上不顺流而下呢？因此，对子系统而言，存在着被整个体系支配、控制和组织的情况，这类似于他组织。

第四，自组织是复杂系统演化时出现的一种现象，自组织是复杂性的特征之一，因为通过“组织”特别是以自组织方式演化，体系才能发展出原来没有的特性、结构和功能，这就意味着复杂性的增长，所以，在一定意义上，自组织就意味着创新。把知识创新思维作为社会活动系统从客观角度加以考察，应该成为思维科学研究的重要新领域，就知识创新作为社会思维活动系统来看，存在着思维创新活动的耗散结构演化形成的运动机制与条件，本质上属于一种社会思维创新活动的耗散结构自组织过程。自组织的本体论、认识论、方法论和价值论如果被深入系统地研究或有所进步，有所突破，就意味着我们对复杂性的本质认识又前进了一步。自 1967 年普里戈金提出耗散结构理论以来，人们对系统内部非线性作用的强大力量和在一定条件下系统自组织发展的现象给予了越来越多的关注，并形成了以耗散结构理论、协同学为代表的自组织理论。自组织理论认为，如果没有外界特定的干扰，自组织系统在使系统实现空间的、时间的或功能的结构过程中，系统的各个部分紧密相连、相互影响、协同作用，形成一个统一的“力量”，不断向有结构、有组织、多功能的有序方向发展（21 世纪初科学发展趋势课题组，1996）。

在新冠疫情的防控过程中，大规模的社区志愿服务活动已成为基层治理的重要组成部分。“战疫先锋”微信小程序是深圳市委组织部于 2020 年 2 月开发上线的志愿服务网络供需平台。平台通过引入党员与下沉干部发起抗疫任务、邻近区域党员和志愿者自主参与的新型基层共治模式，两年共发起 679 万人次的志愿活动。清华大学深圳国际研究生院李阳助理教授团队分析了志愿者行为中的“自组织效应”，阐明了疫情、政策、平台机制等因素对志愿者自组织行为的影响。

数据分析发现，新加入活动的志愿者会更倾向于尝试不同的任务类型与团队，随着经验的积累，其任务选择模式会逐渐趋于稳定。而当社区服务需求或外部政策环境等因素发生改变后，志愿者的不确定性会呈增加趋势。研究还发现，在适当的激励和政策引导条件下，志愿者群体在外部环境发生变化后，可以通过快速的自组织行动形成适应新环境的稳定组织体系。对比了三种志愿者组织方案：完全自组织、完全中心化组织、中心化引领与自组织的混合式组织。实验表明，完全自组织方案对多样化环境具有较宽的适应范围，完全中心化组织在已知需求的前提下组织效率最高，而混合式模式兼备高适应性与高组织效率的特点。因此，团队认为应对疫情等突发公共危机时，初期中心自上向下的引领配合自下向上的自组织，可应对快速变化的外部环境，产生最强的组织力。而如何优化志愿者引导机制，科学地将自主发起、自愿参与的力量纳入基层治理是具有重要意义的未来研究方向（Zhang, A.，2022）。

为了说明自组织对复杂性认识的重要性，下面介绍自组织的类型、原理、判据及描述方法。

3.6.2 自组织类型

现代科学还难以给出自组织的普适分类，已经提出的一些分类各自带有明显的学科背景的局限，不可能简单地推广应用于其他领域，但是仍有广泛的参考价值。普里戈金把自然界自组织产生的结构分为以下两类（吴彤，2001）。

① 平衡结构。通过平衡过程中的相变而形成的有序结构，称为平衡结构，如晶体、超导体等。平衡结构的基本特点是无须与外界环境进行交换即可保持其结构，甚至只有隔断与外界的联系才能长久保持自己。

② 耗散结构。系统在远离平衡态的条件下通过相变而形成的有序结构，称为耗散结构，其基本特点是只有与外界环境不断交换物质、能量、信息，才能保持有序结构。耗散结构存在的领域十分广泛，不仅存在于物理界，一切生命系统和社会系统都是耗散结构，精神领域的各种系统，如语言、科学理论、文化形态等也是耗散结构。

3.6.3 自组织判据

一个系统在演化过程中是否建立起某种结构、形成某种模式、创造某种形态，应有确定的判据，特别希望能以精确的数学工具来判别。自组织理论尚不成熟的重要原因是目前还没有建立起这种通用的判据。不同自组织理论分别提出自己的判据，一般还不能通用。下面介绍几种适用于不同情况的主要判据。

（1）自由能判据

这是相变理论的判据。令 E 为系统的总能量，F 为系统的自由能（表示系统的组织程度），T 为绝对温度，S 为热力学熵（表示系统的无组织程度或混乱程度），它们之间满足以下关系

$$F = E - TS \tag{3-16}$$

相变理论认为，平衡相变是自由能 F 与热力学熵 S 之间的竞争平衡，F

与 S 的某种妥协状态，决定了系统采取某种最小自由能状态，从一般状态自发演化到最小自由能状态就是实现了自组织。因此，由式（3-16）可知，在一定温度下，当输入系统能量较大而熵较小时，自由能值增大。当自由能积累到一定限度时，就成为不稳定的势能，驱动系统形成一种新的有序结构。

相变理论基于热力学把相变分为两大类。

① 如果发生相变时系统的热力学势函数连续，但其一阶导数不连续，称为一阶相变。它的特点是势函数代表的物理性质连续变化，但其一阶导数代表的物理性质在相变点发生突变。

② 如果相变时势函数及其一阶导数都连续，称为二阶相变或连续相变。二阶相变的特点是势函数及其一阶导数代表的物理性质在相变时都连续变化，不会出现突然间断现象。

玻尔兹曼进一步以概率观点给相变以微观的解释，认为在由大量粒子（原子、分子）构成的系统中，熵就表示粒子之间无规则的排列程度，换句话说，表示系统的紊乱程度，系统越"乱"，熵就越大，并提出微观粒子的能级分布公式

$$p_i = \exp\left(\frac{-E_i}{KT}\right) \tag{3-17}$$

式中，E_i 为第 i 能级的能量，p_i 为粒子占据该能级的概率，K 称为玻尔兹曼常数。式（3-16）和式（3-17）一起被称为玻尔兹曼有序性原理，完整地解释了形成平衡结构的自组织过程。

（2）熵判据

物质和能量相互转化的规则性和方向性叫作序。有序是指系统的结构和运动状态具有确定性；无序意味着系统的结构和运动状态的不确定和无规则。物质和能量差异越大、系统运动越有规则，演化的方向性就越明显，越显得有序；反之，就越无序。在热力学中，熵是系统无序程度的度量，即系统内部的物质和能量差异度的度量。只要系统内部存在物理差异，就会有能量迁移、物质扩散或物质和能量的转化现象，故熵的大小可以用能量迁移速率、物质扩散速率或物质和能量的转化速率来衡量。组织的建立和瓦解过程都是熵变过程。从无组织到有组织，从低组织度到高组织度，

是系统的反熵过程。因此，自组织是系统在无外界干预下自我反熵过程。系统内部的能量或物质的集中程度和复杂程度的差异较大，则系统内部的熵较小；反之，则熵较大。当物质和能量处于任何物理差异的均匀分布状态时，物质和能量的转化速率为 0，熵为极大值。所以，熵的变化可以作为自组织的判据。即系统的熵的改变量，$dS<0$（减熵）表示组织程度增加的变化；$dS>0$（增熵）表示组织程度减小的变化。增熵的过程、无序化的过程，有多种多样的表现。例如，物质从复杂到简单的转化，热量从高温物体流向低温物体等都是增熵和无序化的现象。但是熵判据不仅要求对象能够作为热力学系统来研究，而且只有在能够给出熵（S）的可计算数学形式时才有实际意义，实际上只有在很有限的情况下能够做到这一点。因此，熵判据有很大的局限性。

（3）信息判据

从描写事情不确定性的意义上来说，熵是无知或缺乏信息的度量。一个系统有序程度越高，则熵就越小，所含的信息量就越大；反之，无序程度越高，则熵就越大，信息量就越小。信息和熵是互补的，信息是负熵。有序度、组织度增加的过程是系统增加信息的过程；有序度、组织度减小的过程是系统损失信息的过程。因此，在系统理论中，试图以系统信息量的变化作为自组织的判据。令 γ 为系统的剩余度，则

$$\gamma = 1 - \frac{H}{H_{\max}} \tag{3-18}$$

γ 的取值范围是 $0 \leqslant \gamma \leqslant 1$。$\gamma=0$ 表示系统完全无序。系统增加信息意味着增加剩余度，即

$$\frac{\mathrm{d}\gamma}{\mathrm{d}t} > 0 \tag{3-19}$$

在系统自组织过程中，信息熵（H）和最大熵（$H_{\max}$）都是时间的函数。将式（3-18）代入式（3-19）中，有

$$H\left(\frac{\mathrm{d}H_{\max}}{\mathrm{d}t}\right) > H_{\max}\left(\frac{\mathrm{d}H}{\mathrm{d}t}\right) \tag{3-20}$$

最大熵（$H_{\max}$）由系统的规模（可能状态数）决定。$\frac{\mathrm{d}H_{\max}}{\mathrm{d}t} > 0$ 表示系

统不断增加状态和元素，相当于系统从环境中吸收营养而不断壮大其规模，即自组织。$\frac{dH}{dt}<0$表示系统通过实践和学习不断从外界获取信息，增加有序度，也是自组织（曲东升，1998）。

3.6.4 自组织原理

自组织理论的基本含义：尽管实现世界的自组织过程产生的结构、模式、形态千差万别，但必定存在普遍起作用的原理和规律支配着这种过程。虽然现代科学还不能系统地揭示自组织的一般规律，但是已获得了许多深入的认识，提出了一系列自组织原理，归纳出自组织必须具备的一定的环境和条件，它们是随机性涨落、开放系统、远离平衡、非线性相互作用等，并根据这些条件，提出了相应的原理。下面介绍几种主要的原理。

（1）突现原理

自组织现象总是通过某种突变过程出现的，某种临界值的出现是伴随自组织现象的一大特征，外界参量达到临界值，出现分岔，从而使系统向多种可能的方向和途径演化。一种自行组织起来的结构、模式、形态，或者它们所呈现的特性、行为、功能，不是系统的构成成分所固有的，而是组织的产物、组织的效应，是通过众多组分相互作用而在整体上突现（涌现）出来的，是由组分自下而上自发产生的。自下而上式、自发性、突现性是自组织必备的和重要的特征。

（2）开放性原理

一个与环境没有任何交换的封闭系统不可能出现自组织行为，对环境开放即与外界进行物质、能量、信息交换的系统才可能产生自组织运动。对于一个孤立的系统，其演化结果必然是平衡状态。系统从无到有的自组织运动是逐步区分内部与外部，把自己与外部环境区分开来。因此，系统不仅要有开放性，同时要有封闭性或隔离机制，以保证已积累的信息和能量不至于流失，防止外部有害因素的侵袭。自组织过程是系统开放性与封闭性的统一。

（3）非线性原理

满足叠加原理的线性系统无法产生整体突现。整体突现性是系统组成部分之间、系统与环境之间非线性相互作用的产物，是典型的非线性效应。自组织必须有系统内部的非线性相互作用，把系统推向远离平衡状态。组分之间的相互作用大体分为合作和竞争两种形式，都是系统产生自组织行为的动力。没有组分之间的合作，没有系统与环境之间的合作，就不会有新结构的出现。没有组分之间的竞争，特别是没有系统与环境中其他系统的竞争，也不会有新结构的出现。非线性的正反馈作用可以把微小的“涨落”迅速放大，使系统的定态失稳，而形成新的结构，如浓度涨落、结构涨落的迅速放大，从而形成新相晶核，导致相变。诸如奥氏体形成、珠光体分解的相变。合作与竞争本质上是非线性的，线性的相互作用至多能产生平庸的自组织，真正的自组织只能出现在非线性系统中，而且要有足够强的非线性才行。

（4）反馈原理

把系统现在的行为结构作为影响系统未来行为的原因，这种操作称为反馈。以现在的行为结果去加强未来的行为，是正反馈；以现在的行为结果去削弱未来的行为，是负反馈。新的结构、模式、形态在开始时总是弱小的，需要靠系统的自我放大（自我激励）机制才能生长、壮大，即表现为自我复制和自我放大，是有序（空间序、时间序）产生的重要因素，这就是正反馈机制。新系统常常是先生成它的基核，再凭借正反馈机制逐步长大。但新结构不能一直生长下去，到一定程度就应稳定下来，不再增加规模，即系统应有自我抑制（自我衰减）机制，这就是负反馈机制。正反馈与负反馈适当结合起来，才能实现系统的自我组织。

（5）不稳定性原理

新结构的出现要以原有结构失去稳定性为前提，或者以破坏系统与环境的稳定平衡为前提。但是新结构只有能稳定下来才算确立了自己，并在环境中继续运行下去。一个不具备稳定机制的系统不可能真正产生出来，更不可能保持自己。自组织是稳定性与不稳定性的统一。线性系统要么稳定，要么不稳定，不可能同时存在稳定轨道和不稳定轨道；非线性系统可能同时存在稳定轨道和不稳定轨道，甚至同一条轨道部分稳定，部分不稳定，因而能够既使旧模式失稳，又使新模式稳定下来，从而产生自组织。

（6）涨落原理

在由许多子单元组成的系统中，任何给定状态的稳定性都总会受到微小的局部的扰动，状态量对其平衡值的偏离，称为涨落。当系统处于临界点附近时，涨落有可能对系统演化方向发生重大影响。涨落的特点是随机生灭，或大或小。一切真实系统都存在涨落，按其来源，有内涨落和外涨落之分；按其规模，有小涨落、大涨落、巨涨落之分。涨落在自组织中起极为重要的作用，系统通过涨落去触发旧结构的失稳，探寻和建立新结构。

3.6.5　自组织的描述方法

自组织过程是系统组分之间的互动互应过程。一个组分的行为变化，必然引起其他组分的回应，发生相应的行为变化，又反过来影响到该组分，形成复杂的互动互应网络关系。系统与环境之间也有互动互应，系统的每一变化都引起环境的回应，环境的每一变化也引起系统的回应，正是在这种互动互应过程中，系统不断试探、学习和自我评价，寻找新的结构和行为模式，接受环境的评价和选择。因此，自组织过程必定是一种动态过程。作为动态过程的自组织运动，需以动力学方程作为数学模型。由于不存在特定的外部作用，自组织系统的数学模型，不论连续的或离散的，只能是齐次方程。对于物理化学系统中的简单自组织现象，一般可以建立数学模型，可以进行真实的实验研究。对于生命、社会、思维领域的复杂自组织现象，一般没有有效的数学模型，进行真实的实验研究也很有限。

下面介绍两种最常用的自组织描述方法或自组织形式。

（1）自创生

系统的自创生（autopoietic）是指在没有特定外力干预下，系统从无到有地自我创造、自我产生和自我形成。研究这种系统自创性的理想手段是动力学方法。设有 n 个小系统，各有自己的动力学方程，而且互不耦合。假定从某一时刻起，各系统彼此开始相互作用，每一个的变化都引起其余系统的回应，这种互动互应关系发展到一定程度，总体上可以用一个联立方程组描述。最简单的情形是环境中有两个小系统，动力学方程分别为

$$\dot{x} = f(x) \tag{3-21}$$

$$\dot{y} = g(y) \tag{3-22}$$

由于环境的变迁或自身的演化，二者出现了耦合，运动方程变为

$$\dot{x}=f(x)+p(x,y) \tag{3-23}$$

$$\dot{y}=g(y)+q(x,y) \tag{3-24}$$

$p(x, y)$ 与 $q(x, y)$ 表示 x 与 y 的耦合作用。在数学上，式（3-23）和式（3-24）构成的联立方程组就是一个二维系统。广义地说，这就是系统的自创生。

（2）自生长

从前面的自组织原理可知，自组织有两种含义：一是组织的从无到有，二是组织的从差到好。显然，不能要求系统一经产生便很完善、达到最优。自创生首先要解决从无到有的问题，然后才能解决从差到好的问题，即自我发育、自我完善、自我成熟。最简单的自我完善是系统规模的增大，即系统组分的不断增加，这就叫自生长。研究自生长是自组织理论的重要课题之一。

贝塔朗菲曾用微分方程描述系统的自生长。他将方程式（3-10）展开为泰勒级数，并假定没有要素的“自然发生”，即高次绝对项为0，因而得

$$\dot{x}=ax+bx^2+\cdots \tag{3-25}$$

忽略高次项，得到它的线性近似

$$x=ax$$

它的解为

$$x=x_0\mathrm{e}^{at} \tag{3-26}$$

式（3-26）表示线性系统按指数规律生长，称为自然增长率，它描述的是系统的无限生长，只能在小范围内近似反映真实情况。一般真实系统的自生长是非线性的，必须考虑式（3-25）中的二次项，才能逼近真实系统的自生长，此时方程的解为

$$x=\frac{ac\mathrm{e}^{at}}{1-bc\mathrm{e}^{at}} \tag{3-27}$$

式中的 a、b、c 均是常数，它们反映的是系统的有限增长率。自然

界有种类繁多的生长过程，服从不同的生长规律，需用不同的生长模型来描述。

自组织理论是继系统论、信息论、控制论等之后逐步形成和发展起来的系统科学理论。自组织理论综合运用熵、信息熵、涨落等概念进行严密的科学抽象和科学推理，敲开了人类探索自然界复杂性的大门，为当代科学技术的发展提供了新思想、新观点和新方法。需要指出的是成熟的自组织理论应是系统科学的核心部分之一，但是目前还没有建立起这种理论。一方面，各个学派都提出了许多非常深刻而诱人的概念、原理和方法，使人们强烈地意识到自组织理论的辉煌前景。另一方面，不同学派或不同学者的理论都有自己的特殊背景，普遍性不够，各自只给出自组织理论的一些片段，许多提法是含混的，相互之间还有矛盾。要把这些片段整合成一个系统严格的概念体系，给自组织现象以系统的、连贯的、深刻的解释，还有很多困难（曲东升，1998）。

就自组织方法论的整体框架而言，整个自组织理论包括耗散结构理论、协同学、突变论、超循环论、分形理论和混沌理论。因此，就每一个理论而言，事实上都存在一个方法论，每一个理论的方法论又在整个自组织方法论中有着不同的地位（尼累里斯 G，1986）。耗散结构论起一个构建自组织系统需要条件的作用；协同学在整个自组织方法论中处于一种动力学方法论的地位；突变论研究系统在其演化的可能路径方面所采取的方法论思想；超循环论提供了一种如何充分利用过程中的物质、能量和信息流的方法；分形理论研究了系统走向自组织过程中的复杂性图景和从简单到复杂的自组织演化问题；混沌理论研究了系统走向自组织过程中的时间复杂性问题。综合地看，每一个方法论在自组织理论对世界的认识图像中都占据一席之地，都具有特殊的方法论的“生存位置”。

科学总是以稳定的方式沿着已开辟的道路前进，偶尔伴随着巨大的裂变或革命。这些裂变或革命又是以资料的组织、新问题的定义及解决问题的技术手段等方面的重要变化为标志的。因此，也可以说自组织理论给科学技术方法论带来一次新的革命性变化。

自组织理论涉及的科学体系包括了耗散理论、协同学、突变论、超循环论、混沌理论和分形理论等。本书只介绍分形理论和混沌理论的科学思想，关于其他几种理论，有兴趣的读者可以查阅相关书籍。

3.7 分形理论的基本思想

1967 年，曼德布罗特（B.B.Mandelbrot）在国际一流权威杂志《科学》上发表了一篇关于海岸线的论文，题目是“英国的海岸线到底有多长？”在该论文中作者指出：英国海岸线的长度是不确定的，其具体长度依赖于测量时所使用的尺度。他认为由于海岸线非常不规则，因此其长度的精确测量也就十分困难，如果用公里作为测量单位来量算海岸线的长度，则一些从几米到几十米的海岸线弯曲就会被忽略或遗漏；如果进而用厘米作为测量单位，那么几乎将测量出能够被眼睛看到的所有海岸线弯曲，这种情况下的测量结果又必然会比前一种情况下的测量结果要精确得多；进而，如果把测量海岸线的长度的尺度想象成原子直径那样小，这种情况下海岸线的长度必然庞大无比，其值就是天文数字。这些情况表明，传统的长度单位并不是度量海岸线长度的一个理想参量，确切地说海岸线的长度是一个变量，显然不是海岸线很好的定量描述参数，必须发现一个新的参量或量度来更好地表征海岸线的特征。曼德布罗特不仅指出了传统的长度参量不是描述弯曲海岸线的最佳特征参量，而且相应地提出了新的特征参量，这个新的特征量就是分形与分维的概念，结构分形特性如图 3-11 所示。分维是表征海岸线不变特征的良好参量，并相应地计算出了英国海岸线的分维。该论文不仅为作者曼德布罗特带来了极大的荣誉，同时，更为重要的是开创了一门全新的学科——分形几何学的新纪元。

在此文的基础上，1973 年由曼德布罗特创建和发展了分形几何学（王

图 3-11 结构分形特性

兴元，2015），后来他的专著《分形：形、机遇和维数》于 1975 年出版，标志着分形理论的正式诞生。他通过研究发现，尽管自然现象气象万千、错综复杂、五彩缤纷，但往往存在一种自相似性（self-similarity），这种自相似现象不仅限于形体方面，而且还可以表现在功能形态、信息等多方面，反映了广义全息现象的普遍存在。毫无疑问，自然灾害作为复杂现象的一个特例，在许多方面也存在着自相似性，而且已有部分现象得到验证。分形理论的定量工具是“分维”（fractal dimension）。分维通常用分维数（即分维数值）来表达，分维数包括容量维数（capacity dimension）D_0、信息维数（information dimension）D_1 和关联维数（correlation dimension）u 等。

容量维数定义

$$D_0 = \lim_{r\to 0}\left[\frac{\lim N(r)}{\log(l/r)}\right] \tag{3-28}$$

式中，r 为测定尺度；$N(r)$ 为测量的次数。

信息维数定义为

$$D_1 = \lim_{r\to 0}\left(r\right)\left[-\frac{\sum p_i(r)\log p_i(r)}{\log(l/r)}\right] \tag{3-29}$$

式中，$p_i(r)$ 为分形集的元素属于覆盖 $\{U_i\}$ 中的事件的概率；（$\{U_i\}$ 为有限个直径不超过一定值的任何非空子集）；$[-\sum p_i(r)\log p_i(r)/\log(l/r)]$ 为概率事件的申农熵（Shannon’s entopy），它是刻画混乱度的手段。

关联维数定义为

$$u = \lim_{r\to 0}\left[\left(\frac{1}{N^2}\right)\sum_{i=j}\frac{H(r-\|x_i-x_j\|)}{\log(l/r)}\right] \tag{3-30}$$

式中，H 为函数特征，当 $r \geqslant \|x_i - x_j\|$（泛函数）时，$H$=1，否则，$H$=0。

显然，维数的这些定义在数学上都是很严密的，但要广泛用于实际中，有时也有不合适之处。

一般度量复杂性的标度：系统状态空间维数（原指系统内部独立运动的要案、关系、层次个数）；系统随参量变化的阶段数（原指阶段反映处理问题的难度）；演化中相互关系的次数。因此，分维数的出现，标志着复杂性的度量有了新的尺度。虽然分形理论在20世纪70年代才提出，但它揭示了非线性系统中有序与无序的统一，确定性与随机性的统一。经过几十年的发展，分形与分维研究已成为探索自然界复杂性的新理论和新方法之一，已成为一门重要的新学科和方法论。目前，分形理论已经得到了广泛的应用，它在推动许多学科的发展上起到了重要作用。

3.8 混沌理论的基本思想及方法论意义

（1）混沌现象

20世纪70年代以前，人们一般认为，简单系统行为一定简单，复杂行为一定意味着有复杂原因。此外，人们也常常认为，随机性的混乱行为只能出现于具有大量的或无限的自由度的体系中。整个传统的经典科学的观念就是建立在这样的双重“公理”系统基础上的，认为事物的运动状态的复杂性是外界加在事物上的，而不是系统固有的；另外，越复杂的事物或运动越随机。因此，研究者就把某种复杂的随机现象称为混沌现象。更确切地说，混沌现象是指确定的宏观的非线性系统在一定条件下所呈现的不确定或不可预测的随机现象，是确定性与非确定性、规则性与非规则性、有序性与无序性融为一体的现象。例如，海浪冲向防护堤时，是一波接一波非常有规律的，也是非常有韵律的，而它在退回时，会与继之而来的波浪相互撞击，并激起不规则的浪花。在股票市场，政府的一项政策或一个文件、上市公司的业绩报告，都可能强化或减弱市场的原有发展趋势，但是市场受到这种干扰后，对于外界的冲击响应却是一种混沌现象。这种混沌现象使市场成为自然的函数，而不是人工的函数，它的行为并不遵循古典物理学、参数统计学和非线性学。但是混沌并非没有规律可循，混沌理论正是研究自然界非线性过程内在随机性所具有的特殊规律性的科学。混沌理论（chaos theory）是非线性科学非常重要的成果之一，它的出现完全打破了这些传统的概念，它改变了人们看待事物的传统方式。数理混沌理论就是研究混沌现象的重要工具，被认为是继相对论和量子力学问世以来最重要的物理学革命。

案例 3.3

蝴蝶效应与混沌学

1979 年 12 月，洛伦兹（Edward N. Lorenz）在华盛顿的美国科学促进会的一次讲演中提出：一只蝴蝶在巴西扇动翅膀，有可能会在美国的得克萨斯引起一场龙卷风。他的演讲和结论给人们留下了极其深刻的印象。从此以后，所谓“蝴蝶效应”之说就不胫而走，名声远扬了（图 3-12）。

图3-12 蝴蝶效应

（2）混沌的基本特征

现代混沌理论对混沌的基本概念有多种表述，如哈肯认为“混沌行为来源于决定性方程的无规则运动”；费根鲍姆（M.J.Feigenbaum）认为“混沌是确定系统的内在随机行为”；洛仑兹则把混沌概括为“确定性非周期流”。我国一些学者把混沌概括为“由系统的非线性动力过程产生的非周期性宏观时空行为”，是一种“无周期的有序”等（葛海波，2008）。归纳上述从不同角度对混沌的定义描述，可以得出混沌的基本特征包括下面几点。

① 混沌产生于非线性系统的时间演化，是确定性系统的一种内在随机性，作为系统基础的动力学是确定论的，它的确定性是因为它有内在的原因，而无需引进任何外加噪声的干扰。

② 混沌行为对初始条件极其敏感，导致长期行为具有不可预测性。这一特征不同于概率论中的随机过程，随机过程中的随机性是指演化的下一次结果无法准确预知，短期内无法预测，但长期演化的总体行为却呈确定的统计规律。混沌行为恰恰相反，短期行为可确知，长期行为不确定。例如，混沌系统或非线性系统局部看起来好比是放在大球顶的一个小球，起初是静止的，而后在受到一个极微小的初速度后，就飞快地滚下去。而线性系统则好比是放在碗底的乒乓球，只要初速度不大，它最终仍会停在原来的碗底位置。又例如，在气象学上，气象学家洛仑兹根据牛顿定律建立了温度与压强、压强与风速之间的非线性方程组，他将方程组在计算机上

进行模拟求解。因为嫌那些参数的小数点后面的位数太多，输入数据的时候太烦琐，便舍掉了几位。尽管舍去的部分微不足道，可结果却与实际大相径庭。他断言："长时期"的天气准确预报是不可能的。

③ 混沌行为在几何结构上具有尺度变换下的不变性，即在不同尺度下具有惊人的自相似性。系统的总体与部分之间、部分与构成它的更小部分之间存在着相似性。这种相似性具有层层嵌套的分形几何形状。例如，生物机体中血管的分支、神经纤维的分支等，这些分支的通道的迷宫在越来越小的尺度上具有自相似性。

④ 混沌行为的产生不仅与确定系统的非线性的状态参量有关，也与参数空间的变量取值密切相关，参数的变化不仅可以决定是否出现混沌行为，而且也决定混沌行为的不同结构。

由此可见，混沌学研究的是无序中的有序，许多现象即使遵循严格的确定性规律，但因为存在混沌，所以大体上也是无法预测的。混沌是一种关于过程而不是关于状态的科学，是关于演化而不是关于存在的科学。因此，混沌现象是一种极其普遍的现象，混沌理论不仅在认识论上有重大的理论意义，而且在求解基本问题时也有重大的科学意义，它可以应用于自然科学和社会科学的几乎各个领域。但是，混沌理论目前还处于初创时期，混沌所具有的更高级、更复杂的秩序和规律还有待人们进一步去发现。

我们可以把混沌理论对科学方法论的具体贡献总结为以下几个方面。

第一，混沌理论是从研究非线性相互作用系统而逐步发展起来的，为研究和理解复杂系统提供了一个全新的理论框架，对研究复杂性的非线性方法论产生了巨大的推动作用。

第二，混沌理论的深入研究对认识论基础有着深刻的贡献（王东生，1994），是继相对论和量子力学问世以来，对人类整个知识体系的又一次巨大冲击，突破了传统的科学观念。混沌科学的创立是一次基本理论的重大革命，为人类观察世界打开了一扇新的窗户，它从根本上改变了人类整个科学知识大厦的结构（杨日萍，1997）。

第三，混沌理论不仅将人们探索自然的好奇心吸引和凝聚到探索混沌奥秘的科学前沿，而且像极具生命力的种子，撒遍自然科学和社会科学各个领域的沃土，它将简单与复杂、有序与无序、确定与随机、必然与偶然的矛盾统一在一幅美丽的自然图景之中，推动了人类自然观与科学观的发展（余新科，1999）。

混沌理论是如此的重要，以至于物理学家福特（J.Ford）认为混沌状态是 20 世纪物理学的第三次革命，相对论消除了关于空间和时间的幻想；量子力学消除了可控测量过程的牛顿式的幻想；而混沌则消除了拉普拉斯关于决定论式可预测性的幻想（李楠，2005）。事实上，近 20 年来，分形理论和混沌理论已经动摇了传统经典科学的根基，它使人们认识到，极其简单的动力规律能够导致极其复杂的行为表现。例如，无数细小的破碎玻璃片可以产生绚丽多彩的整体美感，或无数水中的泡沫可以形成汹涌的河流等都是自然界中最典型的复杂现象（吴彤，2000）。分形理论、混沌理论的方法是揭示自然界复杂现象的有效工具。

思考题

1. 什么叫线性系统？概述用线性科学处理线性问题的基本方法。
2. 非线性与复杂性概念的内涵有什么不同？
3. 什么是复杂性？怎样定义复杂性？复杂性是这个世界的客观本质属性吗？
4. 复杂系统的共同特点是什么？
5. 研究复杂性科学的基本方法有哪些？试简述它们考察事物运动变化方式有哪些主要特征。
6. 如何理解自组织概念的方法论意义？
7. 分维是描述分形特征的定量参数，试简述分维的物理意义及分维的作用。
8. 如何理解混沌理论在科学方法论上的重要意义？

参考文献

[1] 曲东升. 系统科学精要 [M]. 北京: 中国人民大学出版社, 1998.

[2] 王世珍. 试论人类基因组计划的社会价值 [J]. 山东青年管理干部学院学报, 2002, (3): 91-92.

[3] 黄小寒. 系统哲学的开端样式 [J]. 自然辩证法研究, 1999, 15(7): 16-20.

[4] 钱学森, 于景元, 戴汝为. 一个科学新领域——开放的复杂巨系统及其方法论 [J]. 自然杂志，1990, 13(1): 3-10.

[5] 王晶金, 李成智. 中国嫦娥探月工程的实践历程与创新初探 [J]. 工程研究——跨学科视野中的工程, 2024, 16(3): 364-374.

[6] 21世纪初科学发展趋势课题组. 21世纪初科学发展趋势[M]. 北京: 科学出版社, 1996.
[7] 本书编写组. 科学的力量[M]. 北京: 学习出版社, 2001.
[8] 吴彤. 20世纪未竟的革命和思想遗产——复杂性认识[J]. 内蒙古大学学报(人文社会科学版), 2000, 32(3): 2-10.
[9] 成思危. 复杂科学与系统工程[J]. 管理科学学报, 1999, 2(2): 1-7.
[10] 约翰·霍甘. 复杂性研究的发展趋势——从复杂性到困惑[J]. 科学美国人, 1995, (10):42-47.
[11] 王寿云, 于景元, 戴汝为. 开放的复杂巨系统[M]. 杭州: 浙江科学技术出版社, 1995.
[12] 颜泽贤, 陈忠, 胡皓. 复杂系统演化论[M]. 北京: 人民出版社, 1993, 47-62.
[13] 成思危. 复杂性科学探索[M]. 北京: 民主与建设出版社, 1999.
[14] 普里戈金. 确定性的终结——时间、混沌与新自然法则[M]. 湛敏, 译. 上海: 上海科技教育出版社, 1998.
[15] 吴彤. 自组织方法论论纲[J]. 系统辩证学学报, 2001, 9(2): 2-10.
[16] 艾克武, 胡晓惠. 综合集成的内容与方法——复杂巨系统问题研究[J]. 系统工程与电子技术, 1998, (7):18-23.
[17] 徐冠华. 当代科技发展趋势和我国的对策[J]. 中国软科学, 2002, (5):1-12.
[18] 徐志磊. 以科学为基础的复杂系统工程研制[J]. 中国工程科学, 2002, 4(10):26-30.
[19] 魏一鸣. 自然灾害复杂性研究[J]. 地理科学, 1998, 18(1):25-31.
[20] 张蓝兮, 鲁军景, 彭纪超. 基于地理信息系统（GIS）的地质灾害评价现状[J]. 中国矿业, 2024, 33(S1): 223-229.
[21] Zhang, A., Zhang, K., Li, W. *et al.* Optimising self-organised volunteer efforts in response to the COVID-19 pandemic[J]. *Humanit Soc Sci Commun* 9, 134 (2022).
[22] 尼累里斯G, 普里戈金. 探索复杂性[M]. 罗久里, 陈奎宁, 译. 成都: 四川教育出版社, 1986.
[23] 王兴元, 孟娟. 分形几何学及应用[M]. 北京: 科学出版社, 2015.
[24] 葛海波, 王海潼. 混沌现象的电路原理与实现[J]. 陕西师范大学学报（自然科学版）, 2008, (02):42-46.
[25] 王东生, 曹磊. 混沌分形及其应用[M]. 合肥: 中国科学技术大学出版社, 1994.
[26] 杨日萍. 混沌理论——人类观察世界的新窗口[J]. 南昌水专学报, 1997, 16(1):77-80.
[27] 余新科. 混沌理论的哲学思考[J]. 华南理工大学学报(社会科学版), 1999, 1(2):35-40.
[28] 李楠, 孙才新, 李剑, 等. 混沌及其在电力工程中的应用研究进展[J]. 重庆大学学报（自然科学版）, 2005, (06):30-33+37.

第4章 综合与综合评价方法

“综合与集成”中的综合是什么含义？有哪些综合评价方法？本章将为你揭晓答案。

现代科学技术的发展呈现出两种明显趋势，一方面是科学不断分化，越分越细，新学科、新领域不断产生；另一方面，不同学科、不同领域之间相互交叉、综合与融合，向着综合化与整体化的方向发展。同时，现代社会实践越来越复杂，综合性越来越强，许多社会生活和经济系统的复杂问题通常不是一门学科的知识所能够解决的，甚至也不是一个学科门类的知识所能解决的，需要自然科学与社会科学的结合，综合运用人类知识体系所提供的多种知识来指导实践，最终加以解决。因此，综合方法发展已成为现代科学技术的主旋律。

本章内容主要涉及综合方法及其方法论的意义，以及典型综合评价方法和应用。通过对现代社会生活工作中综合问题及解决方法等进行阐述和举例应用，讲解复杂系统中的多变量综合评价方法和具体步骤，培养当代大学生掌握通过综合评价方法解决工程中综合问题的能力。

知识点思维导图

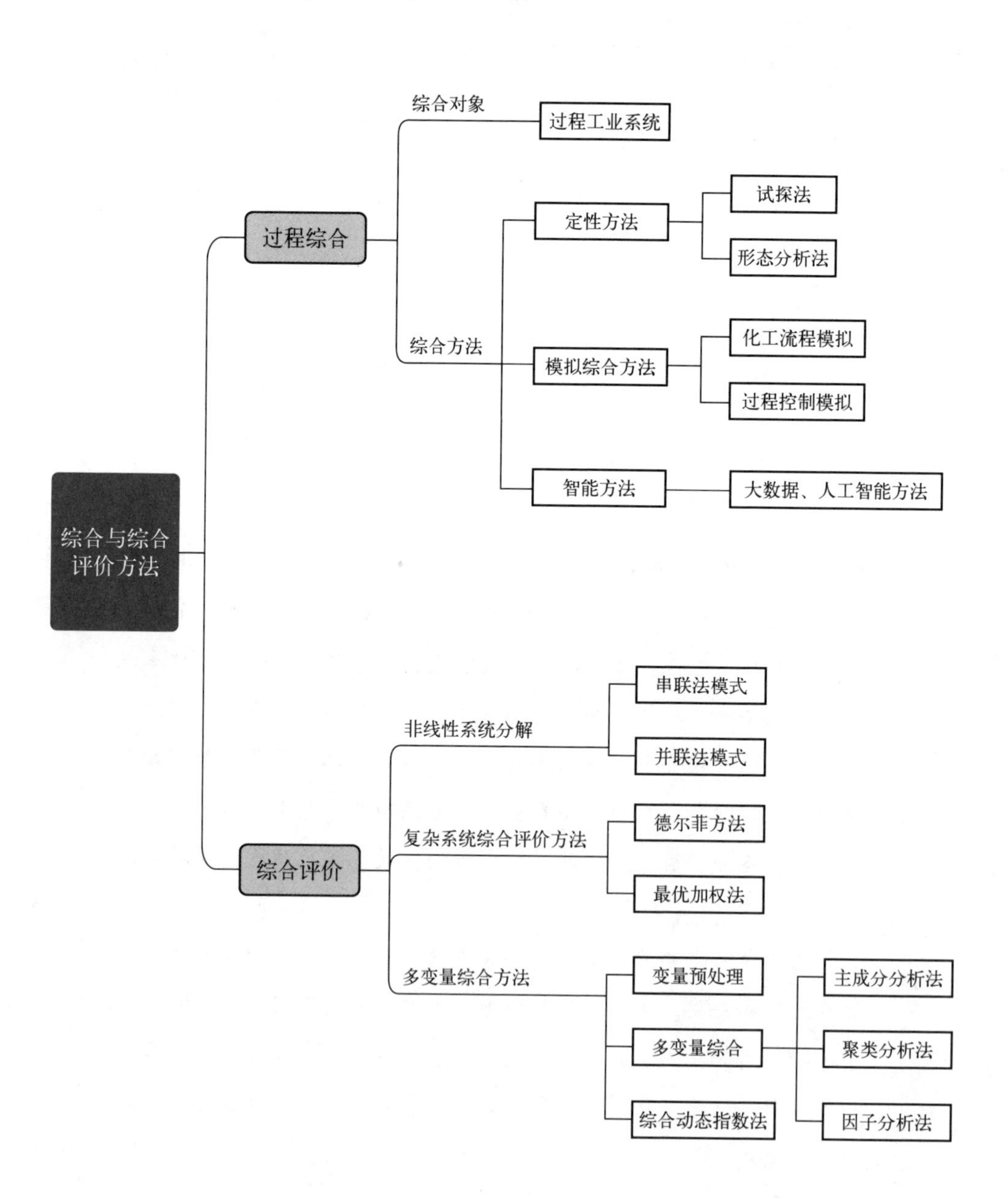
综合与综合评价方法
过程综合
综合对象
过程工业系统
综合方法
定性方法
试探法
形态分析法
模拟综合方法
化工流程模拟
过程控制模拟
智能方法
大数据、人工智能方法
综合评价
非线性系统分解
串联法模式
并联法模式
复杂系统综合评价方法
德尔菲方法
最优加权法
多变量综合方法
变量预处理
多变量综合
综合动态指数法
主成分分析法
聚类分析法
因子分析法

4.1　过程综合的基本概念及主要方法

在过去的几十年中，人们对制造业的各种单元技术进行了大量的研究与开发，并且在工业应用中取得了巨大的经济效益。但是，分散孤立地对待各项管理、制造与自动化技术，无法保证制造业全局性优化运行。突然的环境变化和激烈的市场竞争要求企业以集成的观点，把管理技术、加工技术及各种过程自动化技术综合起来。制造业一般分为离散工业和过程工业两类，其中，过程工业（又称为流程工业）涉及范围非常广泛，主要包括石油加工、化工、冶金、食品加工、制药以及电力等。过程工业在全球制造业中占有十分重要的地位，它被认为是一个国家国民经济发展中的一个多品种、多层次、服务面广、配套性强的重要基础产业（王成恩，2000）。如图 4-1 所示的原油蒸馏装置是一个典型的过程系统，按照原油蒸馏的工艺要求，将多个过程单元如机泵、换热器、分离器、加热炉、蒸馏塔综合起来，原油介质经过这些过程单元的处理后，发生物理、化学变化，最终转换成目标产品（航空燃油、汽油、柴油和石脑油等）。

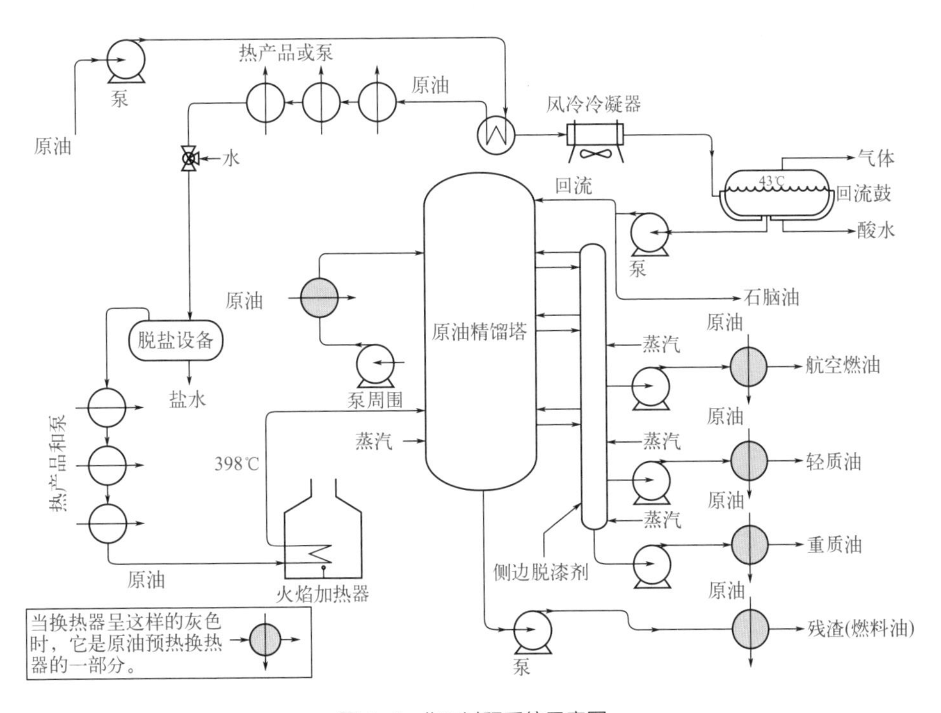

图4-1　化工过程系统示意图

由于目标类型的不同，过程工业可分成各种各样的过程系统。近年来，随着现代控制论的发展，人们已获得了许多系统的共性规律。但是，对各类系统的特殊性应采用哪些单元构架系统、如何构架系统、系统以什么样的程序按什么样的参数运行、如何衡量系统运行的效率和可靠性等诸多新问题尚未搞清楚，这些问题使许多研究者产生了极大兴趣。为了解决这些新问题，在20世纪90年代，科学家们提出了过程科学（process science）和过程技术（process technology）的概念，并赋予过程就是对物质、能量和信息进行转化或加工的含义。过程已不仅仅限于硬件系统，还可以是软件系统，或是硬件和软件的综合系统。过程科学和技术研究物质、能量和信息在系统中是如何被加工或转化的，如何构造达到特定目标要求的系统等，是非常重要的研究领域。

① 过程综合的内容。当一个系统或流程比较复杂或规模比较大时，通常需要先对它采取某些“化整为零”的步骤，把整体化为若干个局部，以达到对有关问题易于进行处理的目的，这样的步骤就叫系统的分解（decomposition），反过来的步骤就叫综合。传统的分析方法往往把一个事物分解成许多独立的部分，然后分别进行深入研究。由于这样的研究方法容易把事物看成是孤立的、静止的，因此，得出的结论往往限制在一个局部的条件下。随着过程工程向着综合化、复杂化、大型化的方向发展，流程结构日益复杂，功能日臻完善，为使原料有效利用、能源合理分配，某种工艺流程系统可以采用再循环分级、分块利用方式，或者采用联合企业的方式有效地利用各自的企业副产品。这不仅要求工程技术人员不能只沿用传统的过程工程方法去研究、处理工程中的各类问题，而且要利用计算机技术、信息技术，为研究过程系统工程的综合与集成提供物质基础。因此，过程综合的知识是现代工程技术人员必备的基础知识。

② 过程综合的目标。过程综合（process synthesis）是针对特定原料和目标产品的，在某种社会经济条件的约束下，同时考虑经济效益和环境因素，构成一个最优的生产系统，综合出一个既能满足给定的输入和输出要求，同时在某种意义上又是最优的单元过程系统。在这个过程中，不仅要确定流程的操作参数，而且要进行最佳流程结构的选择。显然，过程综合是一个极为复杂的多目标最优组合问题，是过程设计中最具挑战性的任务。为了完成这项任务，过程综合通常是借助于不完整、不确定性的信息来完

成复杂的具有多目标的综合任务。因此，过程综合的一条原则是必须遵循理论与实际相结合，采用一定的数学算法进行过程系统的最优综合。

因此，过程综合实际上是系统综合的问题，系统工程方法在其中发挥着重要作用。它把所研究的对象作为一个整体来研究，即把一个研究的对象看作是一个系统，从系统整体出发去研究系统内部各组成之间的有机联系，研究系统与系统外部环境的相互关系，这就是过程综合的研究方法。过程综合的内容主要包括过程分析与模拟、系统的优化综合和过程优化操作与控制等。具体地讲，就是解决有关生产流程的组合、设备设计和工艺放大、过程控制和优化等问题，通过各种反应，原料和产品的分离，能量和物料的输送、传递和混合，达到保证高效、节能、经济和安全地生产，获取人类所需的各种物质和产品，并维持良好的生态环境的目标。

4.1.1　过程综合的定性方法

（1）试探法（经验法则）

试探法是一种经验法则，它沿着经验的路线进行，并根据解决问题的许多观测归纳出规律性的结果（雷斯尼克，1985）。试探法能够帮助我们确定工艺条件和结构。例如，要完成一项物料分离的任务，对一般物料分离可以有四十多种分离过程，每种分离过程都有适用条件，如离心分离适用于分离比重（密度）存在差异的物料，膜分离适用于对某种膜有选择性透过性能的物料。详细地研究每一个过程以求得最优过程要花费大量的时间、人力和金钱。如果采用试探法，便会大大缩小所研究的过程范围。这个试探过程可以根据下面四条经验法则来进行。

经验法则 1：分离过程必须能够实现想要达到的分离，即进行分离的原理必须与被分离的体系相适应。由此得出结论，不能用离子交换法分离非离子型的化合物。

经验法则 2：采用非极端处理条件的过程要比采用极端处理条件的过程优越。不能用必须在极端条件（如极端温度或压力）下进行的过程来分离经受不住极端条件的体系和组分。

经验法则 3：应当避免难于处理的固相；最好采用具有高分离系数的过程；最好使用能量分离剂而不用质量分离剂，因为质量分离剂（溶剂、解吸气体等）必须用另一种分离操作来去掉；最好用平衡分离过程而不用速度分离过程；最好用已经有了经验和实践知识的分离过程而不用未成熟的分离过程。

经验法则 4：分离过程必须与想要进行操作的规模相一致。例如，某些分离过程只能处理千克量、克量或毫克量，用这些过程处理吨量显然就不合适。

（2）形态分析法

形态分析是研究结构或形状，对一个问题的每一部分的所有可能的选择方案进行精确的分析和评价。其目的在于根据对每种可能性进行的分析和评价来得出最佳结果。这种分析提供了一种逻辑结构，它可以代替随机的想法，其内容广泛而全面，有助于考虑到所有的选择方案，并可以通过对这些选择方案进行综合而提出未曾考虑过的新的过程综合。

例如，用三个判据进行一级过程分析，如图 4-2（a）所示，依次用 A、B、C 三个判据来排除掉各个供选择的方案。第一步叫作分散（divergence），找出各种可供选择的方案；第二步叫作收敛（convergence），评价这些选择方案并对其进行淘汰，根据判据 A，淘汰掉方案 2 和 6；根据判据 B，淘汰掉方案 5 和 7；根据判据 C，淘汰掉方案 1、4 和 8。最后，方案 3 是筛选获得的最好方案。图 4-2（b）表示用三个判据进行三级过程分析，从每一组五种可供选择的方案中得出的一种方案就是过程的解。根据判据 A，淘汰掉方案Ⅰ-4、Ⅱ-2 和Ⅲ-2；根据判据 B，淘汰掉方案Ⅰ-1、Ⅱ-3、Ⅱ-5 和Ⅲ-3；根据判据 C，淘汰掉方案Ⅰ-3、Ⅰ-5、Ⅱ-1、Ⅲ-4 和Ⅲ-5。最后，过程的解即为方案Ⅰ-2、Ⅱ-4 和Ⅲ-1。

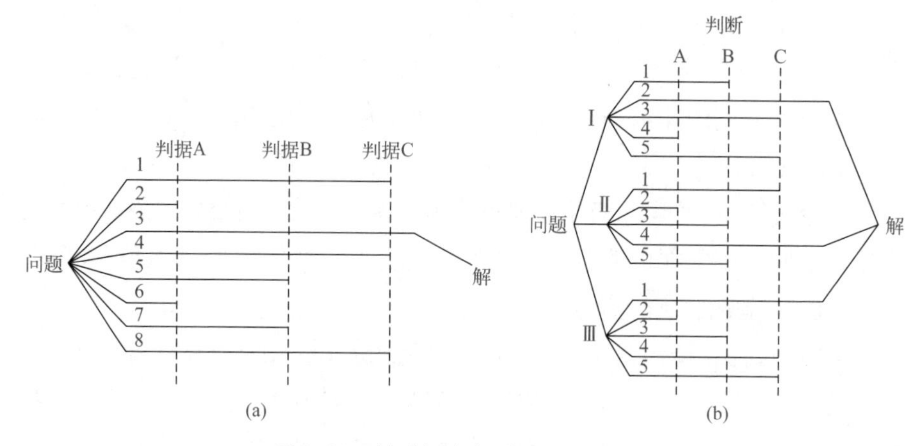

图4-2 形态分析法（雷斯尼克，1985）

虽然在许多情况下形态分析得到的结果是显而易见的解，它们与由有经验的设计工程师从直观上得到的解是很相似的，但形态分析需要由设计师收集和研究各种可能性和可供选择的方案，形态分析的结果是在这样做了以后才得出来的。

4.1.2 过程模拟综合的方法

通常，按照传统的方式，在做过程设计时只要保证对给定的输入变量得到预期的输出变量就可以了，或者做几种方案比较其经济性，选择其中较好的方案就可以了。而过程系统模拟的任务是在一定的限制条件下，根据输入条件及输出要求，寻求系统整体性能最优化的过程系统。为了实现这个任务，要完成三个方面的工作，即过程系统分析、过程系统综合和过程系统控制，这三个工作的核心内容是建立模型。

以往我们一提到模型就会想到对某个物理变化或化学反应建立一个物理模型或描述它的数学方程式，或者联想到对在某个操作单元中进行的过程建立一个物理模型或描述该过程的数学方程组；一提到模拟则想到利用物理模型做实验或求解方程组，这是狭义的理解。事实上，除数学方程式之外，规范化的数据和符号（包括文字）、表格、图、模式、程式、关系等都可以认为是模型。例如，在以石油化工为主的过程工业中有以下的一些具体模型。

· 规范化排列的化合物的物理化学性质——物性数据。

· 估算物质各种状态下的物性——物性估算模型。

· 描述化工单元中过程的进行——单元过程模型。

· 描述化工流程系统——流程系统模型。

· 化工过程的操作控制——操作控制模型。

· 计划调度系统模型。

· 企业管理系统模型。

· 市场预测模型。

· 研究开发系统模型。

· 人才引进、培养、培训、选拔、淘汰、流动模型。

当确定某个目标之后，要按需要把这些模型集成起来，进行模拟分析求解，找出达到目标最佳的方案或策略。

模拟是进行系统分析的强有力的手段，对描述某一实际过程的数学模型进行求解，即借助于一个系统或过程的性能，对另一个系统或过程的性能作出模仿性的演示。其中最有效的工作是过程流程模拟（process simulation）。它是指应用计算机辅助手段，对一个过程进行稳态的热量和物料平衡计算、尺寸计算和费用计算，并对整个过程系统（稳态）模型进行求解（韩方煜，2000）。因此，过程流程模拟的基本方法，就同过程系统模型所采取的形式有直接的关系。一个复杂过程系统的模型，如果以方程组的形式完整地表述出来，则其中共应包括三大类方程，即单元模型方程、物流联系方程和设计要求方程。

过程模拟的基本方法可以通过以下化工生产过程的例子来说明。例如，当我们分析所有化工厂的生产过程时，可以发现一个共同的特点：任何一个工厂都是以常常重复出现的一些基本单元按特定的形式组合起来的，并且它以达到完成某一特定的生产为目的。分析一个极其复杂庞大的化工厂，不难发现所用到的单元操作种类并不多，它是由反应器、分离设备、换热器、泵、管道、阀门等组成的，而化工厂之所以复杂主要是所用到的单元数量多，并且相互之间的关系错综复杂。很显然，把给定的输入转变为给定的输出的过程不止一个，因此综合的本质是一个庞大的组合问题。过程模拟综合就是综合出一个既能满足给定的输入和输出要求，又在某种意义上讲是最优的过程系统，如图 4-3 所示（房得中，1989）。

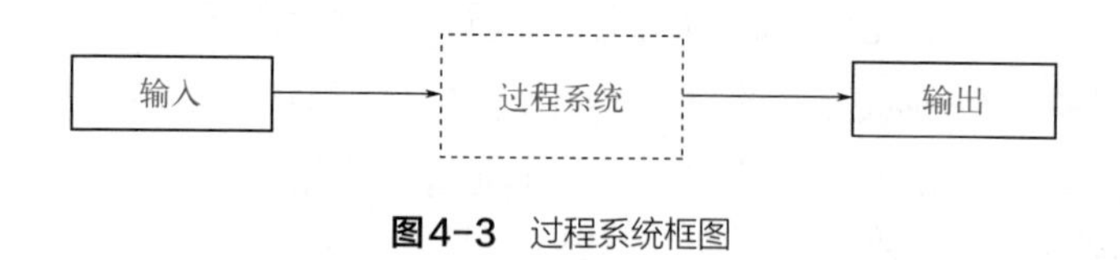

图4-3 过程系统框图

综合的流程大致如图 4-4 所示。

就上面的例子而言，在进行过程系统综合时，可能遇到的具体问题有如下几点。

① 根据可能得到的原料，利用已知的化学反应，确定生产特定产品的工艺路线。

② 给定产品、原料和化学反应途径，确定化工系统的工艺流程，选择系统单元和工艺流程参数，并使化工系统目标函数值最优。

③ 给定完成要求所需的单元类型和性能，确定各单元间工艺联系的结

构，使系统的目标函数值最优。

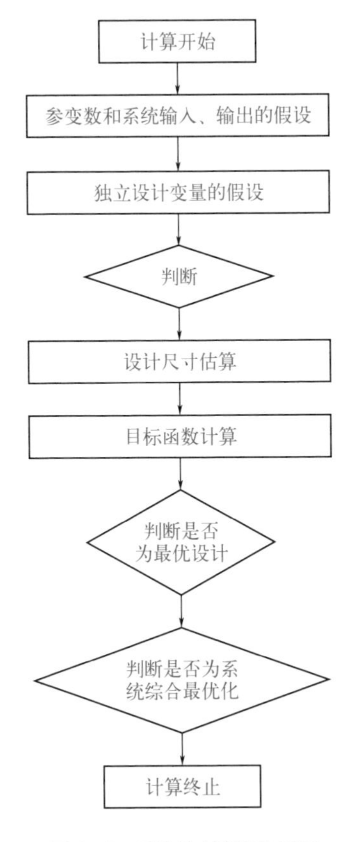

图4-4　系统综合流程的框图

④ 给定各单元的类型，确定使系统目标函数值最优的工艺流程，以使各单元和工艺流的参数值最优。

⑤ 从能完成生产任务的一系列工艺流程中确定最优的工艺流程、各单元和工艺流的参数值。

⑥ 给定化工系统的工艺流程，确定使目标函数最优的各单元和工艺流的参数值。

⑦ 给定化工系统的工艺流程、组成的单元和工艺流的参数值，通过修改工艺流程和改变单元及工艺流程的参数，化工系统的目标函数值为最优。

除了组合问题带来的困难外，过程的综合还遇到在过程结构合成之前目标函数是不确定的困难，只能根据经验估计，然后在合成后进行修正，这样反复地进行，直到无可改进时为止。

针对某些专门的目的，人们已开发出了一些模型系统并配以模拟方法而形成专门的计算机软件。以化工流程设计和模拟计算为目的的常用软件如下。

· AspenTech 公司的 Aspen Plus。

· Sim.Sci. 公司的 Pro/Ⅱ。

以过程操作控制为目的的控制系统软件如下。

· Honeywell 公司的 TDC 3000。

· ABB 公司的 OCS with MOD 300。

· Bailey 公司的 INFI-90。

这些系统软件的特点都是建立所涉及领域的各种数学模型，把这些模型及模拟求解的方法加以集成。但是，目前的各种软件还没有覆盖所有工业或商业领域。例如，就过程模拟软件而言，已推出的软件大都针对烃加工及相关工业，对所涉及分子稍微复杂的工业（如医药、农药、复杂大分子工业）便无能为力。而且即使在上述的领域也只能解决一个小局部的问题，描述非数值对象的模型化技术也远不成熟。

因此，进入 21 世纪后，面对激烈的竞争和更复杂的课题，就必须不断地进行模型化的工作并探求新的模拟思想和模拟求解方法。除了仍要采用传统的行之有效的模型化方法外，还要针对各自领域探讨新的模型化方法。例如，专家系统（expert system）、神经网络（neural network）、遗传算法（genetic algorithm）和小波分析（wavelet analysis）等。尤其是近来方兴未艾的大数据（big data）和人工智能（artificial intelligence，AI）技术，已经在过程工业中得到应用，并取得了显著的成效（图 4-5）。

(a) 大数据

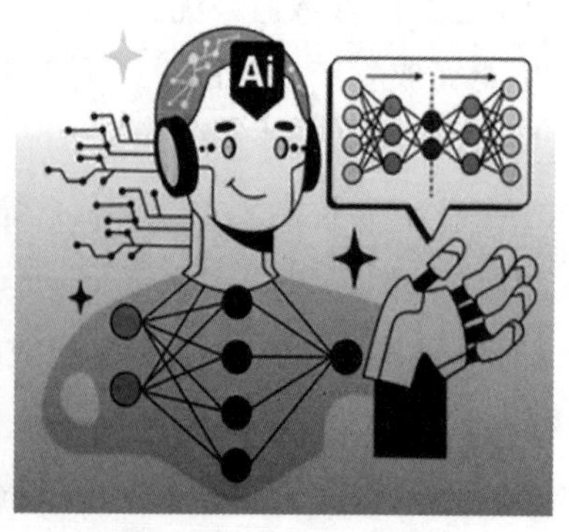

(b) 人工智能

图4-5 大数据与人工智能

我国是化工产品的产销大国，基于企业资源计划（enterprise resource planning，ERP）以及制造执行系统（manufacturing execution system，MES）等技术的开发和使用，化工企业在运行过程中逐步产生和存储了大量工业数据，构建出化工产业大数据研究的“数据金矿”。从工业应用端来看，大数据环境的价值可以体现在如下方面。

① 优化生产过程，提高生产过程的信息透明度、提升生产效率和产品质量、减少生产成本和资源消耗。

② 改善设备运维，基于设备设计、使用和维修等环节的信息采集、管理和分析，达成设备的持续稳定运转、合理安排设备运维周期、提高设备的可用率的目的。

③ 匹配下游需求，基于生产系统的数据收集和分析，进行体系协同优化，降低定制化需求过程的生产成本。

④ 提高生产自动化程度，简化甚至部分代替人工操作，在降低人工工作量的同时提高生产效率（吉可明，2020）。

例如，中国石化茂名石化分公司针对 100 万吨连续重整装置满负荷生产的现状，利用大数据相关技术处理生产数据发现预加氢分馏塔底的再沸器管路的流量与汽油收率具有较强的正相关（王昱，2016）。在生产过程中，通过对两方面数据进行微调，采用三种验证方法对分析结果进行确认，符合率达到 83.3%，表明大数据分析得到的结果是可信的，验证后的参数有助于重整汽油收率的优化。研究表明，优化后的汽油收率平均提高了 0.14%。表明利用大数据分析技术增加再沸器的管路流量，实现重整产品收率提高的方法新颖有效，可以缓解提高重整产品产量的生产瓶颈，进一步释放重整装置的生产潜力。

4.1.3　过程系统管理与过程集成

过程企业可以假设为大型复杂系统，企业实施管理与技术的集成需要大量的人力和物力，同时涉及企业规范（标准）、项目生命周期、过程系统投资及效益评估等影响因素。目前，我国过程企业的基础自动化技术比较成熟，各种单元控制的硬件与软件在企业生产装置的控制中起到了重要的作用。相对而言，在经营决策、生产计划 / 调度、物资供应、市场营销等管理技术的应用与支撑环境方面较为薄弱，而在管理技术与过程技术综合集成方面则更加薄弱。因此，应该在目前计算机集成过程系统（computer integrated process system，CIPS）的研究和应用基础上，结合企业内部及外部的信息集成，建立和完善过程企业 CIPS 的理论体系、方法体系、应用体系与规范、综合集成管理技术、自动化技术和信息技术，形成适合我国国情的过程企业综合集成模式、方法和技术。

为了实现过程企业技术与管理的集成，目前的研究工作主要集中在过程工业管理模式、过程企业系统结构和设计方法、信息集成方法与技术以及过程集成与优化技术等几个方面，这几个方面的主要内容及功能见图 4-6。

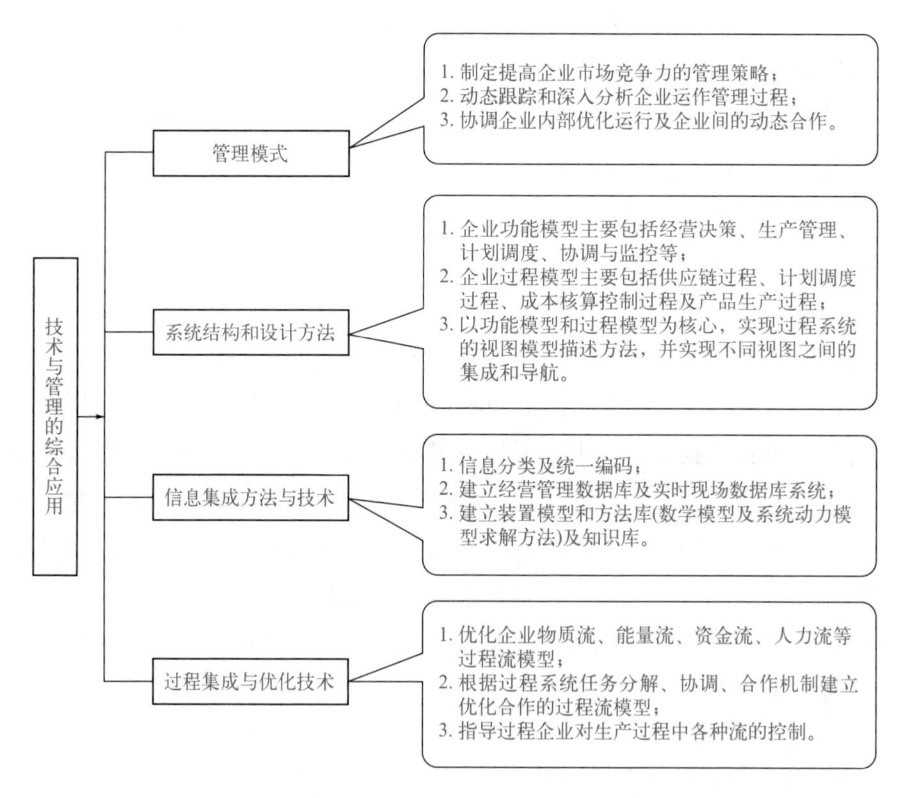

图4-6 过程企业技术与管理综合集成的几个模块的主要内容及功能

合理的企业管理模式可以保证有效地发挥人与技术的作用，提高企业的市场竞争能力。企业的管理模式既有通用性，又因国情与行业不同而具有特殊性。为了建立适合企业自身情况的先进管理模式，首先，必须对企业管理过程进行动态跟踪和深入分析，分析各类人员在过程系统中的职责、动态任务分解方法和协同工作机理，建立相关的人员作用模型；其次，建立企业内部优化运行模型；最后，建立企业之间的动态合作模型。

为了实现企业模型的过程集成，必须建立过程企业体系结构和设计方法。从企业功能、过程、资源、组织生产和产品等方面，以功能模型和过程模型为核心，建立集成通用的企业体系结构，实现不同视图之间的集成和导航。企业功能模型包括经营决策、生产管理、计划调度、协调与监控等层次的活动；企业过程模型包括采购与销售、供应链过程、计划调度过程、成本核算控制过程以及产品生产过程等。

过程企业中要实现信息集成，首先要进行信息分类，建立统一的信息分类编码系统，满足各部门（车间）的应用需求和保证信息的可靠性及适用性。其次，在数据分类编码基础上，设计与建立过程企业在经营与生产各个层面上的数据库。还要建立装置模型、方法库和知识库。在各种数据库与知识库的基础上，采用信息集成平台技术实现从信息集成、加工整理到存储、传递、利用、反馈或再生等全生命周期的集成。

过程集成与优化技术将企业内部发生的各种过程（物质流、能量流、资金流、人力流及管理流）集成在一起，发挥综合优化的效果。

4.2　非线性复杂系统的综合技术及综合评价方法

在日常的生活和工作中，我们经常会遇到综合评价问题。例如，一家大型集团公司下设许多分公司，公司的总经理需要了解每个分公司的经营状态，同时要对分公司的业绩进行评价，也许总经理想奖励一些经营好的分公司，对一些经营较差的分公司进行改造，那么总经理的依据是什么呢？可能唯一正确的依据是对各分公司进行业绩综合评价的结果。因此，可以说综合评价涉及日常生活和工作的各方面，小到商品，大到工程项目、企业运行、宇宙卫星运行等。学习综合评价方法具有非常重要的现实意义。那么，综合评价的指标是什么？如何进行综合评价呢？从方法论的角度，综合评价的研究对象通常是自然、社会、经济等领域中的同类事物（横向）或同一事物在不同时期的表现（纵向）。具体来说，综合评价主要用于以下三类问题。

第一类，对所研究的事物进行分类，把多个事物中具有相同或相近属性的事物归为一类，有利于对客观事物进行科学的管理。

第二类，对上述分类的排序，即在第一类问题的基础上对各小类按优劣排出顺序。

第三类，对某一事物作出整体评价。

案例 4.1

商品消费力分析

以某商品的消费力综合分析为例，首先要针对目标客户群体按年龄、性别、地区、收入、消费金额等进行分类［图 4-7（a）］；选择消费力作为主要的决策变量，筛选出不同消费潜力的客户［图 4-7（b）］；再针对每个客户群体，针对性地分析影响其消费行为的因素，评价出综合消费潜力［图 4-7（c）］，最后由此制定市场营销策略。

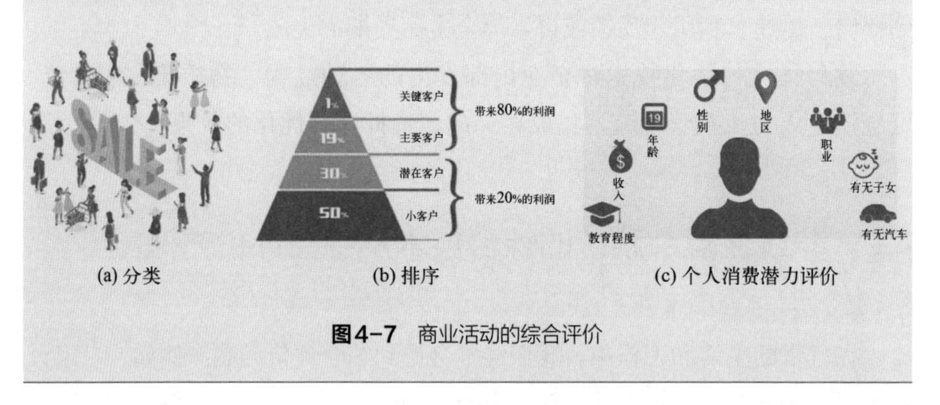

(a) 分类　(b) 排序　(c) 个人消费潜力评价

图4-7　商业活动的综合评价

非线性复杂系统的模拟、调控、预测和评价是当今统计界和应用科学界日益关注的研究方向。客观实际工程中的复杂系统，常常是既受各种内外因素的制约影响，又有众多的输出指标。例如，生态环境系统中土壤侵蚀的程度就有地形、雨量、林地面积、人口密度等数十个影响因素；而经济体系的运转状态，是以产值、能源、资产、信贷、贸易、库存等上百个指标来表征的。这种复杂系统的因素众多，关系错综复杂，结构复杂，而且属于非线性系统。

对于非线性系统结构及输入、输出的模拟、预测和调控，经典的数理统计工具往往不能满足需要。无论采用数理统计或时间序列，还是采用计量经济，哪种单一的描述手段都难以达到理想效果，必须使用综合方法，把各种模型有机结合起来。处理和描述系统非线性结构的数理统计与时间序列方法主要有数据处理的分段、分解、综合和降维四类技术。下面介绍分解和综合技术。

4.2.1 非线性系统结构的分解

非线性系统输出的时间序列参数往往复杂多变，如经济、天文、气象数据，既含有多种周期类波动，又呈现非线性升、降趋势，还受到未知随机因素的干扰。系统结构分解的目的是将复杂系统分离成相对简单的子系统，通过对子系统的分别研究（建模、预测等）来获取大系统信息，并描述和预测系统非线性规律（项静恬，1997）。

系统结构分解就其类型而言可以分为串联法模式和并联法模式两大类，每种模式又可运用多种数学工具来实现其分解。

（1）串联法模式

串联法模式就是将系统分解为几个串联而成的子系统，通过子系统的迭代输出逐步简化数据结构，并最终实现系统的描述。如图 4-8（a）为国际航线每月总售票数的示意图，非线性数据 $\{Z_t\}$ 的建模就由串联法实现。

第一子系统：对数变换 $x_t^{(1)} = \log Z_t$ （4-1）

第二子系统：差分变换 $x_t^{(2)} = \nabla x_t^{(1)} = x_t^{(1)} - x_{t-1}^{(1)}$ （4-2）

第三子系统：季节差分 $w_t = \nabla_{12} x_t^{(2)} = x_t^{(2)} - x_{t-12}^{(2)}$ （4-3）

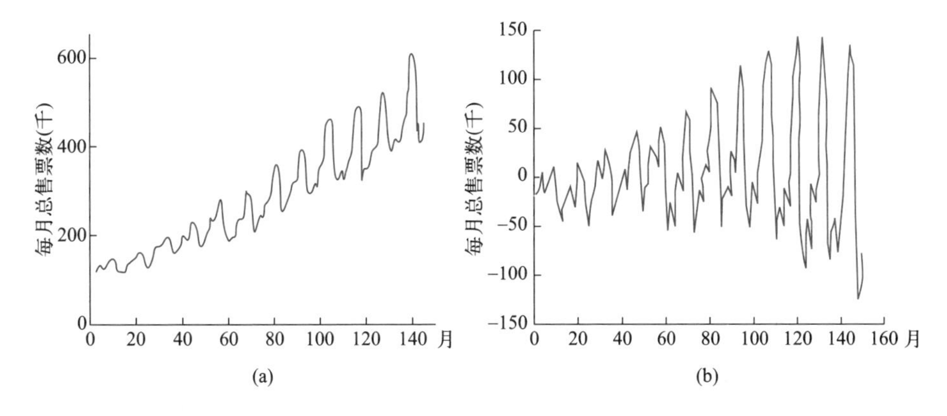

图4-8 非线性系统的分离指数曲线（项静恬，1997）

这三个子系统的串联由图 4-9 表示。

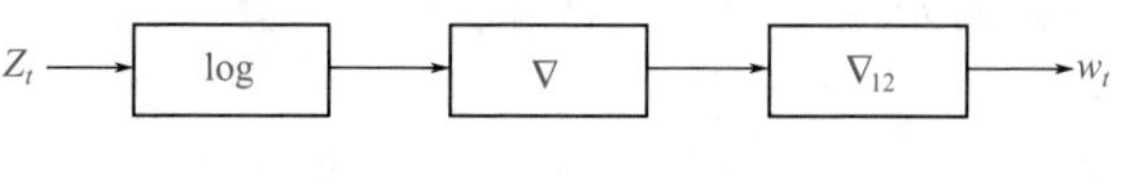

图4-9 三个子系统的串联

非线性时间序列 $\{Z_t\}$ 经过以上三个子系统串联作用后，输出序列 $\{w_t\}$ 经检验已是平稳序列，其中对数变换滤波了数据增长趋势，差分变换滤波了序列多项式趋势，季节差分滤波了周期波动，通过系统输出的平稳序列 $\{w_t\}$ 模型拟合，数据 $\{Z_t\}$ 的最终描述为

$$\nabla_{12}\nabla \log Z_t = a_t - 0.4a_{t-1} - 0.61a_{t-12} - 0.244a_{t-13} \tag{4-4}$$

式中，$\{a_t\}$ 为白噪声序列（独立、均值序列）。关于输出序列 $\{w_t\}$ 的模型拟合方法，有兴趣的读者可以阅读文献（项静恬，1991）。

（2）并联法模式

该模式的系统由几个结构较简单的子系统并联而成。例如对于分离指数项后得出的曲线，图 4-8（b）中的 $\{Z_t\}$ 可用并联法来模拟（项静恬，1991）。

$$Z_t = T_t + C_t + x_t \tag{4-5}$$

式中
$$T_t = R_1 e^{r_1 t}$$

$$C_t = \sum_{j=1}^{5} B_j e^{b_j t}\left(c_j \sin wt + \sqrt{1-c_j^2}\cos jwt\right),\quad w = 2\pi/12 \tag{4-6}$$

x_t 为平稳序列。

图 4-8（b）呈现了 $\{Z_t\}$ 分离指数项 $\{T_t\}$ 后 $\{C_t + x_t\}$ 的图形。将系统输出分解为如下子序列的模型：

$$Z_t = T_t + C_t + E_t \tag{4-7}$$

式（4-7）称为加法模型。大量的经济、气象、天文等数据都可采用此类模型拟合或预测。不少经济数据还服从如下乘法模型。

$$Z_t = T_t \cdot C_t \cdot E_t \tag{4-8}$$

该模型通过对数变换即可转化为式（4-7）的形式，因此仍可统归在加法模型讨论。加法模型有多种分解方法和途径，季节调整滤波方法是分解系统非线性结构的常用方法。

4.2.2　复杂系统的综合评价方法

客观实际中的非线性系统，往往内部结构复杂、输入输出变量众多。事实上，采用单个模型或部分因素和指标都仅能包含或体现系统的局部信息，而多个模型的有效组合或多个因素指标的科学综合，才有可能比较合理地描述系统的真实性，显著提高预测精度与模型评价效果。“综合指标”的制定可提供系统性能功效的合理评价，而从多个模型综合得到的“组合预测”工具，更能有效地提高预测精度（项静恬，1997）。

非线性复杂系统的综合主要体现在以下三个方面。

① 模型综合能够提高预测精度、降低决策风险。

② 指标综合可对系统的性能、功效提供合理评价。

③ 因素综合能有助于系统信息的集中和分类。

因此，对多输入多输出的非线性复杂系统实现综合描述，主要体现在对其输入因素、输出指标及结构模型三方面实现综合技术。本节对这三个类型的综合方法进行概述。

（1）德尔菲预测法

德尔菲法（Delphi method）是一种基于专家意见的加权组合预测方法。它是以定性手段为主，将专家意见作为模型进行简单平均预测，对于大量难以用数学模型描述的实际问题（如市场预测），该方法不失为是一种行之有效的简便方法。由于方法具有“匿名性”“反馈性”“反复性”等优点，能够比较真实地收集专家预测意见，预测结果也较符合实际情况。该方法又引进了数量分析从而提高了预测精度，因而得到了广泛的重视和应用（项静恬，1995）。

1）几个统计参量。德尔菲法的使用要求提供表征预测精度与计算反馈信息的统计参量。统计参量的计算使专家可以比较自己各次预测中偏差程度的变化，以便专家有目标地进行修正，在规定精度内尽可能减少反馈次数，从总体上提高预测质量。现将几个主要的统计参量介绍如下。

① 相对偏差。设专家人数为 J，在第 i 次预测中第 j 位专家的预测值为

m_{ij}（$i=1,2,\cdots;j=1,2,\cdots,J$），则第$j$位专家第$i$次预测的结果为$m_{i1}$，$m_{i2}$，…，$m_{ij}$，第$i$次预测值由这些结果的平均值表示为

$$\bar{m}_i=\frac{1}{J}\sum_{j=1}^{J}m_{ij} \tag{4-9}$$

其相应的均方差称为第i次预测的精度，即

$$S_t=\sqrt{\frac{1}{J}\sum_{j=1}^{J}(m_{ij}-\bar{m}_i)^2} \tag{4-10}$$

专家j在第i次预测中的相对偏差b_{ij}定义为

$$b_{ij}=\frac{(m_{ij}-m_i)}{M_i},M_i=\max|m_{ij}-\bar{m}_i| \tag{4-11}$$

· 当$m_{ij}>\bar{m}_i$时，$b_{ij}>0$，称为正值（或超越）相对偏差。

· 当$m_{ij}<\bar{m}_i$时，$b_{ij}<0$，称为负值（或不足）相对偏差。

· 当$m_{ij}=\bar{m}_i$时，若$M_i\neq 0$，则$b_{ij}=0$，称为中性相对偏差。

该统计参量的计算使专家可以比较自己各次预测中偏差程度的变化，引导专家更有效地修正预测倾向，从总体上提高预测质量。

② 预测修正度。

$$C_{ij}=\left|\frac{m_{ij}-\bar{m}_{i-1}}{m_{i-1,j}-\bar{m}_{i-1}}\right|,i=2,3,\cdots;j=1,2,\cdots,J \tag{4-12}$$

式中，C_{ij}表征第j位专家第i次预测对前次的修正程度，即它可以用来比较同一位专家本次预测值对上次预测值的修正程度，通常$0<C_{ij}<1$。$C_{ij}=1$表示第j位专家在第i次预测时坚持上次预测值不变；$C_{ij}=0$表示第j位专家在第i次预测时取前次组合预测值为修正预测值。一般地，当$m_{i-1,j}>\bar{m}_{i-1}$时，修改倾向是使$m_{ij}<m_{i-1,j}$，而当$m_{i-1,j}<\bar{m}_{i-1}$时则相反。

③ 中心方差。

$$L_i = (\bar{m}_i - \bar{m}_{i-1})^2 \tag{4-13}$$

式中，L_i是J个专家第i次与第$i-1$次预测平均值之差的平方。该统计量表征了预测值的改变。

2）德尔菲法预测步骤。

德尔菲法的具体预测步骤如下。

① 选定专家，给定预测精度要求。一般情况下，选择本专业领域既有实际工作经验又有较深理论知识的专家 10 ～ 30 人。

② 用数字匿名记录每位专家的预测结果，将待定权数的p个指标和有关资料以及统一的确定权数的规则发给选定的各位专家，请他们独立地给出各指标的权数值。

③ 回收结果并计算各指标权数的均值与标准差，专家参考"反馈信息"修改预测结果。

④ 将计算结果及补充资料返还给各位专家，重复反馈与修改直至达到精度为止。

⑤ 以各位专家最终预测值的平均值为组合预测。

由此可见，德尔菲法是调查—征集意见—汇总分析—反馈—再调查……这样一个反复的过程，专家们是在相互没有沟通交流的隔离条件下，根据各自的信息、知识、经验及调查机构反馈给他们的情况得出结论，这样就便于集中大家的智慧。

为了更好地理解德尔菲法，下面举一个洗衣机厂综合评价的例子。

案例 4.2

某洗衣机厂洗衣机年销售量的德尔菲预测

对某型洗衣机投放市场后的年销售量进行德尔菲预测，过程与结果列于表 4-1。数字显示：经三次信息反馈，专家预测趋于稳定，预测值为$\bar{m}_4 = \bar{m}_3 = 25.6$（万台），预测精度（最终均方差）为$\bar{S}_4 = \bar{S}_3 = 3.6$（万台）。

表4-1 洗衣机年销售的德尔菲预测（万台）

预测次序	专家							平均值	均方差
	1	2	3	4	5	6	7		
第一次	25	35	20	30	40	16	20	27.7	8.3
第二次	25	31	22	30	35	20	20	26.1	5.5
第三次	25	30	24	28	30	21	21	25.6	3.6
第四次	25	30	24	28	30	21	21	25.6	3.6

预测过程中有关统计量的计算结果列于表4-2和表4-3。将这三个表进行比较，可以发现$\left|b_{ij}\right|$较大的专家较易吸取意见修改预测结果，且修改幅度亦较大。这种分析有利于引导专家更有效地修正自身预测信息，集思广益交换意见，提高预测质量（项静恬，1997）。

表4-2 洗衣机年销售预测的偏差值 b_{ij}

预测次序 i	专家 j						
	1	2	3	4	5	6	7
第一次	−0.22	0.59	−0.63	0.22	1.00	−0.95	−0.62
第二次	−0.12	0.55	−0.46	0.44	1.00	−0.69	−0.69
第三次	−0.13	0.96	−0.35	0.52	0.96	−1.00	−1.00

表4-3 洗衣机年销售预测的修正度 C_{ij}

预测次序 i	专家 j						
	1	2	3	4	5	6	7
第一次	1.00	0.45	0.74	1.00	0.59	0.66	1.00
第二次	1.00	0.80	0.51	0.49	0.44	0.84	0.84
第三次	1.00	1.00	1.00	1.00	1.00	1.00	1.00

（2）最优加权法

对于要评价参数指标的权就是体现在综合评价时对该指标重视的程度。最优加权法的原理是依据某种最优准则构造目标函数Q，在约束条件$\sum_{j=1}^{J} w_j = 1$下，通过极小化Q以求得权系数w_j。

设 $\{x_t\},t=1,2,\cdots,N$ 为观测序列，则最优加权的组合权系数 $\{w_j\},j=1,2,\cdots,J$ 是以下规划模型的解

$$\begin{cases}\min Q = Q(w_1,w_2,\cdots,w_j) \\ s.t.(\quad)\end{cases} \tag{4-14}$$

式中，Q 为目标函数；$s.t.(\quad)$ 为该规划模型的约束条件，当考虑非负权重的最优组合时，边界条件还需要添加一个，即 $w_j \geqslant 0, j=1,2,\cdots,J$。目标函数 Q 的形式由误差统计量及极小化准则的类型而定。

1）误差统计量。常用的误差统计量有三种。

① 拟合误差 $e_t,t=1,2,\cdots,N$。

$$e_t = x_t - \hat{x}_t = x_t - \sum_{j=1}^{J} w_j[x_t - \hat{x}_t(j)] = \sum_{j=1}^{J} w_j e_t(j) \tag{4-15}$$

式中，$\hat{x}_t(j)$ 和 $e_t(j)$ 为第 j 种模型的拟合值与拟合误差。

② 相对误差 $\dfrac{e_t}{x_t}$，$t=1,2,\cdots,N$。

③ 对数误差 e_t'，$t=1,2,\cdots,N$。

$$e_t' = \log x_t - \log \hat{x}_t \tag{4-16}$$

2）极小化准则的类型。目标函数极小化准则也有多种，最常用的有最小二乘准则、最小一乘准则和极小极大化准则，分别构成如下形式的目标函数。

① 最小二乘准则。

$$Q = \sum_{t=1}^{N} (e_t^*)^2 \tag{4-17}$$

② 最小一乘准则。

$$Q = \sum_{t=1}^{N} \left| e_t^* \right| \tag{4-18}$$

③ 极小极大化准则。

$$Q = \max_{1 \leqslant t \leqslant N} \left| e_t^* \right| \tag{4-19}$$

式中，e_t^* 是误差统计量，可以选择式（4-15）、式（4-16）和式（4-17）中的任一种。

有了最优加权模型，就可以对最优权系数 $w_1, w_2, \cdots, w_j$ 进行求解。下面是在最小二乘准则下，组合权系数的最优解。以取 e_t 为误差统计量来推导目标函数 Q 的极小化为例求解，此时规划模型为

$$\begin{cases} \min Q,\ \ Q = \sum_{t=1}^{N} e_t^2 \\ s.\ t.\ \sum_{j=1}^{J} w_j = 1 \end{cases} \tag{4-20}$$

式中，$s.t.$ 表示约束条件，该模型的解可以用 Lagrange 乘子法解析求出，为此需要将式（4-20）化为矩阵形式

$$\begin{cases} \min Q,\ \ Q = \boldsymbol{e}^2 \boldsymbol{e} = \boldsymbol{W}^2 \boldsymbol{E} \boldsymbol{W} \\ s.\ t.\ \boldsymbol{R}^2 \boldsymbol{W} = 1 \end{cases} \tag{4-21}$$

式中，$\boldsymbol{W} = (w_1, w_2, \cdots, w_J)^2$，$\boldsymbol{R} = (1, \cdots, 1)^2$；$\boldsymbol{e}_j = [e_1(j), \cdots, e_N(j)]^2$；$\boldsymbol{e} = (e_1, e_2, \cdots, e_N)^2, j = 1, \cdots, J$；$e_{ij} = e_i^2 e_j = \sum_{t=1}^{N} e_t(i) e_t(j), \boldsymbol{E} = (e_{ij})_{J \times J}$。所得解析法结果即为使 Q 达最小的最优加权系数向量

$$\boldsymbol{W}_0 = (\boldsymbol{R}^2 \boldsymbol{E}^{-1} \boldsymbol{R})^{-1} \boldsymbol{E}^{-1} \boldsymbol{R} \tag{4-22}$$

容易算得目标函数的最小值为

$$Q_0 = (\boldsymbol{R}^2 \boldsymbol{E}^{-1} \boldsymbol{R})^{-1} \tag{4-23}$$

Q_0 即为最优组合预测的误差平方和。

下面通过汽车产量的最优加权组合来说明该模型的应用步骤。

案例 4.3

汽车产量预测的最优加权组合模型

对某国汽车产量建立了以下两个模型（周传世，1995）。

① 二次指数平滑模型 $\hat{x}_{t+1}(1)=x_t+\left(s_t^{(2)}-s_{t-1}^{(2)}\right)$。

② 一元回归模型 $\hat{x}_t(2)=8.5275+3.475t$。

其中，x_t 是第 t 期的实际值；$s_t^{(2)}$ 表示二次指数平滑值。用这两个模型对 2013 ～ 2022 年汽车产量进行预测，并将预测结果与实际值比较，比较结果列于表 4-4 中。

表4-4 汽车产量的预测与实际情况比较（万辆）

	年份									
	2013	2014	2015	2016	2017	2018	2019	2020	2021	2022
x_t	14.9	18.6	22.2	17.6	19.6	24.0	31.6	43.7	37.0	47.2
$\hat{x}_t(1)$	10.0	14.9	23.3	26.1	17.5	20.2	26.4	36.8	52.5	38.5
$\hat{x}_t(2)$	12.00	15.48	18.95	22.43	25.90	29.38	32.85	36.33	39.80	43.28

在最小二乘准则下，三种误差统计量对应的综合模型及误差比较见表 4-5。

表4-5 三种组合模型及预测精度

目标函数 Q	组合模型 $\hat{x}_i$	$\bar{x}$	s_x	s	$\hat{s}$
$\sum_{t=1}^{N}(x_t-\hat{x}_t)^2$	$\hat{x}_t=0.1158\hat{x}_t(1)+0.8842\hat{x}_t(2)$	194.15	0.3488	4.4060	0.1830
$\sum_{r=1}^{N}[(x_t-\hat{x}_t)/x_t]^2$	$\hat{x}_t=0.2318\hat{x}_t(1)+0.7682\hat{x}_t(2)$	199.78	0.3266	4.4700	0.1807
$\sum_{t=1}^{N}(\lg x_t-\lg\hat{x}_t)^2$	$\hat{x}_t=\hat{x}_t(1)^{0.216}\cdot\hat{x}_t(2)^{0.784}$	191.38	0.3150	4.3740	0.1775

表 4-5 中的四个误差统计量为

绝对误差平方和 $\bar{x}=\sum_{t=1}^{N}(x_t-\hat{x})^2$

相对误差平方和 $s_{\bar{x}}=\Sigma\left[(x_t-\hat{x}_t)/x_t\right]^2$

标准误差 $s=\sqrt{\frac{\bar{x}}{N}}$

相对标准误差 $\hat{x}=\sqrt{\frac{s_{\bar{x}}}{N}}$

通过对表 4-5 中三种组合模型的精度比较可见，对于这类起伏大、规律较复杂的数据，第三种最优加权几何平均组合预测模型较好，无论是模型拟合精度还是稳健性都优于其余两种组合模型。

模型综合的最优加权法精度分析表明，对于最小二乘最优综合模型，可以得出以下两个结论。

① 最优综合模型的精度优于其中任何一个单一模型和综合模型。

② 模型个数的增加可提高最优综合模型的精度。

4.3 系统输入和输出的多变量综合

当研究一个国家的宏观经济规律，或评价一个人的身体健康状况时，所面临的国民经济系统或人体系统都包含众多的输入因素和输出指标，其中任何单个因素或指标的数据序列都不可能体现系统的整体状况，且指标（因素）彼此之间还往往存在信息的重叠或类似。因此，必须对众多的因素或指标进行科学的综合，形成较少个数的合理的集团因素或综合指标，才有利于实现系统的客观描述和评价。

4.3.1 综合前的预先处理及综合指标的编制

将归于同类的多个因素或指标按一定的系数或比例合成，这是综合指标的基本编制手段。系统输入、输出的综合，其实质是将多个具有某种内在联系的系统变量加权合成一个新的综合变量。指标或因素的合理选择需要各行业专家依据专业知识和实际条件情况来决定。此外，在将众多因素和指标进行综合之前，还需按其特性和规律进行划分和归类，属于同类的变量的综合才能科学合理地构造新的综合变量。在进行因素分类时，可以按特性分类，也可以按运行规律分类。

集团因素和综合指标的编制是将不同量纲的数据综合成一个新的变量序列，因此，需要在综合之前对各序列用同一手段进行无量纲化处理。如果设变量序列为 $\left[x_t\right], t=1,2,\cdots,N$，则常用的无量纲化处理方法有以下几种。

（1）标准化法

在应用统计学理论时，要对多组不同量纲的数据进行比较，可以先将它们分别标准化，转化成无量纲的标准化数据。而综合评价就是要将多组合不同的数据进行综合，因而可以借助于标准化方法来消除数据量纲的影响，标准化公式为

$$y_t=\frac{x_t-\bar{x}}{s}, t=1,2,\cdots,N \tag{4-24}$$

式中，$\bar{x}=\frac{1}{N}\sum_{t=1}^{N}x_t; s=\sqrt{\frac{1}{N}\sum_{t=1}^{N}(x_t-\bar{x})^2}$，$s$ 在多元分析中常取样本标准差。

这种方法需要利用原始数据的所有信息，而且它要求样本的数据较多。

（2）归一化法（比重法）

$$y_t=\frac{x_t}{\sum_{t=1}^{N}x_t}, x_t \geqslant 0, t=1,2,\cdots,N \tag{4-25}$$

它适合于指标值 (x_t) 均为正数的情况，且评价值 (y_t) 之和满足 $\sum_{t=1}^{N}y_t=1$。

（3）极差法

$$y_t=\frac{x_t-\min\limits_t\{x_t\}}{\max\limits_t\left\{x_t\right\}-\min\limits_t\left\{x_t\right\}}, t=1,2,\cdots,N \tag{4-26}$$

评价值随指标值增大而增大，指标最小值的评价值为零，指标最大值的评价值为 1。

（4）增长率法

$$y_t = \frac{x_t}{x_0}, t = 1, 2, \cdots, N \tag{4-27}$$

式中，x_0 为基值，x_0 的选择由具体问题的需要决定。

（5）环比法

$$y_t = \frac{x_t}{x_{t-1}}, t = 2, 3, \cdots, N \tag{4-28}$$

以上介绍的几种常用直线型无量纲化方法的特点是简单、直观，它基于指标评价值与实际值成线性关系的假定，评价值随实际值等比例变化，也就是说指标值在不同区间内变化对被评价事物的综合水平影响是一样的。而这一点与事物发展变化的实际情况往往不相符，这也就是直线型无量纲化方法的不足。为了解决这个问题，可以采用折线或曲线型无量纲化方法。例如，在深度学习模型的训练过程中，常采用 sigmoid 函数将任意输入映射到 [0,1] 区间，作为机器学习算法的分类的概率或深度学习中神经单元的输出（激活函数），也实现了数据的无量纲化，如图 4-10 所示。

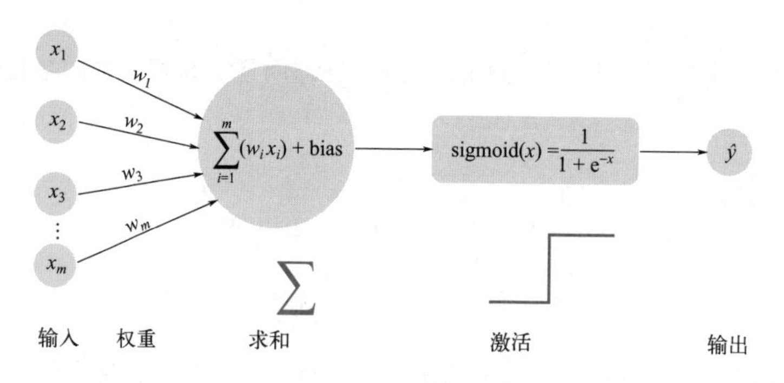

图4-10 sigmoid激活函数

将归于同类的多个因素或指标按合理的系数或比例合成，是集团因素及综合指标的基本编制手段，4.2 节提供的模型综合思想和加权方法也能适用于指标或因素的综合。

4.3.2 多个变量分类和综合的方法

综合的依据是指标或参数，指标或参数是多种多样的，研究的问题也不是单一的，多指标综合中比较难以解决的是综合时各指标间信息的重复问题（胡永宏，2000）。近几十年来迅速发展的多元分析为解决这一问题提供了可能性。下面介绍多个变量分类和综合的实现方法与应用。

设 $\{y_{tj}\}, j=1,2,\cdots,J, t=1,2,\cdots,N$ 为某系统的 J 组观测变量（输入或输出），序列长度为 N 构成观测矩阵

$$Y=\begin{bmatrix}\boldsymbol{Y}_1^{\tau}\\ \vdots \\ \boldsymbol{Y}_N^{\tau}\end{bmatrix}=\begin{bmatrix}y_{11}\cdots y_{1J}\\ \vdots \\ y_{N1}\cdots y_{NJ}\end{bmatrix}=(y_1,\cdots,y_J) \tag{4-29}$$

每一行就是一个样本的观察值。综合评价从数学的角度来讲就是建立一种从高维空间到低维空间的映射，这种映射能保持样本在高维空间的某种“结构”，其中最明显的是与“序”有关的结构。

因为综合评价的目的通常与序是分不开的，这里主要介绍主成分分析法、聚类分析法和因子分析法的基本概念。

（1）主成分分析法

主成分分析（principle component analysis）法可同时实现变量序列的归类和综合，所得的综合序列不仅彼此之间无关，而且少数几个综合序列包含原 J 个序列的绝大部分信息。该方法可相应用于样本分类与综合。主成分分析法的实现步骤如下。

① 标准化处理。

$$Y^*=(y_{ij}^*)_{N\times J}$$

$$\begin{gathered} y_{ij}^*=(y_{tj}-\overline{y}_j)=\sqrt{\frac{1}{N-1}\sum_{t=1}^{N}(y_{tj}-\overline{y}_j)^2} \\ \overline{y}_j=\sum_{t=1}^{N}\frac{y_{tj}}{N} \end{gathered} \tag{4-30}$$

② 计算样本相关矩阵。

$$\boldsymbol{R}=(r_{ij})_{J\times J}, r_{ij}=\sum_{i=1}^{N}y_{tt}^*y_{tj}^* \tag{4-31}$$

③ 求矩阵 $\boldsymbol{R}$ 的 J 个特征根（记为 $\lambda_1 \geqslant \lambda_2 \geqslant \cdots \geqslant \lambda_J \geqslant 0$）及相应的单位特征向量 $C_1,\cdots,C_J$。

$$\boldsymbol{C}_j = (\boldsymbol{C}_{j1},\cdots,\boldsymbol{C}_{jJ})^2, \boldsymbol{j} = 1,2,\cdots,\boldsymbol{J} \tag{4-32}$$

$C_1y_1 + C_2y_2 + \cdots + C_Jy_J$ 就是所要的主成分分量。

④ 计算主成分。

$$\boldsymbol{z}_1,\cdots,\boldsymbol{z}_J,\ \boldsymbol{z}_j = Y^*\boldsymbol{C}_j\ (N \times 1\text{向量}) \tag{4-33}$$

⑤ 计算主成分 $\boldsymbol{z}_j$ 的贡献率。

$$z_j = \frac{\lambda_j}{\sum_{j=1}^{J}\lambda_j}, j = 1,2,\cdots,J \tag{4-34}$$

⑥ 计算累计贡献率。

$$v_m = \frac{\sum_{j=1}^{m}\lambda_j}{\sum_{j=1}^{J}\lambda_j}, m \leqslant J \tag{4-35}$$

式中，v_m 表征前 m 个主成分所含信息的比重。

⑦ 给定任意常数 $U<1$，取 m 使 v_m 最接近 U 值（$v_m<U$），则 $z_1,z_2,\cdots,z_m$ 即为所求的综合序列。下面举例说明主成分分析法的具体步骤。

应用主成分分析法分析某省16个地区宏观经济发展的情况

经济效益的评价是人们关注的问题，也是现代化经济管理中一个比较重要的研究课题。为了评价某个地区的经济效益，先要设定评价的指标，给出评价经济效益的指标体系。因此，首先选定八个评价指标：x_1，固定资产利税率；x_2，流动资金利税率；x_3，销售收入利税率；x_4，净产值的利税率；x_5，总产值的利税率；x_6，人均利税率；x_7，全员劳动生产率；x_8，万元产值能耗。

16个地区的原始指标数据见表4-6。将表中的数据记为$x_{\alpha i}$，α表示地区号，i表示指标号，于是$X=(x_{\alpha i})$是16×8的矩阵，求出均值向量及协方差矩阵。

$$\overline{x}_i=\frac{1}{n}\sum_{\alpha=1}^{n}x_{\alpha i},S=(s_{ij}),n=16$$

$$s_{ij}=\frac{1}{n}\sum_{\alpha=1}^{n}(x_{\alpha i}-\overline{x}_i)(x_{\alpha j}-\overline{x}_j),i,j=1,2,\cdots,8$$

表4-6 16个地区的原始指标数据

地区编号	评价指标							
	x_1	x_2	x_3	x_4	x_5	x_6	x_7	x_8
城市1	0.461	0.334	0.164	0.534	0.146	0.359	2.450	0.202
城市2	0.537	0.372	0.177	0.549	0.147	0.335	2.281	0.201
城市3	0.607	0.419	0.204	0.712	0.192	0.469	2.440	0.263
城市4	0.021	0.044	0.019	0.071	0.018	0.027	1.454	0.025
城市5	0.298	0.520	0.182	0.608	0.177	0.408	2.313	0.249
城市6	0.054	0.168	0.060	0.325	0.074	0.081	1.104	0.095
城市7	0.152	0.206	0.101	0.344	0.086	0.174	2.028	0.114
城市8	0.327	0.364	0.128	0.537	0.119	0.270	2.273	0.153
城市9	0.185	0.164	0.084	0.302	0.083	0.128	1.546	0.114
城市10	0.467	0.336	0.154	0.522	0.139	0.277	1.987	0.190
城市11	0.232	0.211	0.091	0.391	0.083	0.139	1.685	0.105
城市12	0.514	0.401	0.149	0.539	0.129	0.299	2.324	0.169
城市13	0.132	0.183	0.080	0.284	0.069	0.084	1.224	0.091
城市14	0.202	0.275	0.124	0.415	0.113	0.178	1.575	0.156
城市15	0.246	0.291	0.118	0.430	0.104	0.144	1.392	0.136
城市16	0.153	0.185	0.086	0.330	0.082	0.119	1.452	0.110

续表

地区编号	评价指标							
	x_1	x_2	x_3	x_4	x_5	x_6	x_7	x_8
均值$\bar{x}$	0.287	0.28	0.12	0.43	0.11	0.218	1.845	0.148
方差s^2	0.0326	0.0149	0.0025	0.0243	0.002	0.0168	0.2153	0.0039
标准差s	0.18	0.122	0.05	0.156	0.044	0.13	0.464	0.062

为了消除各指标之间因度量单位不同引起的差异，可以将数据标准化之后的协方差用矩阵给出，也就是原始数据的相关矩阵 ***R***。计算出 ***R*** 为

$$
\boldsymbol{R}=\begin{bmatrix}
1.0 & & & & & & & \\
0.79470 & 1.0 & & & & & & \\
0.90238 & 0.93677 & 1.0 & & & & & \\
0.87596 & 0.94517 & 0.96418 & 1.0 & & & & \\
0.85711 & 0.94333 & 0.98509 & 0.97449 & 1.0 & & & \\
0.88386 & 0.91742 & 0.96172 & 0.93856 & 0.96536 & 1.0 & & \\
0.83027 & 0.78948 & 0.82625 & 0.79037 & 0.79134 & 0.90716 & 1.0 & \\
0.84280 & 0.93372 & 0.98138 & 0.95733 & 0.99771 & 0.96491 & 0.78619 & 1.0
\end{bmatrix}
$$

从矩阵 ***R*** 可以看出，这些指标的相关性非常高，大部分相关系数都在 0.85 以上，而且都是正相关。下面求 ***R*** 的特征根 λ_i，求得 8 个特征根的值和它们各自相应的贡献率，并列于表 4-7。

表4-7　*R*的特征根

λ_i	贡献率 /%	累计贡献率 /%	λ_i	贡献率 /%	累计贡献率 /%
7.322787	91.535	91.535	0.035174	0.44	99.735
0.348345	4.35	95.885	0.017495	0.22	99.955
0.186249	2.33	98.215	0.003174	0.04	99.995
0.086731	1.08	99.295	0.000044	0.005	100.000

从贡献率可以看出，选出第一个主成分就已足够好了，它相应的特征向量是

$$(0.37700, 0.35114, 0.36541, 0.36012, 0.36359, 0.36414, 0.32353, 0.36119)$$

因此，综合评价函数

$$
\begin{aligned}
y = 0.37700x_1^* + 0.35114x_2^* + 0.36541x_3^* + 0.36012x_4^* + \\
0.36359x_5^* + 0.36414x_6^* + 0.32353x_7^* + 0.36119x_8^*
\end{aligned}
$$

这里变量用的是标准化后的变量，也即

$$x_i^* = \frac{x_i - \overline{x}_i}{\sqrt{s_{ii}}}, \quad i = 1,2,\cdots,8$$

所以，将上式代入 y 的表达式后，才能得到用原始指标 $x_1, x_2, \cdots, x_8$ 表示的综合评价函数。从 y 的表达式看，对标准化变量 $x_1^*, x_2^*, \cdots, x_8^*$ 而言，相应的系数差别很小，几乎就是一样的。从而得到

$$y = 8.7889 + 2.0944x_1 + 2.8782x_2 + 7.3082x_3 + 2.3085x_4 + 5.2634x_5 + 2.8011x_6 + 0.6973x_7 + 5.8256x_8$$

因此，就可以算出各地区相应的综合评价值。得到各地区综合评价值后就可以由此来评价各地区经济效益水平的高低。从系数的大小来看，从大到小排列，得 x_3、x_8 和 x_5，最小的是 x_7，就这些指标来看也合乎实际，这样就得到了综合评价的模型。利用上述 y 算出各地区的评价值及相应的名次列于表 4-8。得出结论：城市 3 最好，其次为城市 5、城市 2、城市 1、城市 12；城市 4 最差；稍好一些的是城市 6、城市 13、城市 16、城市 9 等。

表4-8　各地区名次排序

地区	评价值	名次	地区	评价值	名次
城市 1	9.3	4	城市 9	4.9	12
城市 2	9.5	3	城市 10	8.5	6
城市 3	11.6	1	城市 11	5.5	11
城市 4	1.9	16	城市 12	8.9	5
城市 5	10.4	2	城市 13	4.2	14
城市 6	3.9	15	城市 14	6.5	8
城市 7	5.7	10	城市 15	6.2	9
城市 8	8	7	城市 16	4.87	13

（2）聚类分析法

聚类分析是数值分类学的基本内容，是对统计样本进行定量分类的一种多元统计分析方法，也是多变量分类的有效工具。该方法的基本思想：先将每个指标（或样本）各自看成一类，并定义类与类之间的距离；开始时类间

距离就等于各变量（或样本）间的距离，选择距离最近的两类合并成一新类；计算新类与其他各类的距离，再将距离最近的两类合并；这样每比较一次即减少一类，直至全体归为一大类时终止。与主成分分析一样，该方法也可等效应用于样本分类。将这种方法应用于综合评价，一方面可以对分类评价问题给出直接的评价结果；另一方面，也为其他综合评价方法提供训练样本，形成综合评价的框架结构以便提高综合评价的效果（胡永宏，2000）。

类与类之间距离定义法有多种，这里介绍最短距离法，它是以两类中最近元素间的距离定义为类间距离。最短距离法的实现步骤如下。

① 首先将被评价的 n 个个体看成 n 个类（这时类间距离与样品间距离是相等的），用式（4-30）计算得 y_{tj}^*，$t=1,2,\cdots,n$；$j=1,2,\cdots,J$。

② 按照被评价对象的评价指标体系的特征，选择适当的距离作为不相似性度量，把 $y_1^*,\cdots,y_J^*$ 看成一类，记作 $G_1,G_2,\cdots,G_J$，计算距离阵 $\boldsymbol{D}_{(0)}$（对称阵）为

$$\boldsymbol{D}_{(0)}=(d_{ij})_{(J-1)\times(J-1)} \tag{4-36}$$

式中，d_{ij} 为 $\boldsymbol{y}_i^*$ 与 $\boldsymbol{y}_j^*$ 之间的距离，由下式计算

$$d_{ij}=\sqrt{(\boldsymbol{y}_i^*-\boldsymbol{y}_j^*)^{\tau}(\boldsymbol{y}_i^*-\boldsymbol{y}_j^*)} \tag{4-37}$$

③ 将最小距离的类作为一类，选出对称阵 $\boldsymbol{D}_{(0)}$ 中最小元 d_{sr}，将 G_s 与 G_r 并为新类 $G_{(sr)}$，即

$$\begin{aligned}d_{(sr)}&=\min_{1\leqslant i,j\leqslant J}d_{ij}\\G_{(sr)}&=\{G_s,G_r\}\end{aligned} \tag{4-38}$$

④ 计算新类与其余各类距离，并选出最小类间距离。

$$d_{(sr),j}=\min(\min_{(j)}d_{sj},\min_{(j)}d_{sj}),\{j\}=\{1\leqslant j\leqslant J,j\neq s,j\neq r\} \tag{4-39}$$

⑤ 在所取“距离”意义下，将 $\boldsymbol{D}_{(0)}$ 中对应于类 G_s 与 G_r 的行（列）合并成新行（列），对应元记为 $d_{(sr),j},j\in\{j\}$ 构成新对称阵 $\boldsymbol{D}_{(1)}$。

⑥ 用 $\boldsymbol{D}_{(1)}$ 代替 $\boldsymbol{D}_{(0)}$，重复步骤③～⑤，依此类推得 $\boldsymbol{D}_{(2)}$，$\boldsymbol{D}_{(3)}$，…，直至

全体归为一类为止，若某步骤中最小元不止一个，则可同样合并其对应类。

K 均值聚类（K-means）算法是数据聚类分析中常采用的一种方法，数据聚类过程如图 4-11 所示。

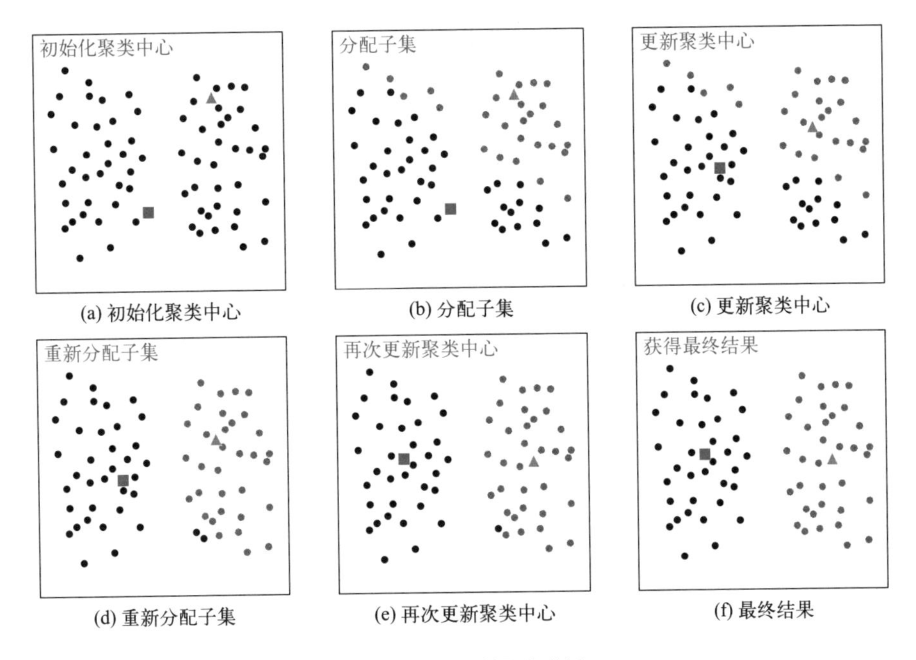

(a) 初始化聚类中心　(b) 分配子集　(c) 更新聚类中心

(d) 重新分配子集　(e) 再次更新聚类中心　(f) 最终结果

图4-11　K均值聚类分析

下面给出聚类法应用于综合评价的实例。

国民经济指标的聚类分析

与例 4.3 分析步骤相类似，为考察国民经济系统的宏观运行规律，首先要设定评价的指标，也就是评价经济运行的指标体系，这里只讨论指标体系选定后如何评价。

今从 100 多个经济指标中选出如下 36 个指标：①工业总产值；②钢材库存总量；③集体所有制工业企业产值；④物资部门钢材库存量；⑤国营及供销合作社的国内纯购进额；⑥煤炭库存总量；⑦国家外汇收入合计；⑧银行税款收入；⑨轻工业产

值；⑩ 重工业产值；⑪ 发电量；⑫ 钢产量；⑬ 钢材产量；⑭ 原煤产量；⑮ 原油产量；⑯ 国家职工奖金支出；⑰ 财政透支和借款；⑱ 居民消费品零售额；⑲ 出口总额；⑳ 进口总额；㉑ 工业贷款；㉒ 商业贷款；㉓ 贷款合计；㉔ 存款合计；㉕ 企业存款合计；㉖ 储蓄存款；㉗ 货币流通量；㉘ 国营商业与供销合作社商品库存款；㉙ 财政存款；㉚ 外贸贷款；㉛ 物资供应企业贷款；㉜ 工业生产企业贷款额度；㉝ 全民所有制工业企业产值；㉞ 国营及供销合作社的国内商品纯销售额；㉟ 国营商业与供销合作社工业品国内纯购进额；㊱ 社会商品零售额。

根据某国 2017 年 1 月至 2022 年 12 月上述 36 个指标的月数据序列，用系统聚类法进行指标分类，考虑到经济类数据的特性需强调以下两点。

1）原始经济数据的预处理。设 $\left\{y_{tj}\right\}, t=1,2,\cdots,N$ 为指标 j 的每月序列，需作以下预处理。

① 计算增长率：$y_{tj}^{(1)}=\dfrac{y_{tj}}{y_{t-12,j}}$（与上年同月比）。

② 除去 $\left\{y_{tj}^{(1)}\right\}$ 中季节因子，剩余为 $\left\{y_{tj}^{(2)}\right\}$。

③ 对指标（②、④、⑥、㉘）作逆转处理：$y_{tj}^{(3)}=(y_{tj}^{(2)})^{-1}$，其余指标不变。

④ 标准化：用式（4-30）对 $\left\{y_{tj}^{(3)}\right\}$ 运算得 $\left\{y_{tj}^{*}\right\}$。

2）按 1）中步骤对 $\{y\}$ 系统聚类时，用以下公式代替式（4-39）计算新类与各类距离。

$$d_{(sr),j}=\frac{n_s+n_j}{n_{(sr)}+n_j}d_{sj}+\frac{n_r+n_j}{n_{(sr)}+n_j}d_{rj}-\frac{n_j}{n_{(sr)}+n_j}d_{sr} \qquad (4\text{-}40)$$

式中，n_s、n_r、n_j、分别为原先相应类中的元素个数；$n_{(sr)}$ 为新并类中元素个数，即 $n_{(sr)}=n_s+n_r$，将所有指标大致分为三类是比较合理的（毕大川，1990），即

$\{\mathrm{I}\}=\{9,5,35,14,1,33,18,3,20,16,34,10,15,11,13,12\}$——含有工业总产值，为同步指标类，此类指标选择比较稳定；

$\{\mathrm{II}\}=\{8,29,24,26,32,21,31,36,22,23,25,27\}$——有商业贷款或储蓄，为滞后指标类；

$\{\mathrm{III}\}=\{17,7,6,19,28,30,2,4\}$——多为库存类指标，为领先指标类。

上面三类中分别包含 16 个、12 个、8 个指标。

（3）因子分析法

因子分析法是主成分分析法的一种推广，当主成分分析法获得的初始因子（即主成分 $z_1,\cdots,z_m$）难以赋予具有实际背景的合理解释时，需将上述因子作一定规则的坐标轴旋转，以获取理想的公共因子来实现对系统多输入（或输出）的综合。它的特点是它的解不具有唯一性，正是因为是不唯一的，我们可以从中选择适合所考虑的具体问题的解。因子分析法实现的步骤如下。

① 根据主成分分析结果选择初始因子 $z_1,\cdots,z_m$。

② 计算关于初始因子的因子载荷矩阵。

$$O=(\rho_{kj})_{m\times J},\rho_{kj}=\rho(z_k\cdot y_j^*)=\sqrt{\lambda_k C_{kj}} \tag{4-41}$$

③ 进行因子旋转，得到合理的因子载荷矩阵。

$$O^*=(\rho_{kj}^*)_{m\times J} \tag{4-42}$$

有多种因子旋转方法，目的在于获得意义明确的公共因子。较常用的是最大方差旋转法，它选择旋转矩阵 $\Pi=(\lambda_{ij})_{m\times n}$ 使以下的方差达到最大。

$$\varphi=\sum_{k=1}^{m}\sum_{j=1}^{J}(d_{kj}^2-\bar{d}_k)^2 \tag{4-43}$$

式中，$d_{kj}=\dfrac{\rho_{kj}^*}{h_j}$，$h_j=\max\left|r_{ij}\right|(i\neq j)$，$\rho_{kj}^*$ 除以 h_j 作用类似标准化，旨在消除指标对公共因子依赖程度不同的影响；$\bar{d}_k=\dfrac{1}{J}\sum_{j=1}^{J}d_{kj}^2$。

④ 计算因子得分。

$$\tilde{\boldsymbol{f}}_t=(\tilde{\boldsymbol{f}}_{t_1},\cdots,\tilde{\boldsymbol{f}}_{t_m})^{\tau}=(O^*R^{-1}O^{*\tau})^{-1}O^*R^{-1}\boldsymbol{Y}_t^* \tag{4-44}$$

式中，$R=(r_{ij})_{J\times J}$ 由式（4-31）计算，式（4-44）中的 $\tilde{\boldsymbol{f}}$ 即 $\boldsymbol{Y}_t$ 为 m 个综合指标。

案例 4.6

公司雇员的综合评价指标

某公司老板与 48 名申请工作的人面谈，并就如下 15 个指标进行打分：①申请书的形式；②外貌；③专业能力；④讨人喜欢的能力；⑤自信心；⑥洞察力；⑦诚实；⑧推销本领；⑨经验；⑩ 驾驶汽车本领；⑪ 志向；⑫ 领会能力；⑬ 潜在能力；⑭ 对工作要求的强烈程度；⑮ 对工作是否适合。表 4-9 为指标相关系统矩阵 $\boldsymbol{R}$，显然这 15 个指标有许多是高度相关的，因此需寻求合理的公共因子，以便制定综合指标选择合适人才（方开泰，1989）。

表 4-9 15个指标的相关系统矩阵

指标	指标														
	①	②	③	④	⑤	⑥	⑦	⑧	⑨	⑩	⑪	⑫	⑬	⑭	⑮
①	1.00	0.24	0.04	0.31	0.09	0.23	−0.11	0.27	0.55	0.35	0.28	0.34	0.37	0.47	0.59
②		1.00	0.12	0.38	0.43	0.37	0.35	0.48	0.14	0.34	0.55	0.51	0.51	0.28	0.38
③			1.00	0.00	0.00	0.08	−0.03	0.05	0.27	0.09	0.04	0.20	0.29	−0.32	0.14
④				1.00	0.30	0.48	0.65	0.35	0.14	0.39	0.35	0.50	0.61	0.69	0.33
⑤					1.00	0.81	0.41	0.82	0.01	0.70	0.84	0.72	0.67	0.48	0.25
⑥						1.00	0.36	0.83	0.15	0.70	0.76	0.88	0.78	0.53	0.42
⑦							1.00	0.23	−0.16	0.28	0.21	0.39	0.42	0.45	0.00
⑧								1.00	0.23	0.81	0.86	0.77	0.73	0.55	0.55
⑨									1.00	0.34	0.20	0.30	0.35	0.21	0.69
⑩										1.00	0.78	0.71	0.79	0.61	0.62
⑪											1.00	0.78	0.77	0.55	
⑫												1.00	0.88	0.55	0.53
⑬													1.00	0.54	0.57
⑭														1.00	0.40
⑮															1.00

采用极大似然法求得公共因子的负荷阵列于表4-10，第一公共因子中系数绝对值最大的指标号为⑤、⑥、⑧、⑩、⑪、⑫、⑬，体现申请人的能力；第二公共因子主要反映于指标④和指标⑦，体现申请人给人的好感程度；第三公共因子集中于指标①、⑨、⑮，体现申请人的经验；第四和第五公共因子各集中体现了指标③和指标②，最后两个公共因子相对次要。

表4-10 极大似然法求得的因子负荷阵

变量	因子负荷						
	1	2	3	4	5	6	7
①	0.09	−0.134	0.388	0.4	0.411	−0.001	0.277
②	−0.466	0.171	0.037	−0.002	0.517	−0.194	0.167
③	−0.131	0.466	0.153	0.143	−0.031	0.33	0.316
④	0.004	−0.023	−0.318	−0.362	0.657	0.07	0.307
⑤	−0.093	0.017	0.434	−0.092	0.784	0.019	−0.213
⑥	0.281	0.212	0.33	−0.037	0.875	0.001	0
⑦	−0.133	0.234	−0.181	−0.807	0.494	0.001	0
⑧	−0.018	0.055	0.258	0.207	0.853	0.019	−0.18
⑨	−0.43	0.173	−0.345	0.522	0.296	0.085	0.185
⑩	−0.079	−0.012	0.058	0.241	0.817	0.417	−0.221
⑪	−0.265	−0.131	0.411	0.201	0.839	0	−0.001
⑫	0.037	0.202	0.188	0.025	0.875	0.077	0.2
⑬	−0.112	0.188	0.109	0.091	0.844	0.324	0.277
⑭	0.098	−0.462	−0.336	−0.116	0.807	−0.001	0
⑮	−0.056	0.293	−0.441	0.577	0.619	0.001	0

从这个例子可以看出，用因子分析作综合评价不仅可以给出排名次序，还可以进一步探索影响排名次序的因素，从而找到进一步努力改善的方向，这是一般评价方法无法替代的。

4.3.3 综合动态指数及复杂系统的综合评价

（1）系统波动的综合动态指数

指数的概念起源于对物价变动的研究，指数是指在时间或空间上变动的动态相对数，它能比较好地反映物价的波动情况。随着应用范围的拓宽，指数的概念已被人们应用于商业、工业、农业等其他领域。综合动态指数的合理编制能够体现和描述复杂系统的总体变动情况，因而是系统多变量综合的一个重要手段。下面介绍三个最常用的综合动态指数的编制方法。

1）基准循环指数。指标能否有效地实现时差分类（对于系统输入输出周期起伏规律的时间先后差别的描述），前提是选择合理的基准循环、确定科学的分类标准以及分类前数据的预处理。根据同步指标构造综合指数来加权修正基准循环得到的综合指数称为基准循环指数。权数可以采用定性定量相结合的办法确定，也可参照权重合成和多元分析方法确定。

2）扩散指数。扩散指数（diffusion index，DI）又称为扩张率，是将波动指标中一定时点上的扩张变量加权综合而成，扩散指数序列可以形象地表现周期波动相继扩散的动态过程。在划分了领先、同步、滞后指标后，要分别对各类指标编制扩散指数，从而进一步分析与预测。

扩散指数在 t 时刻的取值 DI_t 由下式计算。

$$DI_t = \sum_{j=1}^{J} w_j I_{\left[y_{tj}^* > y_{t-l,j}^*\right]} \times 100 \tag{4-45}$$

式中，$\left\{y_{tj}^*\right\}$ 为预处理后的指标序列；w_j 是前面讲过的加权系数；I 为示性函数。

$$I_{\left[y_{tj}^* > y_{t-l,j}^*\right]} = \begin{cases} 0 & y_{tj}^* < y_{t-l,j}^* \\ 0.5 & y_{tj}^* = y_{t-i,j}^* \\ 1 & y_{tj}^* > y_{t-l,j}^* \end{cases} \tag{4-46}$$

整数 l（时差值）取决于进行比较的基础，如若与前期比较，则取 l=1；权数 w_j 的确定可采用专家评分与定量加权相结合，若取算术平均，则式（4-45）可写为

$$DI_t = \frac{1}{J} \sum_{j=1}^{J} I_{\left[y_{tj}^* > y_{t-l,j}^*\right]} \times 100 \tag{4-47}$$

式（4-47）表示 t 时刻扩散指数的个数在全体指标中的比例。以宏观经济系统为例说明扩散指数的作用表现在以下几方面。

① 能反映宏观经济波动的方向、波动扩散的过程、扩张和收缩程度。

作为经济运行的晴雨表，它比任何单一指标更具有可靠性和权威性。

② 能形象地分解循环波动的结构。扩散指数与一般指标的波动类似，每个波可分为四个阶段：即不景气后期、景气前期、景气后期和不景气前期。其值围绕于 $DI_t=50$ 的直线（景气转折线）上下波动，如图 4-12 所示。$DI_t<50$ 表明运行处于不景气空间，$DI_t>50$ 时经济运行处于景气空间，波动与景气转折线的两个交点以及与扩张临界线、收缩临界线的两个切点分别构成波动的景气上升、下降转折点及景气分割点和萧条转折点。

③ 能使经济形势的分析与经济波动的比较规范化、定量化、准确化和科学化。

具体来说，扩散指数在每一个阶段停留的时间表征了经济波动在相应阶段扩散的速度，时间越长扩散越慢；其在任何一点上达到的数值表征经济波动扩散的程度或范围；其达峰顶或谷底的数值表明经济扩张或衰退的极限程度；不同周期的峰谷值比较，可反映经济景气或不景气程度的变化；其峰谷落差的比较，则反映经济振荡的程度。

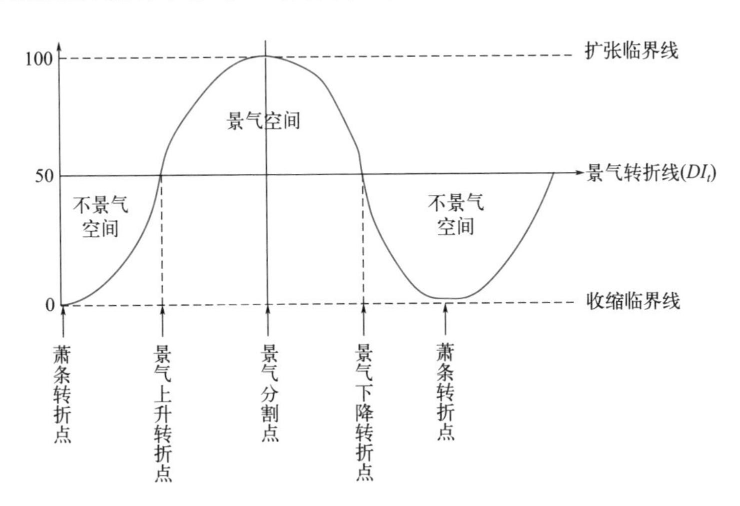

图 4-12　扩散指数的循环波动分解（项静恬，1997）

④ 能为宏观经济的监测调控提供一个方便的工具。例如，领先指标的 DI_t 可以预测经济形势的动态趋势；滞后指标的 DI_t 可以判断经济景气（或萧条）是否开始（或结束）；同步指标的 DI_t 与宏观经济波动具有基本相同的周期长度，其峰值比总体波动平均先行半年。此外，计算结果表明，该

国经济体系中先行 DI_t 峰值平均领先于同步 DI_t 峰值 6 个月，而滞后 DI_t 峰值则平均落后于同步 DI_t 峰值 4 个月，这种规律又为预测提供了很好的条件和可能性。

3）合成指数。扩散指数虽能有效预测循环转折点，但不能显示波动幅度，而合成指数（composition index，CI）则可充分反映各构成指标的影响且突出循环振幅。合成指数也按领先、同步、滞后三类指标分别编制，具体计算步骤如下。

① 求出各个指标序列 $\left\{y_{tj}^{*}\right\}$ 的对称变化率 $C_j(t)$。

$$C_j(t)=\begin{cases}\dfrac{200(y_{tj}^{*}-y_{t-1,j}^{*})}{y_{tj}^{*}+y_{t-1,j}^{*}} & y_{tj}^{*}>0\\ y_{tj}^{*}-y_{t-1,j}^{*} & y_{tj}^{*}\leqslant 0\end{cases} \tag{4-48}$$

式中，y_{tj}^{*} 为 y_{tj} 的预处理值，$j=1,2,\cdots,J,t=2,3,\cdots,N$。

② 求标准化平均变化率 $V_{(t)}$，分别进行以下四步计算。

a. 求序列 $\left\{y_{tj}^{*}\right\}$ 的标准化因子 $A_j, j=1,2,\cdots,J$

$$A_j=\sum_{t=2}^{N}\left|C_j(t)\right|/(N-1) \tag{4-49}$$

b. 求标准化平均变化率 $S_j(t), j=1,2,\cdots,J$； $t=2,3,\cdots,N$

$$S_j(t)=\frac{C_j(t)}{A_j} \tag{4-50}$$

c. 求平均变化率 $R(t), t=2,3,\cdots,N$

$$R(t)=\frac{\sum_{j=1}^{J}w_jS_j(t)}{\sum_{j=1}^{J}w_j} \tag{4-51}$$

式中，J 为各指标类中序列数；w_j 为权重系数，记同步指数 $R(t)$ 为 $P(t)$。

d. 求标准化平均变化率 $V(t), t=2,3,\cdots,N$

$$V(t)=\frac{R(t)}{F} \tag{4-52}$$

式中，$F=\dfrac{\sum_{t=2}^{N}|R(t)|}{\sum_{t=2}^{N}|P(t)|}$ 称为组间标准化因子，分子分母样本量不同时需各除以样本个数。

③ 求初始综合指标 $I(t)$，各类指标分别计算。

$$I(t)=I(t-1)\left[\frac{200+V(t)}{200-V(t)}\right] \tag{4-53}$$

式中，$t=2,3,\cdots,N$。

④ 求趋势调整值 T。

a. 对同步指标类中各序列计算 T_j。

$$T_j=\left(\sqrt[m]{\frac{C_{Lj}}{C_{Ij}}}-1\right)\times 100 \quad j=1,2,\cdots,J \tag{4-54}$$

式中，C_{Lj} 和 C_{Ij} 分别为序列 $\left\{y_{tj}^{*}\right\}$ 最先和最后循环的平均值；m 为最先、最后两循环中心间的样本数。

b. 求同步指标类的平均趋势 G。

$$G=\sum_{j=1}^{J}\frac{T_j}{J} \tag{4-55}$$

式中，J 为同步指标个数。

c. 各类（领先、同步、滞后）指标计算 $\{I(t)\}$［见式（4-53）］。

⑤ 求各类的合成指数 $\{CI(t)\}$。

$$V'(t)=V(t)+(G-T) \tag{4-56}$$

$$I'(t)=I'(t-1)\frac{200+V'(t)}{200-V'(t)} \tag{4-57}$$

$$CI(t)=\frac{I'(t)}{C_0} \tag{4-58}$$

式中，C_0为各类指标的基期平均值。

可见，在CI的编制过程中，数据经过多次标准化、对称化、差分、趋势调整等技术处理，因而能一定程度地反映波动幅度。CI适用于经济数据月序列。

（2）复杂系统的综合评价

综合评价的依据是指标，而指标按不同的标志可分为实物指标和价值指标。在评价某件事或某项工程时，往往用最终结果来衡量事物发展的情况，用实物指标来反映最终结果。例如，生产了多少吨粮食，制造了多少台拖拉机，饲养了多少头牛等。显然，这种衡量方式是很粗略的，因为它没有考虑到物质的市场价格。为了更加细致地解决这个问题，可以用价值综合指标，通过引入价格这一共同度量因素解决不同实物指标的可综合问题。但是，随着社会经济的发展，管理效率的提高，绝大部分生产都从单纯追求高产出而转向注重效益，即以尽量少的投入而获得最大的经济收入。由于效益是多方面的，影响因素有能耗、劳动生产率、资金使用效益等，这时用价值综合指标进行评价就不能满足衡量效益这一要求。为了从效益角度对事物进行综合评价，就产生了指标体系评价法，即用不同指标对事物发展的多个方面分别给予反映，这种指标体系评价法虽能全面反映某一个事物的发展状况，但在不同事物之间比较时又遇到了困难。于是，人们又发展了多指标综合评价法，即把反映被评价事物的多个指标的信息综合起来，得到一个综合指标，由此来反映被评价事物的整体情况，并进行横向和纵向的比较，这样既有全面性，又有综合性。

多指标综合评价问题是把描述评价对象的多项指标的信息加工汇集，从整体上认识评价对象的优劣。它在复杂系统统计分析中有着广泛的应用（如社会经济系统），其基本思路就是将多个单项指标组合成一个包括各个侧面的综合指标来反映评价对象的全貌。

综合评价指标 D_t 的编制方法，通常有主成分加权法、距离综合法、判别函数法、因子加权法和指数综合法等。

① 主成分加权法。如果选出主成分 $z_1,\cdots,z_m$，且 $z_j=(z_{1j},\cdots,z_{Nj})^\tau$，则第 t 个评价对象的综合评价值可由下式计算。

$$D_t=\frac{\sum_{j=2}^{m}\lambda_j z_{tj}}{\sum_{j=1}^{J}\lambda_j} \tag{4-59}$$

其中，权重系数 $w_j=\frac{\lambda_j}{\sum_{j=1}^{J}\lambda_j}$ 是第 j 个成分 z_j 的贡献率。

② 距离综合法。此法基于聚类分析，在评价对象中选定“基准”，用其他对象距离的“基准”来作 D_t。

③ 判别函数法。

$$D_t=\sum_{j=1}^{m}\lambda_j u_j(Y_t) \tag{4-60}$$

式中，λ_j 为特征根；$u_j(Y_t)$ 的计算为 $u_j(Y_t)=C_j^\tau Y_{t,j}, j=1,2,\cdots,m,t=1,2,\cdots,N$。

④ 因子加权法。

$$D_t=\frac{\sum_{j=1}^{m}\lambda_j f_{tj}}{\sum_{j=1}^{J}\lambda_j} \tag{4-61}$$

式中，f_{tj} 的表达式是 $f_t=(f_{t1},\cdots,f_{tm})^\tau=(O^*R^{-1}O^{*\tau})^{-1}O^*R^{-1}Y_t^*$。

⑤ 指数综合法。将指标换算成相应的动态相对数，即指数（例如增长

率等)，再用正权法加权综合以求 D_t。

下面是两个综合评价方法的应用实例。

制药厂经济效益综合评价

选用全国20个制药厂的四项指标来确定制药厂经济效益综合指标，数据列于表4-11。

第一步：进行原始数据的标准化处理［用式（4-30）］。

第二步：用系统聚类法将20个制药厂按最短距离准则归为两类。

下面用几种方法进行综合评价和排序（项静恬，1995）。

① 指数评价模型。

采用折算指数的算术平均值来建立综合指数，令

$$\overline{y}_j = \frac{1}{20}\sum_{t=1}^{20} y_{tj},\ K_{tj} = \frac{y_{tj}}{\overline{y}_j}\times 100 \tag{4-62}$$

表4-11 制药厂经济效益的综合评价

序号	评价参数											
	(1)	(2)	(3)	(4)	(5)	(6)		(7)		(8)	
	企业名	总产值/消耗	净产值/工资	盈利/资金占用	销售收入/成本	$u(Y_t)$	排序	K_t	排序	F_t	排序
1	制药厂1#	1.611	10.59	0.69	1.67	77.538	9	84.75	12	3.90	12
2	制药厂2#	1.429	9.44	0.61	1.50	69.645	12	75.50	17	3.47	17
3	制药厂3#	1.447	5.94	0.24	1.25	58.037	20	56.50	19	2.70	19
4	制药厂4#	1.572	10.72	0.75	1.71	79.395	8	86.75	11	3.97	11
5	制药厂5#	1.483	10.99	0.75	1.44	66.859	16	81.75	14	3.68	14
6	制药厂6#	1.371	6.64	0.41	1.31	60.832	19	61.50	18	2.89	18
7	制药厂7#	1.665	10.51	0.53	1.52	70.574	11	79.25	16	3.65	15
8	制药厂8#	1.403	6.11	0.71	1.31	61.288	18	55.50	20	2.64	20
9	制药厂9#	2.620	21.51	1.40	2.59	120.254	1	150.75	3	6.75	2
10	制药厂10#	2.033	24.15	1.80	1.89	87.753	5	146.75	4	6.24	4
11	制药厂11#	2.015	26.86	1.93	2.02	93.789	2	156.54	2	6.64	3

续表

序号	评价参数										
	（1）	（2）	（3）	（4）	（5）	（6）		（7）		（8）	
	企业名	总产值 / 消耗	净产值 / 工资	盈利 / 资金占用	销售收入 / 成本	$u(Y_t)$	排序	K_t	排序	F_t	排序
12	制药厂12#	1.501	9.74	0.87	1.48	68.716	13	83.75	13	3.74	13
13	制药厂13#	1.578	14.52	1.12	1.47	68.252	14	99.00	9	4.32	9
14	制药厂14#	1.735	14.64	1.21	1.91	88.681	3	110.75	7	4.91	7
15	制药厂15#	1.453	12.88	0.87	1.52	70.574	10	89.00	10	3.97	10
16	制药厂16#	1.765	17.94	0.89	1.40	65.002	17	101.00	8	4.42	8
17	制药厂17#	1.532	29.42	2.52	1.80	83.574	7	165.25	1	6.80	1
18	制药厂18#	1.488	9.23	0.81	1.45	67.323	15	80.75	15	3.92	16
19	制药厂19#	2.586	16.07	0.82	1.83	84.967	6	114.50	6	5.16	6
20	制药厂20#	1.992	21.63	1.01	1.89	87.753	4	121.00	5	5.38	5

注：（1）为Y_t；（2）为y_{t1}；（3）为y_{t2}；（4）为y_{t3}；（5）为y_{t4}；（6）为判别函数；（7）为综合指数；（8）为主成分加权。

则折算指数 K_t 为

$$K_t = \frac{1}{4}\sum_{j=1}^{4} K_{tj} \tag{4-63}$$

经计算得总产值、净产值、盈利和销售收入四个指标的 $\overline{y}_j$ 分别为 1.7142，14.469，0.99，1.6485。$\{K_t\}$ 值及其由大到小排序结果列于表 4-11 第（7）列。以企业平均综合指数值 100 为界，将 20 个制药厂划分为两类，则。

{ Ⅰ }={1，2，3，4，5，6，7，8，12，13，15，18}

{ Ⅱ }={9，10，11，14，16，17，19，20}

② 主成分加权法。

对表 4-11 中四个指标（y_{t1}，y_{t2}，y_{t3}，y_{t4}）序列进行主成分分析，结果列于表 4-12。

表4-12 主成分分析的结果

特征值	特征向量（四个指标序列）				贡献率
	y_{t1}	y_{t2}	y_{t3}	y_{t4}	
3.014618	0.45094	0.53469	0.49001	0.52024	0.75365
0.782098	−0.65893	0.35161	0.57582	−0.33258	0.19553
0.166417	0.51256	0.38967	−0.09014	−0.75980	0.0416
0.036868	0.31582	−0.66229	0.648721	−0.20360	0.00922

加权综合结果记为 F_t，其值与排序结果列于表 4-11 第（8）列，与综合排序［第（7）列］相比，除（⑮、⑯）与（②、③）两对互换了次序外，其余的全都一致。

③ 判别函数法。

将表 4-11 中判断函数值 $u(Y_t)$ 排序，即得到该方法计算所得的综合评价结果，与前几个方法相比，该方法排序结果差异较大，见表 4-11 第（6）列。

（3）集团变量的整体分析

多因素的复杂系统可参考上面讲述的方法构造综合因素（集团因素），对于因素众多的复杂系统，将因素分类形成的集团因素视为整体来进行建模与分析，可能有助于突出主要矛盾与避免共因性。它的基本思想和实施步骤如下。

① 构造集团变量。可采用相关分析、聚类分析等方法将被选因素分类，每类成一集团变量。

② 将各集团变量作为整体进行建模和分析，以考察某个集团因素对系统的影响程度。

现以下面的例子来说明如何进行数据分析。

科研成果影响因素的集团变量分析

几十年来，我国科学技术研究和高等教育迅速发展，产生了大量科研成果。但是由于不同部门人员学历不同、科研条件不同，科研成果的水平就存在一定的差异。对某一个部门科研成果发展水平进行综合评价，有利于管理决策部门从宏观上规划和指导科研工作的健康快速发展。

对某医学院直接担负教学、医疗、科研任务的 80 个科室 2010 ～ 2021 年的资料进行分析，系统的输出量为科研成果得分（用成果加权综合，权数由专家评定），被选因素有 48 个（列于表 4-13）。分析步骤如下。

第一步：变量筛选。计算各因素与输出量的相关函数，保留相关检验显著的因素，筛选后保留 34 个因素（表中加 *）。

第二步：因素分类。用聚类分析法将相关程度高的因素聚为同类，并选出各类中对输出量贡献大的主要变量（表 4-14）。

第三步：用集团变量分析各类因素的影响。将集团变量作为整体因素参加多元回归建模和因子筛选，即集团内因素同时引入或退出模型，并比较各集团因素的贡献大小，计算结果列于表 4-14。

表4-13 影响科室出成果的各种因素（自变量）

类别	项目	变量名
1.人数	科室人员年平均数	X1*
	专职科研人员总数	X2*
2.技术职务	正高职人员总数	X3*
	副高职人员总数	X4*
	中级人员总数	X5
	初级人员总数	X6
3.学位、出国	博士总人数	X7
	硕士总人数	X8*
	出国读学位、进修并已返回工作单位的人次总数	X9
	出国考察、学术交流、技术培训人次总数	X10*
4.研究生培养	是否为博士学位授权学科、专业	X11
	是否为硕士学位授权学科、专业	X12*
	博士生导师总数	X13*
	硕士生导师总数	X14*
	招收博士生总人数	X15
	招收硕士生总人数	X16*
	毕业并获博士学位总人数	X17*
	毕业并获硕士学位总人数	X18
5.学科状况	学科带头人的学术水平和地位	X19*
	学术梯队的结构状况	X20*
	本学科在国内同行中的地位	X21
	本学科是否为主干学科	X22*
	本学科是否为新兴边缘学科	X23

续表

类别	项目	变量名
6.学术地位	任国际学术组织会员以上职务总人数	X24
	任全国性学会理事以上职务总人数	X25*
	任全军性学会理事以上职务总人数	X26*
	任省、市级学会理事以上职务总人数	X27*
	任全国性杂志编委以上职务总人数	X28*
	任省（市）级杂志、学报编委以上职务总人数	X29*
7.课题与特色	承担国家级课题总数	X30*
	承担军队级课题总数	X31*
	承担省、市级课题总数	X32*
	承担企、事业单位课题总数	X33
	承担校级课题总数	X34*
	承担部、院、系课题总数	X35
	自选课题总数	X36*
	是否具有明确科研主攻方向	X37
	科研项目是否形成特色	X38*
8.条件	科研经费投入总数（万元）	X39*
	科研仪器设备总额（万元）	X40*
9.协作	校内协作单位总数	X41*
	校外协作单位总数	X42*
	与理、工单位协作总数	X43*
10.其他	具备外语“四会”能力人员总数	X44*
	科研积极性	X45*
	申报成果奖积极性	X46*
	科室人员团结	X47
	领导机关的支持重视程度	X48*

表4-14 集团变量的影响分析

类别与名称	包含的变量	自由度	离均差平方和	F	贡献排序	类中主要变量
1.人数	X1、X2	2	13.29	7.45	7	x_1、x_2
2.职称	X3、X4	2	11.51	6.29	9	x_3、x_4
3.学位与出国	X8、X10	2	12.34	6.83	8	x_8、x_{10}
4.研究生培养	X12、X13、X14、X16、X17	5	27.03	7.3	2	x_{13}、x_{14}
5.学科状况	X19、X20、X22	3	23.16	4.8	5	x_{19}
6.学术地位	X25、X26、X27、X28、X29	5	10.92	2.27	10	x_{25}

续表

类别与名称	包含的变量	自由度	离均差平方和	F	贡献排序	类中主要变量
7.课题与特色	X30、X31、X32、X34、X36、X38	6	36.65	8.37	1	x_{38}、x_{36}
8.科研条件	X39、X40	2	13.53	7.62	6	x_{39}、x_{40}
9.协作	X41、X42、X43	3	18.12	7.2	4	x_{43}
10.其他	X44、X45、X46、	4	35.24	5.23	3	x_{44}、x_{46}

以上分析法能得出各集团变量对科研成果的影响程度，也提供了各集团的主要因素，为系统输入变量较多的影响因素分析提供了一种可行的思路和方法。

到目前为止，已经出现了多种综合评价方法，尽管如此，综合评价的方法和理论仍不完善，还有许多问题正在不断地研究和解决中。这些问题中较为重要的是：如何在众多的综合评价方法中选择符合实际的方法？针对同一个问题，如何对使用不同方法评价的结果进行比较？如何衡量综合评价结果的客观准确性？等等。这些问题都有待进一步研究。

思考题

1. 试比较分析与综合方法的基本特征。
2. 什么是还原论的思想？什么是整体论的思想？
3. 简述从定性到定量综合集成方法的理论基础和思想基础。
4. 为什么说综合集成方法是研究复杂系统的有效手段？如何才能较好地实现定性与定量分析相结合，专家经验与计算机运算相结合？

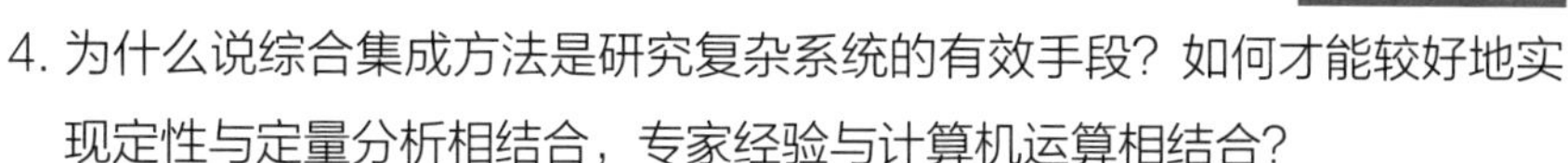

5. 为什么说综合集成方法在当代科学技术方法论中占有极其重要的地位？
6. 什么是过程工业？为什么说它在国民经济中占有非常重要的位置？
7. 对复杂系统进行模型综合的意义是什么？
8. 多变量综合分析的主要方法有哪几种？简述主成分分析法的思路和实施步骤。
9. 如果你所在的学院需要推选一名毕业生作为优秀毕业生代表参加学校表彰大会，请建立一种综合评价方法，从表 4-15 所示的 8 名学生中选出最优秀的学生。

表4-15 8名学生各项成绩

姓名	智育	体育	德育	奖励	创新成果
张三	82	85	100	“挑战杯”全国大学生课外学术科技作品竞赛二等奖	发明专利1项
李四	88	80	95	“挑战杯”全国大学生课外学术科技作品竞赛三等奖	发明专利1项
王五	96	80	100	全国大学生数学建模竞赛一等奖	科技论文1篇
赵六	92	75	90	全国大学生数学建模竞赛三等奖	科技论文1篇
孙七	89	80	85	全国大学生金相技能大赛一等奖	无
周八	78	90	80	全国大学生节能减排社会实践与科技竞赛一等奖	发明专利1项
吴九	87	85	90	全国大学生节能减排社会实践与科技竞赛三等奖	无
郑十	90	80	85	全国大学生机械创新设计大赛二等奖	无

参考文献

[1] 王成恩，戴国忠，张宇，等. 过程系统管理与技术的综合集成[J]. 中国管理科学，2000, 8(1): 10-16.

[2] 雷斯尼克. 化工过程分析与设计[M]. 苏健民，等，译. 北京：化学工业出版社，1985.

[3] 韩方煜，华贲. 面向21世纪的模型化和过程综合技术[J]. 山东化工，2000, 29(2): 1-6

[4] 房得中，朱建业. 化工过程分析与模拟[M]. 北京：化学工业出版社，1989.

[5] 吉可明，荀家瑶，苏原，等. 大数据技术及其在化工领域的应用和展望[J]. 现代化工，2020, 40(7): 1-4.

[6] 王昱，左利云. 大数据分析技术在提高重整汽油收率方面的应用[J]. 广东石油化工学院学报，2016, 26(6): 28-32.

[7] 项静恬，史久恩. 非线性系统中数据处理的统计方法[M]. 北京：科学出版社，1997.

[8] 项静恬，史久恩，等. 动态和静态数据处理——时间序列和数据统计分析[M]. 北京：气象出版社，1991.

[9] 项静恬. 非线性复杂系统的综合技术[J]. 数理统计与管理，1995, 14(1): 59-64.

[10] 周传世，罗国民. 加权几何平均组合预测模型及其应用[J]. 数理统计与管理，1995, 13(3): 17-19.

[11] 胡永宏，贺思辉. 综合评价方法[M]. 北京：科学出版社，2000.

[12] 毕大川，刘树成. 经济周期与预警系统[M]. 北京：科学出版社，1990.

[13] 方开泰. 实用多元统计分析[M]. 上海：华东师范大学出版社，1989.

第5章 集成与系统集成

集成是现代过程工程系统研究的核心内容，也是当代新兴技术发展的主要特征之一。进入21世纪以来，伴随着现代系统与控制理论，计算机、互联网与人工智能技术的发展，一方面，工业领域复杂系统集成的研究和应用，已经引起全世界专家、学者以及工程技术人员的高度重视；另一方面，各部门、行业之间通过网络互连实现系统集成已成为大势所趋。那么，到底什么是集成？什么是系统集成？它们在当代国民经济、科学技术、社会生活的发展过程中发挥了怎样的作用？又是如何成为一般科学方法论层次上，人类认识和改造客观世界的强大理论工具？这些问题都将在本章的内容中给出答案。

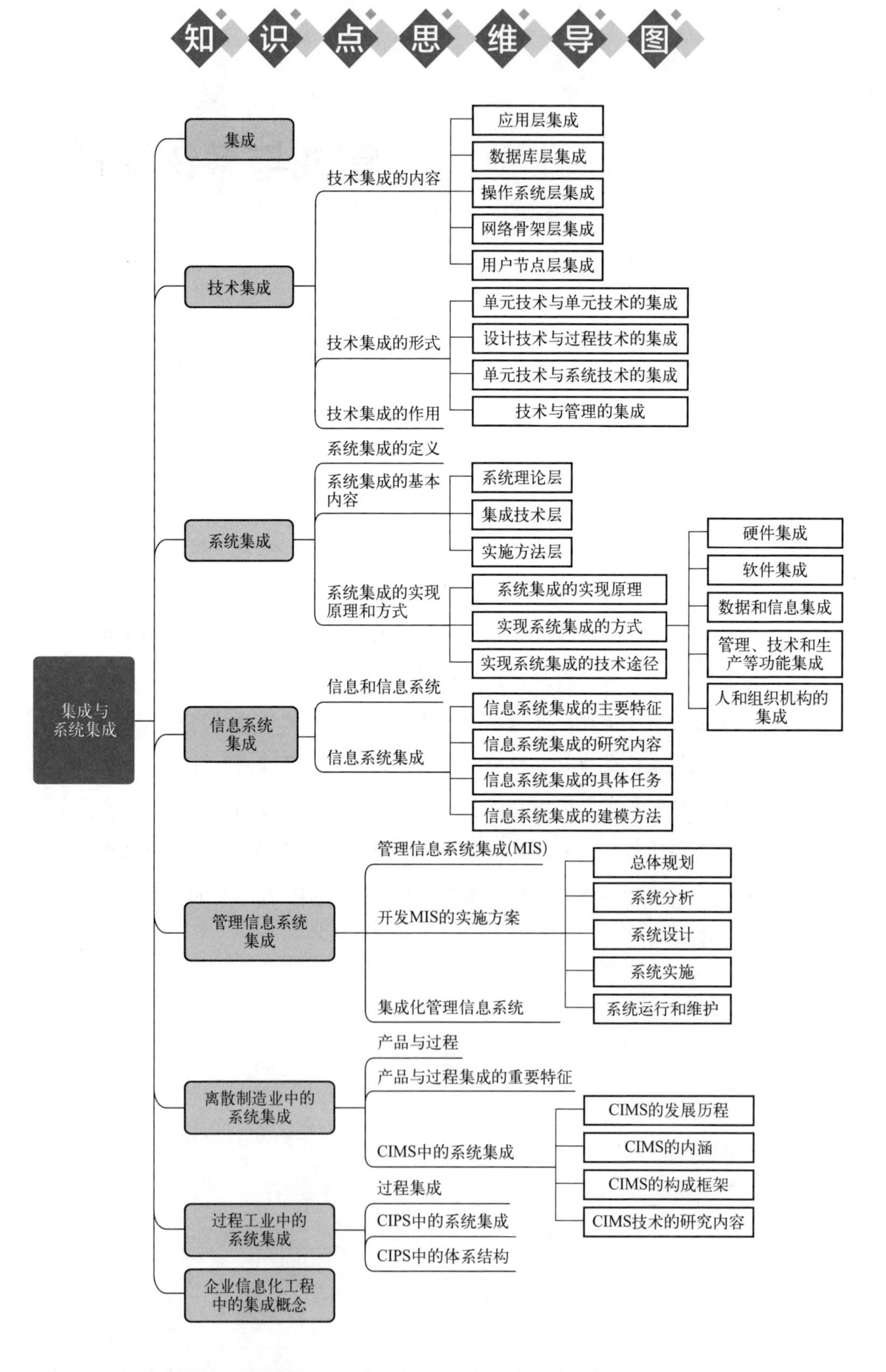

知识点思维导图
集成与系统集成
集成
技术集成
技术集成的内容
应用层集成
数据库层集成
操作系统层集成
网络骨架层集成
用户节点层集成
技术集成的形式
单元技术与单元技术的集成
设计技术与过程技术的集成
单元技术与系统技术的集成
技术与管理的集成
技术集成的作用
系统集成
系统集成的定义
系统集成的基本内容
系统理论层
集成技术层
实施方法层
系统集成的实现原理和方式
系统集成的实现原理
实现系统集成的方式
硬件集成
软件集成
数据和信息集成
管理、技术和生产等功能集成
人和组织机构的集成
实现系统集成的技术途径
信息系统集成
信息和信息系统
信息系统集成
信息系统集成的主要特征
信息系统集成的研究内容
信息系统集成的具体任务
信息系统集成的建模方法
管理信息系统集成
管理信息系统集成(MIS)
开发MIS的实施方案
总体规划
系统分析
系统设计
系统实施
系统运行和维护
集成化管理信息系统
离散制造业中的系统集成
产品与过程
产品与过程集成的重要特征
CIMS中的系统集成
CIMS的发展历程
CIMS的内涵
CIMS的构成框架
CIMS技术的研究内容
过程工业中的系统集成
过程集成
CIPS中的系统集成
CIPS中的体系结构
企业信息化工程中的集成概念

5.1　集成

集成（integration）是指为了实现系统的功能而进行的再创造的过程。在这个过程中，只有将系统中各个成分都进行有机地联结，将要素进行优化，相互之间以最合理的结构形式结合在一起，形成一个由合适的要素组成的、优势互补的有机体，并且完成系统的特定功能和达到系统的目标，才能称为“集成”。由此可见，集成本身就是一个系统的概念，是系统中的核心，是把若干部分、要素联结在一起，使之成为一个统一整体的过程。但是，集成与系统集成不是简单相同的概念。目前，人们经常会对集成的概念产生模糊不清的理解，有许多人认为集成就是系统集成，系统集成就是联网，就是把一些产品进行堆积，因此造成了一些认识和做法上的混乱。

为了进行集成过程的分析、设计、测试、评价和应用，目前已经提出和建立了多种集成的数学模型。其中，比较常用的一个集成模型定义是（罗伟其，2001）：

$$集成：\left\{\mathrm{I}, \mathrm{IP}, \mathrm{I/O}, \mathrm{S}_i\left(\mathrm{i}=1, 2, 3, \cdots, n\right), \mathrm{T}, \mathrm{IM}\right\} \tag{5-1}$$

式中，I 为集成操作；IP 为集成过程；I/O 为集成输入 / 输出流；S_i 为参与系统集成的子系统；T 为集成时间；IM 为集成模型。

为了更好地理解集成的概念和数学描述，用几个典型的简单例子来说明集成的含义和集成的思想方法。

案例 5.1

WWW网的技术

众所周知，互联网（internet）出现在 20 世纪 70 年代，80 年代已经广为人知，但是到了 90 年代才突然大放异彩，这是为什么呢？其中万维网（World Wide Web，WWW）技术的产生和引爆起到了十分关键的作用。分析和思考万维网的作用基础，我们就很容易发现，互联网迅速得到发展的原因除了在网络技术上有多年的积累，技术逐步成熟以外，最主要的原因是超文本技术在网络上得到了应用。这是很多网络技术研究者没有想到的，因为万维网所做到的最重要的一点就是，将复杂的网络操作通过超文本技术和相关协议变换成了简单的“点击”操作。其直接的结果就是使得用户不需要什么网络知识和约定，便可以很容易地访问互联网上任意地点的计算机资源。用户群的扩大导致资源的增长，反过来又促进了用户群的再次扩大。如此循环往复，就导致了互联网的迅速发展。从原理上讲，这些技术都不是什么新的发明，也不复杂，但通过巧妙地组合（本质上就是集成），就引发了一场社会变革。这就是集成的原始雏形。集成引发的这场变革带来的不仅仅是技术上的变化，更重要的是其引起了信息化社会、信息化产业等方面迅速进步。依托互联网的“大信息环境”建立各类信息应用，以及在这个大环境下实现多媒体技术的综合集成，已成为信息技术最重要的发展趋势之一（胡晓峰，1999）。

这个例子说明：集成的概念绝不是仅仅把各个单项器件、设备和技术互连在一起。只有当要素经过优化，并得到充分集成，高新技术才有可能转化为先进生产力，促成新兴产业形成。

下面再举例来说明集成的思想。

案例 5.2

新厂建设方案

某公司打算建某种产品的生产厂，在进行建厂可行性论证时，需要把如下信息加以集成。

· 过去、现在及未来市场的范围及容量；

· 过去、现在及未来生产厂家的技术水平、产量及质量、经营状况、市场份额；

· 生产方式、关键技术（工艺、设备、系统三类技术）；

· 原料市场、储运技术及能力；

· 建厂基础信息、成套设备的制造供应；水、电、蒸汽供应；自然及经济地理、社会状态、政治法律等；

· 产品寿命分析；

· 资金、来源、数量、性质、利率；

· 管理、机制体制、限制条件；

· 人才、技术和管理人才、各工种技工。

将上述各种信息集成起来加以综合分析，以决定是否建厂、在何地建厂、如何解决建厂及生产的有关问题等。这是一个软件系统技术和硬件系统技术集成的例子。

传统的集成模型一般按某个目标的需要来建立。但是，现在多目标建模问题已成为研究热点。例如，设计某项产品，过去的目标是合格的质量、最大的经济效益；后来的目标是好的质量、安全的生产、最大的经济效益；现在的目标是高的质量、安全的生产、人类健康的保证、社会的有效运行、环境的无害、可持续的发展、更高的经济效益等（韩方煜，2000）。

下面再举科研开发的例子。

新产品研发

某单位打算进行某项产品技术的研究开发，在完成了案例 5.2 的建厂论证工作后，就要把如下信息加以集成。

· 过去、现在的生产方式、关键技术；

· 科学家的理论工作、可能的技术路线；

· 各种技术路线、生产方法、关键技术与社会经济的协调性（包括原料、共用工程、交通运输、环境安全、人文、法律等）；

· 关于其技术路线：前人的理论研究、已测试的数据、模型化成果、可借用的模拟系统；

· 自己的实验数据：模型化成果、模拟方法及其信息化；

· 系统模拟分析、综合优化、概念设计；

·工程实验数据、工程模拟化成果、工程模拟系统（包括CAD/CAM等）；

·使用工程系统的综合、模拟设计、基础设计。

进一步地，列举下面的例子来说明科学研究中集成的思想。

理论课题研究

某单位欲进行某项理论研究，这种理论研究需求可能来自国家基金资助项目，也可能来自企业科研课题，甚至可能来自某种自选的理论目的，要把如下信息加以集成。

·有关的研究成果资料：范围、已解决的理论、未解决的理论、难点；

·研究背景的资料：社会的、经济的或理论的；

·有关研究者的资料：部门、经历、工作、特色；

·相邻和相关领域的状况：新思想、新理论、新实验方法及处理方法；

·自己的思想、前期工作、研究路线、讨论认定、合作者的选择；

·实验组织、实验设计；

·理论研究、论文成果的处理。

这个集成过程既有自己工作的信息，又有获得的外部信息，要把它们集成起来，从而得出是否开展某项产品技术的研究开发，最后获得该项研究开发成果。

5.2 技术集成

科学研究是为了认识世界，发现定理或创建重大理论，而技术或技术创新与科学研究有所不同，它与社会需求、市场推动和技术创新成果的规模化紧密相连。因此，技术更重要的是能将科学创造发明推广应用，抢占市场，只有这样，技术才能真正实现它的价值，否则这种技术很快就会被淘汰。那么如何才能实现技术的价值？其中一个重要的对策就是推行技术集成创新。

5.2.1　技术集成的内容

在计算机信息系统领域，技术集成是指将不同软、硬件厂商的产品组合成用户最佳实际解决方案，实现用户建设信息系统的目的。这时的技术集成包括以下五个部分。

① 应用层集成。它体现用户建网的目的。如计算机辅助设计（computer aided design，CAD）、计算机辅助工程（computer aided engineering，CAE）、计算机辅助制造（computer aided manufacturing，CAM）、文档管理、电视会议、内联网（Intranet）系统等。

② 数据库层集成。即数据库层所依赖的数据库系统。如分布式数据库（distributed database，DDB）等。

③ 操作系统层集成。包括网络节点操作系统和通信软件。如 Unix、Windows、TCP/IP 等。

④ 网络骨架层集成。包括网络设备和布线系统。如集线器（hub）、路由器（router）、双绞线、光纤等。

⑤ 用户节点层集成。包括微机、工作站、小型机、打印机、绘图仪等。

5.2.2　技术集成的形式

技术集成的内容远远不止上面列出的五部分，它的应用领域也扩展到了电子、信息、计算机、生物、地理、经济等许多领域。在更广泛的领域内将技术集成归纳起来，其主要形式有下面四种（路甬祥，2001）。

① 单元技术与单元技术的集成。利用各种单元技术（包括传统技术和高新技术），创造性地集成应用于产品、工艺和服务上等，从而创造出新的产品和新的市场。例如，智能手机、平板电脑等就是此类技术集成的产物。

② 设计技术与过程技术的集成。应用信息技术将先进设计技术与过程技术加以集成，形成了当代的制造技术。例如，3D 打印技术就是将计算机 3D 建模技术与逐层增材打印技术集成后产生的一种创新性快速成型技术。

③ 单元技术与系统技术的集成。大型成套设备就是将众多的单机、配套产品通过系统设计集成为实现某一整体目标的大系统。例如，火力发电机组就是由锅炉、汽轮机、发电机、励磁机以及配套产品上的大量先进单元技术和测量、控制、整体优化等系统技术综合集成的产物。

④ 技术与管理的集成。现代化大生产是技术与管理集成的产物，将技术与管理相集成可以产生新的生产方式，形成新的生产力。例如，计算机集成制造系统（computer integrated manufacturing system，CIMS）就是技术与管理集成创新的产物。

在市场需求的驱动下，人们将已获得的新知识、新技术创造性地集成起来，开发出新产品、新工艺和新技术，一个典型例子是波音 747 飞机的研制开发，它是一种集成技术的产物，它把当时在喷气发动机、航空材料、导航等方面的最新技术都集成起来，适应了民用航空市场对一种大运力而且比较经济的洲际交通工具的市场要求。美国著名的“阿波罗”登月飞船也是已有先进技术集成的典型受益者。另外，以能源为例，20 世纪 90 年代末，国际油价上涨，致使我国化工企业生产成本增加，在此背景下，要想实现化学工业的发展就需要对能源结构进行调整，发展新一代的煤化工，而这一调整的实现在很大程度上依赖于我国在工艺及装备整体技术上的突破与集成。

因此，当今时代更需要技术集成创新，更需要面向战略需求的技术集成创新，系统集成是制造业创新的重要形式（路甬祥，2003）。这一观点不仅受到产品制造业的高度重视，也已经引起科学技术研究者的关注。然而，在我国，长期以来科技工作中一直比较重视单项技术突破而忽视了技术集成。例如，在有关部门科研立项过程中，所立项目大多较小，而且比较分散，经常是一个单项技术立一个项目。这是技术开发初级阶段的必然过程，但是单纯技术实现往往并不必然带来市场的实现。从科技与经济结合的内在要求来看，单项技术的研究开发，因为缺乏与其他相关技术的衔接，很难形成有市场竞争力的产品或新兴产业。

事实上，任何产品或产业核心竞争力的形成，不仅仅是一个创新过程，更是一个组织过程，是各种单项和分散的相关技术成果得到集成后表现出的整体效应，其创新性以及由此确立的企业竞争优势和国家科技创新能力的意义远远超过单项技术的突破。在科技攻关项目的制订方面，过多地强调单一性能的提高。同时，在项目运作上也存在一些不足。首先是科技成果的转化率低，致使科技投入的效益不够明显。因为行业或企业对于技术的需求往往是系统化、配套化的。在注重单项突破的项目管理模式下，所能提供的也往往是单一技术的创新，开发成果与实际需求的差距很大，导致成果转化难度也很大。其次是重大的行业问题难以得到解决，影响了行业科技进步的速度和行业的发展。因此，我国迫切需要使“科技创新模式”从“单项突破”向“技术集成”转变，不断加强技术集成，有计划、有目标地集中精力解决一些行业的重大问题，促进行业的发展，实现这一转变无疑是工程技术发展中具有重大意义的转变。

5.2.3　技术集成的作用

下面以生态恢复工程和生物工程为案例来说明技术集成的作用。

生态恢复工程

生态恢复是现代生态学研究的热点问题，它主要研究在不同方式的内源和外源作用格局下特定生态系统（如自然生态系统、人类生态系统）受损或退化的机理，探讨生态系统选择性恢复或再建的规律、方法及其技术（胡聃，2002）。由于复原（restoration）在当今科学技术水平下常常是难以实现的，因此生态恢复实际上是一种选择性恢复或有限恢复。选择性恢复意味着在一定的自然条件和人类活动条件下，不同层次的退化生态系统可恢复到原始参照状态的实际水平。目前常用的恢复技术有物理技术、化学技术、生物技术和生态技术等。它们针对恢复过程中的特定问题，如物理技术主要针对如辐射、风、水文地质、土壤结构等物理问题，化学技术主要针对如污染物或废弃物处理及利用、土壤化学结构与过程土壤盐碱化等化学问题，生物技术主要针对如采种、选种、育种育苗、种质改良等生物问题，生态技术主要针对如生态区域建设、生态行为控制和地球生态建设等生态问题。显然，生态恢复工程是应用生态学、景观生态学与生态工程原理，结合其他自然、社会学科的知识和现代生物、信息技术手段，对多时空尺度上具有特定自然或人类效益的生态学因子与生物因子多样性、结构和功能过程进行整合性规划设计和集成性工程实施，以最大限度地再建特定的自然生态系统、人工生态系统和人类生态系统。这一技术系统虽然具有它的不确定性、复杂性和动态性，但是恢复技术可以从不同角度来规划、开发和利用。要完成这项任务，物理技术、化学技术和生物技术是生态恢复的基础，而且，不同的技术在不同层次（非生物因子、生物物种个体、种群、群落、生态系统、景观、区域乃至全球生态系统）起作用。

目前，国内外生态系统恢复面临许多问题，这些问题归纳起来表现在三个方面（万麟瑞，1999）：第一，对不同空间尺度上的生态系统退化的风险探测、跟踪和指示技术发展不够；第二，多项恢复技术的系统耦合与集成技术很薄弱，尤其是现代高新技术与传统生态技术的整合不够；第三，生态恢复的系统管理技术和退化生态系统信息网络的恢复技术发展不够。因此，要想从根本上解决上述难题，必须从更全面的系统集成层面上来重新理解生态恢复技术，得到一个新的生态恢复技术体系的框架。从技术集成方面来讲，需要做到下述五个方面的集成。

① 生态系统变化（退化、稳定和恢复）的实时探测、诊断、发布与预测技术的集成。这类技术通过遥感、传感、（人的）感知融合，结合三网技术（信号传输网、视频语音网和计算机网）、卫星定位和地理信息系统技术来探测、诊断、报告和预警不同层次上生态系统变化和退化态势及其风险大小。

② 不同层次的退化生态系统重构或重组技术。它包括了基于一定恢复目标的生态系统组分（生物因子和非生物因子）的引入或培育技术，生态系统恢复结构的构建与优化技术，生态系统功能的创建、耦联与转换技术，以及生态系统的时间和空间配置技术四大技术所组合形成的集成技术。

③ 退化生态系统生态-经济价值恢复的集成技术。它包括了由生态系统价值测度与评价、生态系统恢复的成本减少或转化、生态系统

恢复的效益增值与三大类技术（物理、化学和生物技术）整合形成的生态价值集成技术。

④ 退化生态信息系统网络重构与延展的集成技术。它是在人、生物和非生物之间构造生态信息联络与反馈调节平衡通道，促进生态系统整体自我调节与控制能力、自组织能力形成的综合技术。

⑤ 退化生态系统恢复管理的系统集成技术。它包括了由生态系统恢复过程中和恢复后不确定性（风险和机会）的缓冲、化解、转化和利用技术；生态系统恢复的组成、结构，功能的监测、监控、模拟、预测、预警技术；生态系统恢复的人的心理、行为、文化、健康的监管、调理与植物保育技术；生态恢复的价值构造与价值的累积、转换技术等整合形成的生态管理集成技术。

总之，生态系统恢复的整合技术体系是一个生物、非生物和人类的技术因素交互耦联起来的人类-自然集成技术系统。生态恢复工程的核心问题是系统集成，它的目标是在一定系统恢复要求下通过生态集成管理体系对分离的基本原理、信息、技术进行系统复合和集成化工程实施。因此，它的理论、原则、模式和技术对系统化、集成化有着紧迫的要求，这方面的研究孕育着巨大的应用前景，创造性的成果将体现在不同系统恢复目标下的模式集成、信息集成、技术集成以及生态管理体系的集成等重要方向上。

案例 5.6

生物工程

作为高新技术的生物技术代表的是一个新兴产业，虽然不少生物技术产品尚处于研究和实验阶段，商品化发展充满困难和曲折，但是其产业化发展的趋势不可逆转，并将成为社会经济发展新的生长点。在当今生物技术高速发展的背景下，所面临的主要问题是缺少如何把实验室的研究成果转化成能够为人类服务的商品技术，生物工程产品的产业化技术也就成为生物技术高速发展的一个瓶颈。鉴于过程集成化技术在化学工业中取得的成功，发展生物反应过程的集成化技术将成为解决生物产品产业化技术的重要途径之一。

生物体系是一个包含多种反应的集成体系，也是一个反应与传质（质量传递）分离的集成体系。例如，最简单的大肠杆菌中同时发生着数以千计的反应，这些反应涉及细胞的物质合成和代谢产物的生成，表现出多种反应的集成；各种营养物质要通过细胞壁传递到细胞内，一些代谢产物则需要释放到细胞外以防止在细胞内的积累，表现出反应与分离的集成。在蛋白质的生产中，产品的制取一般包括酶生产、酶分离、生物大分子的酶水解、基因工程细胞培养、产物的诱导表达、细胞破碎、产物分离、复性与纯化等基本步骤。生物反应过程集成化技术就是要将这些反应或分离步骤中几种不同的方法集成在一个反应器或一个工艺步骤中进行，这样既能简化工艺流程、提高生产效率，又可以解决产物抑制、失活及操作条件的匹配和制约等问题。对生物反应过程集成化技术的主要研究内容如下。

① 生物反应与生物反应的集成。在一个反应器内可以同时进行酶水解和微生物培养，由酶水解产生的小分子及时地被微生物利用，可以减少一个反应器或酶的分离提纯步骤，避免酶水解产物的抑制作用，这就是水解与发酵的集成。

② 生物反应与分离过程集成。将生物反应所获得的抑制性产物或副产物从系统中分离出去，消除产物对催化剂的抑制作用，提高生物反应速率，这就是反应与分离集成（耦合）。

③ 生物分离过程的集成。a. 分离过程单元的集成：通过新型高效的分离技术将原先流程中的有关单元进行有效组合，减少操作步骤，增加生产效益。b. 分离技术集合的集成：利用已有的和新开发的生物分离技术，把两种以上具有不同分离原理的分离技术集成为一种更有效的分离技术，从而大大提高分离效率。

④ 生物反应与过程模型化和控制的集成。生物反应与过程模型化和控制的集成技术是解决生物体系出现的一些特殊情况的一种较好方法。由于细胞培养体系非常复杂，会出现对生产目标产物不利的因

素，但是其中又有一定的规律，通过一般的调节和控制不易解决。如果深入了解生物体系的反应途径和反应规律以后，再配以精密控制方法，就可以把不利因素减少至最低水平。这样的集合就形成了生物反应与过程模型化和控制的集成。

总之，生物反应过程集成化技术是生物产品产业化技术发展的一个方向，加强这一领域的研究将大大促进生物技术的产业化进程。

5.3 系统集成

在理解了集成的概念后，就可以进一步学习系统集成的概念了。系统可以粗分为两大类：一类是以“物”组成的系统，另一类是由“人”操纵的系统。这两类系统都是为一定的目的服务的。例如，计算机就是前一类系统，通常人们称它为硬件系统，其主要作用是处理数据；程序设计可以说是属于后一类系统，通常人们称它为软件系统，其主要作用是为科研、生产服务。系统按其特性可以归纳为工程系统和事物系统两大类。工程系统分析的对象是实体系统，如地理学制图系统、地震预报系统、气象预报系统、机械系统等，分析的内容涉及技术上的可行性、结构的组成以及可用性和精确度，分析的手段是运用工程技术的科学理论方法。事物系统分析的是软件系统，如经济系统、管理系统、财务系统等，分析的内容涉及管理与控制的可行性方案，这些方案可以作为决策依据。

5.3.1 系统集成的定义

对于系统集成（system integration），很多专家从不同角度进行了研究，同时不同领域的研究者也从不同角度给出了不同的定义。

① 从理论上讲，系统集成的定义是指改善系统结构，加强系统各部分之间的联系与交互，优化性能，使系统表现出更高的整体性。具体地说，系统集成是指在统一平台上对各子系统进行集中监控，综合收集各子系统产生的信息，并根据这些信息的变化情况，让各子系统做出相应的协调动作。

② 从工程技术上讲，系统集成的定义是为实现某一应用目标而进行的

基于计算机、网络、数据库系统的大中型计算机应用信息系统的建设过程，是针对某种应用目标而提出的全面解决方案的实施，是各种技术的综合实现，是各种产品设备的有机组合。具体地说，系统集成就是根据应用需求，将含有各种计算机硬件、软件等的网络、数据库及相应的应用软件，组合成为有效实用并具有良好的性能价格比的计算机应用系统的全过程。这个过程是由从技术咨询、方案设计、设备选型，到网络建设、软硬件系统配置、应用软件开发以及售后服务、维护和培训等一系列活动组成的。也就是说，系统集成与具体应用密切相关。

③ 在工业界，美国 IBM 公司将系统集成定义为将信息技术、产品与服务结合起来实现特定功能的业务。早期的 ISO/OSI，以及 20 世纪 90 年代普及的 TCP/IP、Client/Server 体系、开放数据库互联（open data base connectivity，ODBC）等，都是系统集成领域的典型代表（万麟瑞，1999）。

由上述介绍可以看出，尽管从不同的角度给出了不同的系统集成定义，但是不论是哪一种关于系统集成的定义，有一点是共同的，即系统集成是一项系统工程，是一种系统规划、设计与实施的方法和策略，是一个在多层次体系结构上的工作过程，这是重要的一个方面。这也说明系统集成绝不仅仅意味着一个分系统或只是一套软件的集成，亦不只是用计算机网络把各子系统互联，或只是让它们遵守一定的开放标准。系统集成是系统思想、方法和技术的结合，这是更重要的一个方面。从一般科学方法论层次来看，系统集成无疑将逐渐占据主流思想与主流方法的地位，系统集成时代的到来是不可抗拒的历史潮流（罗治英，2003）。

5.3.2 系统集成的基本内容

我国的学者钱学森、戴汝为、王林平等在系统集成的认识论和方法论方面都进行过不少研究（王寿云，1995）。然而，到目前为止仍没有形成关于系统集成的理论、实施方法及其支撑理论的一整套方法体系。但是，随着相关研究的深入，已经可以简略地将系统集成的研究对象、研究内容和学科关联情况用图 5-1 概括出来（万麟瑞，1999）。显然，框架模型把系统集成的科学内容划分为三个层次，即系统理论层、集成技术层和实施方法层。

（1）系统理论层

现代系统科学与系统工程是整个系统集成理论、技术与方法的前沿，其作用在于：解决边缘性学科相互渗透与方法交叉问题，解决集成目标规划与实施过程整体化、分析与设计模型化以及技术实现方案最优化问题。它的理论体系包括系统论、信息论、控制论、突变论、耗散结构论、协同论等。系统集成理论是以系统理论层为主体的体系结构，它包括集成概念、集成原理和集成机制。在系统理论层中，相关的支持理论包括数学、认知科学、计量经济学和知识经济学，由它们构成参考理论群，用于辅助建模和进行经济效益分析等方面。

图5-1 系统集成基本内容

（2）集成技术层

技术是对理论的基本实践。因此，在技术层中，系统集成平台是由网络硬件系统、操作系统、数据管理系统、应用开发工具和公共集成服务接口等软硬件构成的集成化应用开发环境，它可作为集成变换技术和相关支持技术的物理支撑技术。集成变换技术是技术层的主体，它包括应用系统集成、企业结构集成和支持环境集成三大主体技术及其关键措施。但是，集成技术的核心内容是技术标准的制定与采用，实施参考指南与技术文档规范的制定工作等。在技术层中，相关支持技术构成的辅助技术群包括采用多媒体技术实现文本、图像、视频和音频等多种媒体信息资源的传输模式集成，提供超文本、超媒体和可视化信息服务；采用仿真技术可以实现产品设计与制造过程的虚拟环境集成，提供静态模拟和动态模拟控制手段；采用计算机辅助软件工程（computer-aided software engineering，CASE）工具可以实现软件开发过程的工具集成，提供原型驱动和软件产业化支持途径。

（3）实施方法层

方法是对技术的具体实现，方法层是系统集成框架的最后层次。在方法层中，要给出系统集成的形式化描述方法；定义集成目标模型；定义集成对象、集成状态和集成行为之间的变换操作关系；提供基于集合描述、视图描述和类语描述等多种方法相结合的实用化模型推理机制。实施方法层中的关键是从集成的系统分析方面提供集成化的建模方法；从工程措施和程序预算法方面提供具体有效的实施方法；从集成应用开发的运行效果和经济效益方面提供可操作的评价方法。在方法层中，相关的支持方法构成的辅助群包括采用人工智能方法解决经营决策过程中的知识推理与人-机协同的有效性问题；引入离散事件动态系统（discrete event dynamic system，DEDS）理论，解决离散系统与连续系统集成建模过程中的算法互换与接口规范问题等。

5.3.3 系统集成的实现原理及方式

（1）系统集成的实现原理

计算机集成制造系统（CIMS）是系统集成思想应用的典型案例。有了上面关于系统集成的基本知识后，可以将系统集成的基本原理总结如下：从宏观分析角度 CIMS 中的集成对象类 C_CIMS 和对象属性集 A_CIMS 可描述为

$$C\_\text{CIMS}=\{\text{MIS，EIS，MAS，QAS，RPS}\} \tag{5-2}$$

$$A\_\text{CIMS}=\{(\text{同构，异构}),(\text{集中，分布}),(\text{同步，异步})\}$$

式中，同构与异构、集中与分布和同步与异步，从结构、状态和时间三个方面表述了集成对象的属性，并基本覆盖了集成的接口方式。对象的可集成性用属性集合 $\boldsymbol{A}$ 的特征函数表示为

$$I_A(e)=1\ e\in \boldsymbol{A},\ I_A(e)=0\ e\notin \boldsymbol{A} \tag{5-3}$$

即若集成事件 e 是集合 $\boldsymbol{A}$ 的元素，则其特征函数值 $I_A(e)$ 取 1（相容），否则取 0（互斥）。在一般情况下，同构对象或集中对象之间的组合是一种直接的类规模扩展关系，只需采用同构接口（扩展接口），无须引入互操作机制（这种方法称为同构整体化）；异构对象或分布对象由于结构或位置差异，组成整体的单元之间需要借助于异构接口（互操作接口）才能实现一体化（这种方法称为异构同化）。通常，集成的本意是指异构或分布对象之间的互操作。但是，实际应用环境往往十分复杂，不仅是异构-分布和同构-集中两种情况交织在一起，而且异构同化与整体化两种功效并非完全等价。因此，广义的集成概念应包括异构同化（狭义的集成）和整体优化两大变换操作模式，以及接口（interface）、集成（integration）和整体化（integralization）三类操作方法，即系统集成的“3I”方法。综上所述，可以把集成实现的概念与方法，以及相关技术标准、产品支持、操作机制和变换规则等要素的综合作用机理称为系统集成原理。引入集成对象 O_i (i=1,2,⋯,n)、集成接口 I_j (j=kn,k 是由接口信息交换方式所确定的系数)、集成变换操作 I( )，则系统集成实现原理可以用图 5-2 的过程来表示。

系统集成框架是一种系统集成机制，其标准必须是开放的，它可以实现企业系统集成与全局性能的优化，降低系统集成实施的复杂度，保证系统的开放性和标准化，使用单一接口提供多用户应用（宋海波，1998）。系统集成时，集成框架的利用与否直接关系到系统集成的复杂性、易维护性和高效性等。利用集成框架的系统集成模式被称为基于组件的系统集成。系统集成框架是建立在某种分布式计算技术上的，目前最具代表性的三类

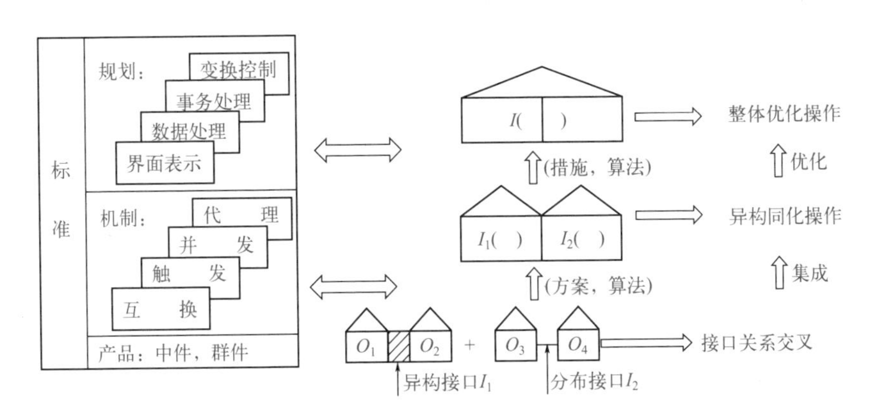

图5-2 系统集成实现原理（万麟瑞，1999）

分布式计算技术是远程过程调用（remote procedure call，RPC）、面向消息的中间件（message oriented middleware，MOM）和分布对象计算（distributed object computing，DOC）。

（2）实现系统集成的方式

实现系统集成的方式与系统集成的任务紧密相连。由图 5-1 框架的分析可知，系统集成的基本任务是，在计算机集成制造（computer-integrated manufacturing，CIM）乃至计算机集成（computer integrated，CI）领域内，研究如何利用各种相关的技术标准与规范、机制与规则和技术与产品，使得先进的管理思想、设计方法和制造技术与计算机信息技术和自动化技术紧密结合，实现管理信息系统（management information system，MIS）、工程信息系统（engineering information system，EIS）、制造自动化系统（manufacturing automation system，MAS）、质量保证系统（quality assurance system，QAS）等单元信息系统与自动化系统的一体化应用及整体优化组合。系统集成是一项涉及多方面的复杂过程，它在不同的子系统间进行信息的交换、提取、共享和处理，其基本目的是减少异构性，及由此产生的系统间共享的复杂性。这种异构性主要是由以下因素造成的：硬件平台标准的不一致、操作系统的不一致、网络协议的不一致和应用格式的不一致等。总体而言，系统集成是为用户提供一个完整的集成化的系统，确保系统中各应用子系统的互操作一致性，使不同软硬件产品、通信网络、应用软件之间的接口和内部操作一致性得到保证。因此，系统集成的任务就是要去除这些异构性，包括用户接口、应用通信、数据共享、系统管理等方面，提供各种类型的服务，使用户得到适合其要求的最佳方案。

系统集成的基本任务可以落实在以下三个方面。

· 由单元系统组成计算机集成制造系统（CIMS）。

· 为 CIMS 实施企业提供工程背景。

· 为 CIMS 应用企业提供集成运行环境的平台产品。

根据上面对系统集成任务的简述可知，实现这些任务的关键是系统集成的实现方法。从系统集成方法论的角度来看，目前尚没有可供直接使用的理论。一般来说，系统集成从实现的方式上可以分为四个层次：以网络连接为主的连接层（网络连接），以系统体系为主的体系层（系统体系），以应用为主的应用方案层（应用方案），以内容为主的综合集成层（综合集

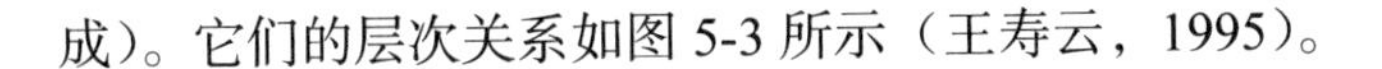
成）。它们的层次关系如图 5-3 所示（王寿云，1995）。

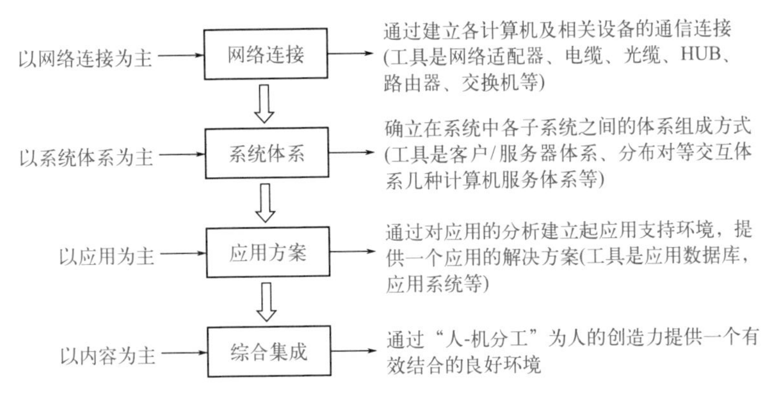

图5-3　实现系统集成的四个层次

由图 5-3 所示的四个层次构成分析可知，系统综合集成是集成的最高层次，是将现代计算机信息技术、多媒体技术、人工智能技术、现代模拟仿真技术、虚拟现实技术引入到系统工程的领域，以解决许多传统方法难以解决的复杂系统问题。它的优势在于：把定量的模型计算与主要是由专家掌握的定性知识有机地结合起来，实现定性知识与定量数据之间的相互转化，由专家介入到模拟过程中解决那些计算机不易解决的非结构化问题。把分析、判断、决策与决策后的“实践”综合起来的方法很好地调和了系统方法论中的矛盾，可以解决许多原先难以解决的问题。只有人类才能在知识的创新过程中扮演核心角色，而综合集成技术则为知识创新提供人-机和谐的环境。

系统集成是多种意义上的集成，它包括支撑系统的集成、信息集成、应用功能的集成、技术集成、方法集成和人的集成等。具体来说，实现系统集成时一般包括以下五个方面的内容。

① 硬件集成。在计算机网络系统的支持下，实现计算机及工厂底层执行设备的集成。表面上的硬件集成例子是纵横交错的光纤、电缆和双绞线把各种硬件互联在一起。

② 软件集成。软件一般泛指系统软件、工具软件及应用软件。软件集成的目的就是要解决异构软件相互接口的问题。如果没有这种软件集成，硬件集成的意义不大。因此，在一定程度上来说，软件集成比硬件集成更重要。

③ 数据和信息集成。如果没有数据和信息集成，系统集成只能是一种

硬件和软件的互联，还不可能形成一个完整集成的系统。因此，在硬件和软件集成的基础上，首先要进行数据和信息的集成，实现信息共享。

④ 管理、技术和生产等功能集成。数据和信息集成为任何一项任务的管理、实施、完成等功能集成提供了必要的手段，从而实现市场调研、设计、生产制造和销售等各环节的最佳协调。

⑤ 人和组织机构的集成。由于再先进的技术装备和软件等都是由人设计、完成和操作执行的，因此人是系统中最为重要和活跃的因素，必须成为系统集成中重点考虑的因素之一。

任何一个完整的集成系统一般都应包括设备、技术、管理、组织和人的集成，而目前的集成实践主要集中在硬件及网络方面，严重忽视了技术、管理和人的因素，没有把这些因素有机地集成在系统中。

（3）实现系统集成的技术途径

由图 5-2 可知，在系统集成实现原理的基础上，系统集成的实施过程如下所示。

首先，定义集成接口关系，即按照物理对象确定硬件接口和软件接口；按应用对象确定分系统级、子系统级和模块级递阶控制接口；按交互方式确定机-机接口、人-机接口和人-人接口（多媒体接口）。这些接口对应关系全部可以归结为同构 / 异构、集中 / 分布以及同步 / 异步三大关系的组合描述。

然后，进行集成变换操作，包括对可采用的技术标准与规范作出正确选择，选用成熟的集成支持产品，引用与集成需求相关的操作机制，制订与操作条件和控制约束相适应的变换处理规则，建立起符合实际的技术解决方案和软件生成算法，完成各种接口要求所给定的异构同化变换及分布处理任务，实现应用系统的基本集成。

最后，进行整体优化处理，通过建立各种操作规范，采取有效的工程措施和人 - 机协调措施，生成可重用的优化算法，验证集成应用开发的完备性和集成运行环境的适应性，从而实现集成系统的整体优化。需要强调的是，整个集成优化过程不仅是静态的，基于系统工程和软件工程的，更重要的是强调动态优化，推行人-机工程、并行工程和重构工程。

在系统集成实现原理的基础上，系统集成主要包括下面几个具体步骤。

① 对用户的需求进行分析、提炼，得出系统集成的基本依据。

② 确定计算机系统模式。例如，可供计算机系统选择的系统模式有主

机模式、基于局域网的文件服务器模式和客户 / 服务器模式三种。选择的原则是满足分布式处理，透明查询，使系统具有开放性。

③ 确定网络互联协议，选择数据库管理系统和操作系统。

④ 确定计算机系统、局域网、广域网操作系统平台框架，对硬件、软件作出相应规划。

⑤ 对用户人员进行培训。

可见，系统集成的技术途径在于利用网络互联及分布计算机技术，构造集成框架。这就需要研究系统方法和机制，以及为适应系统集成创建新系统的方法。系统集成的实际工作内容包括：需求分析（即客户业务目标及要求的分析），项目管理（技术和经济），逻辑性的结构设计，软件和硬件的选型分析与采购，必要的软件设计与开发，系统安装、测试及实施等。从前述集成、系统集成、系统综合集成的概念可以看出，它们是不同层次的对系统集成概念的表述。系统集成与系统分析、综合两种方法相互包含，不仅前者全面继承了后者，后者在许多方面也显含或隐含前者之意。事实上，系统综合集成更像是一种方法学，它可以使我们站在一个更高的位置上更全面地考虑问题。

系统集成的应用领域既包括技术集成、知识集成、战略集成、管理集成、人才集成、机制集成、资金集成等诸多有形和无形资源的集成，也包括各种社会经济、政治、文化、科技类系统的集成。随着全球信息化进程的加快，国家政府机关的集成量明显增加，这势必也会促进各种应用系统的集成。由于系统集成市场的前景良好，世界上许多大公司纷纷加入系统集成商的行列。如今，系统集成已从硬件、软件和服务行业分离出来，形成一个独立的十分诱人的新实业。企业进行系统集成是为了实现竞争能力提升这一战略目标而采取的全局性举措。由于系统集成本身具有高度复杂的特性，因而企业进行系统集成必然是一个长期的历程。

5.4　信息系统集成

正如前文所提及的，系统集成涉及若干不同功能、不同软件平台的分系统（如 MIS 系统和 CAD 系统）。而它们的目标不同，功能不同，采用的数据库管理系统也常常不同，它们之间的集成就涉及信息的集成，信息集成是系统集成的核心。下面主要介绍信息系统集成的有关内容。

5.4.1 信息和信息系统

对于信息（information）的概念，不同的学科有不同的解释。一般认为，它是关于客观事实的可通信的知识。信息系统是一个人造系统，它由人、硬件、软件和数据资源组成，目的是及时、正确地收集、加工、存储、传递和提供信息，实现组织中各项活动的管理、调节和控制。

信息集成是指对系统中各种类型的数据进行统一的处理，避免不必要的冗余，为用户提供统一和透明的界面，从而共享信息。具体来说，就是实现不同数据格式和存储之间的转换、数据源的统一、数据一致性的维护、异构环境下不同应用系统之间的数据传递。

为了完成不同应用分系统之间的信息集成，通常采用的方法如下。

① 各分系统应用之间通过开发一对一的专用集成接口实现数据交互和集成。这种方法的缺点是开发量大，系统可维护性差，任何一个应用系统的修改都会导致一大批相关应用系统的修改。

② 采用独立于任何具体应用系统的共享信息库的方式实现信息共享。这种方式可以避免重复开发功能相同的集成接口。

③ 采用集成平台支持的中间件的方法进行信息共享。这种方法可以实现应用对数据的透明访问，解决应用对于操作系统和数据存储方式的依赖性，是当今最先进的应用系统集成方法之一。

按照处理的对象，可以把组织的信息系统分为作业信息系统和管理信息系统两大类。

作业信息系统的任务是处理组织的业务，控制生产过程和支持办公自动化，并更新有关的数据库。它通常由以下三部分组成。

① 业务处理系统。它的目标是迅速、及时、正确地处理大量信息，提高管理工作的效率和水平，如产量统计、成本计算和库存记录等。

② 过程控制系统。主要指用计算机控制正在进行的生产过程，如炼油厂通过敏感元件对生产数据进行监测，并予以实时调整。

③ 办公自动化系统。这是以先进技术和自动化办公设备支持人的部分办公业务活动（如文字处理设备、电子邮件、轻印刷系统等）。

管理信息系统是对一个组织（单位、企业或部门）进行全面管理的人和计算机相结合的系统。它综合运用了计算机技术、信息技术、管理技术和决策技术，与现代化的管理思想、方法和手段结合起来，辅助管理人员进行管理和决策。5.5 节将重点讨论管理信息系统集成。

5.4.2 信息系统集成

信息系统集成（information system integration，ISI）是根据一个复杂的信息系统或子系统的要求，为了实现某一应用目标而进行的基于计算机网络、数据库、数据处理等大型信息系统的建立过程。该过程显然要涉及四个主要特征因素：系统集成的目标、各要素有机的连接和协调、方案实施的过程和各种集成方法的多元性。面对全球化的市场，企业要在尽量短的时间内对市场作出决策和实施新的业务策略以赢得市场，就必须使企业内诸信息系统同样要适应市场的变化。信息系统已成为企业在市场竞争中取胜的关键。孤立的主机计算模式，已不能适应时代的发展，网络计算成为当今计算模式的主流。因此，信息系统集成一般指企业内部各种信息系统的集成优化，最常见的就是企业内部信息化孤岛的互联互通。

（1）信息系统集成的主要特征

可以认为信息系统集成具有下述四个主要特征。

① 目的性。具有整体的、一致的目标，即系统集成的目标是建立一个和谐统一的信息系统。

② 协调性。以原有系统或已有技术为基础进行结合并协调，系统集成是通过系统内各要素有机地连接或合并来实现的，因此协调功能是系统集成的必要条件。

③ 过程性。系统集成是一个开放过程，其间会有新的要素、技术随机参与进来。

④ 多元性。系统集成是多种意义上的集成，包括支撑系统的集成、信息集成、应用功能集成、技术集成和方法集成等。

（2）信息系统集成的研究内容

信息系统集成的主要研究内容基本上可以归纳为五个方面。

① 信息系统集成的基础。

② 信息系统集成的方法和技术。

③ 信息系统集成的设计。

④ 信息系统集成的开发与管理。

⑤ 信息系统集成的智能化问题。

（3）信息系统集成的具体任务

根据上述五项主要研究内容，可以从五个方面来说明信息系统集成的具体任务。

第一，支撑系统的集成（或称平台的集成）是信息系统集成的重要基础。通常要集成的信息系统由网络平台、操作系统平台、数据平台和服务器平台等各种平台共同构建的基础支持平台组成。这个平台用于实现数据处理、数据传输和数据存储，支撑系统的集成，使不同的平台之间能够协调一致地工作，达到系统整体性能的良好满意度。

第二，信息的集成。信息集成的目标是将分布在企业信息系统环境中自治和异构的多处局部数据源中的信息有效地集成，实现各信息子系统间的信息共享。通过多媒体数据集成，将原有信息系统中信息不一致等各种异构分布的各个自治的数据库进行集成，建立主题数据库，完善整个数据环境，解决数据、信息和知识之间的有效转换问题。

第三，应用功能的集成。它是在集成系统的整体功能目标的统一框架下，将各应用系统的功能按特定的开放协议、标准或规范集合在一起，构成一种一体化的多功能系统，以便互为调用、互相通信，更好地发挥集成化信息系统的作用。

第四，技术集成。实现数据集成是信息系统集成的核心，而技术集成又是整个信息系统集成的关键。无论是功能需求的满足，还是支撑系统之间的集成，实际上都是通过各种技术之间的集成来实现的。

第五，人的集成。人的集成包括：协调工作、人与技术的集成，人-机协调，企业与客户的良好关系和培养具有协调性、创造性的企业文化。系统集成涉及各类人员，如系统集成人员、原系统开发及维护人员、各级管理者和高级决策层等，必须对各类人员按系统集成要求进行分类、分析和综合，尽可能科学地实现系统所要求的人员的集成。人的集成在系统集成中发挥着重要作用。

总的来说，涉及数字空间信息技术的系统集成主要包括数据集成和功能集成两部分。数据集成的目的在于将异构数据规划为同构数据，或将异构数据规划为同构的过渡数据，使形成的数据或过渡数据可以直接被系统使用。功能集成是指将需要的若干系统的功能进行重新组合或整合，以满足集成后系统的需要。显然，数据集成是功能集成的基础。系统集成的主要工作除了数据集成、功能集成外，还包括分布式信息系统的实现（霍亮，2002）。目前，分布式信息系统集成已成为信息系统发展的主流方式，考虑到这一点，系统集成需要进行三方面的工作：数据集成、功能集成、分布式信息系统的实现。

系统集成是现代信息技术的关键环节，信息系统集成是信息系统发展过程中逐步形成的一个主要的研究方向，涉及的学科包括计算机科学与技术、自动控制、系统科学、管理科学、数学、运筹学、人工智能、社会科学等。目前，一些文献资料中将信息系统集成简化成系统集成（胡晓峰，1999），这容易引起混淆。

对于信息系统集成而言，集成有两层含义：一是计算机系统环境的集成，将软硬件配置不同的多个计算机系统组成一个网络，实现彼此间信息的传递与共享；二是计算机应用的集成，使运行在各种计算机系统上的工作通过互联网进行信息沟通，共同来完成一项整体性工作，发挥系统的整体效用。信息系统集成将各种局部的计算机应用子系统，通过计算机网络通信集成为全局计算机的应用大系统，它的主要内容是系统设计和软、硬件配置方案。

（4）信息系统集成的建模方法

由于系统的各个模型可以分别从其相邻的下层模型获得，它们之间既有联系又有一定的独立性，因此，需要一种能够集成功能、行为、结构特性的建模技术。长期以来，人们一直在努力探索一种将系统的结构、功能和行为特性集成在同一模型中进行描述和分析的方法，并且正逐步尝试着运用各种集成技术。但到目前为止，还没有一种能够集成系统的结构、功能、行为和性能特性于一体的建模技术。因此，信息系统开发方法和建模技术的研究仍将是今后研究的焦点问题（王育平，2001）。

一个好的应用系统集成解决方案，不在于它使用的集成技术有多先进，也不在于它的软件代码多么精简，而在于它要有一个结构清晰的集成框架，一种能对实际问题进行透彻分析的建模方法和一套便于理解的模型表述。因此，引进新的建模方法和工具，建立集成化的综合模型，对于信息系统的总体设计和实施具有重要的指导意义。

1）建模原则。对于信息系统的建模，首先应该对实际对象和系统进行抽象和简化，提炼出研究对象的本质特征，然后遵循以下原则建立模型：

① 准确性。所建模型应该能够正确反映实际对象，满足实际需要。

② 完整性。要求系统模型不仅能够反映对象系统的静态特性，同时还要能够描述系统的动态特性。

③ 一致性。要求所建模型能够保证从分析阶段到设计阶段的平稳过渡，使设计系统与目标一致。

④ 实用性。要求系统模型能够帮助分析人员容易地描述系统的特征、信息流的运行状况以及各部分的接口定义和关系。

⑤ 开放性。要求模型的结构是开放的、可变的、容易更新的，以减少不断返工带来的损失。

由于系统的要素及其环境的不断变化，信息系统集成必须长期规划，它的总目标是全寿命期的全局优化。为了全面反映实际问题领域不同侧面的特性，系统模型必须具备以下三个特性。

① 功能特性。通过对系统各个组成部分的功能说明和解释反映系统的特性，并通过系统的功能及功能之间的联系来代表和反映系统。

② 行为特性。通过识别系统各组成部分的行为来代表和反映系统，使建模者了解系统的功能是如何实现的。

③ 结构特性。通过识别系统的各个组成部分以及它们之间的联系来反映系统的物理结构，并通过对系统组成部件及其相互联系的描述来了解整个系统的概貌。

与这三种特性对应的是功能模型、行为模型和结构模型。这三种模型之间的层次关系可以描述为：最底层是结构模型，中间层为行为模型，最高层为功能模型。

2）建模方法。在上面几点建模原则的基础上，信息系统的建模方法主要有四种。

① 面向功能的模型。该模型描述了系统的各种功能及它们之间的联系。描述工具有数据流图。

② 面向数据的模型。该模型主要描述系统内部各种信息流的数据结构及其属性。

③ 面向控制（或动态）模型。该模型描述与时间和操作次序有关的系统属性。

④ 面向对象的模型。该模型描述的是系统的对象的唯一标识、与其他对象的关系、对象的属性以及对象的操作。

传统的系统模型都是从不同侧面对问题领域进行抽象和描述，其思想是任何系统在建立之前应被充分理解，其开发重点是应用软件的开发。现代的信息系统大多为支持分布式计算机的计算机网络系统，因此系统设计的重点是网络结构设计、通信线路和设备选择以及信息资源的优化配置。把应用目标、实现技术和物理模型集于一体的系统建模方法已成为信息系统集成理论的研究热点（王育平，2001）。

3）建模技术分类。目前，用于信息系统集成的建模技术按其讨论的对象核心分类，可以分成以下几种。

① 基于元数据的集成（将异构数据规划为同构数据）。元数据是关于数据的数据，它是描述某种类型资源（或对象）的属性，并对这种资源进行定位和管理，同时有助于数据检索的数据。

② 基于关联式资料管理系统（relational database management system，RDBMS）的集成（将异构数据规划为同构数据，在同一数据库中采用同构方式同时存储空间数据、非空间数据、影像数据等）。

③ 基于异构数据的集成。

④ 基于信息的集成。

⑤ 基于结构化查询语言（structured query language，SQL）和动态链接库（dynamic link library，DLL）的集成（将异构数据规划为同构的过渡数据）。

⑥ 基于功能的集成。

⑦ 基于内容的集成。

⑧ 基于模型的集成。

⑨ 公共对象请求代理体系结构（common object request broker architecture，CORBA）。CORBA 标准具有操作系统的中立性和开发语言的中立性特点，为分布式计算模型架设了基础设施。采用面向对象技术，实现分布异构环境下的应用集成，使得基于对象的软件应用在分布异构环境下可重用、可移植和可互操作。

⑩ 基于代理（agent）的集成。建立在代理理论基础上的分布式信息系统

比基于CORBA的分布式信息系统在思想上更加先进，具有更加理想的系统实现策略，将会成为下一代解决空间物流信息系统集成问题更加理想的方式。

目前，由于企业面对的市场环境不断变化，市场竞争日趋激烈，为了适应这种情况，企业内部的业务流程也必须随之进行相应的调整，作为企业神经系统的信息系统也必须随着环境的变化而不断地改变以与之相适应。因此，随着企业信息系统应用的不断推进和深入，对系统集成提出了一些新的研究课题，其中最为迫切的就是系统的动态集成问题。此外，电子商务渐入人心，电子商务如何与企业的信息系统集成，也是一个值得深入研究的课题。

5.5 管理信息系统集成

5.5.1 管理信息系统集成的概念

管理信息系统（management information system，MIS）起源于20世纪70年代的美国，在80年代微机出现之后才真正开始发展。从80年代后半期开始，我国大量的企业和事业单位开发了许多管理信息系统软件，首先在财务管理信息系统软件方面取得了巨大的成功，带动了其他模块的开发。许多高等学校也先后开设了信息系统专业，并在研究生层次开设管理信息系统专业方向。到90年代初，管理信息系统发展达到了顶峰（黄梯云，1999），已形成了一门综合了管理科学、信息科学、系统科学、行为科学、计算机科学和通信技术的新兴边缘学科。管理信息系统问世以来已为企业管理水平的提高、企业的发展作出了巨大的贡献。

那么，什么是MIS？ MIS的定义有很多种，至今尚无统一的定义。就其功能和实现的方式来说，MIS是一个以人为主导，利用计算机软件、硬件、网络通信设备以及其他办公自动化设备进行信息的收集、传输、加工、储存、更新和维护，使企业各项工作更加明确，提高效益和效率，也使管理者能够更直观地了解生产经营的各个环节的进度和状况，是一个支持企业高层决策、中层控制、基层运作的集成化的人-机系统。人们对MIS的认识是一个不断提高和完善的过程，把目前对MIS的各种定义分析比较后可以看出MIS有两个显著特点：一是MIS概念本身包含了集成的性质，为企业提供基本数据处理系统、信息分析系统和决策支持系统；二是它不仅是一个技术系统，而且还是把人包含在内的人-机系统，因而它是一个管理系统，更是一个社会系统。因此，推进管理信息系统的变革本质上具有社会革命的性质。随着现代企业管理的发展，管理信息系统已经成为我国企业管理的一个重要组成部分。

5.5.2 开发管理信息系统的实施方案

MIS 的开发是一项系统工程，同时也是涉及经济管理理论、运筹学、统计学、计算机科学及系统科学的综合性知识的复杂系统。一般来说，按照生命周期的思想，即将整个开发周期划分为若干阶段，用工程控制的思想进行项目管理，则 MIS 开发主要包括五个方面的内容或五个阶段。

（1）总体规划

根据企业实际情况制订 MIS 开发指导思想。总体规划是建立 MIS 的第一阶段工程，也是系统开发的必要准备和总体战略部署。规划的内容包括目标范围、功能结构、投资规模、参与人员和组织保证、制定规划和实施方案。在这些内容中，重点是确定系统目标、总体结构和子系统划分。

（2）系统分析

系统分析是目标系统的逻辑设计阶段，是对企业进一步的详细业务调查，使总体规划目标进一步落实、细化、量化和具体化，并对子系统进一步分析、描述，最终建立系统的逻辑模型。具体工作步骤包括以下几方面。

① 根据企业组织结构图和业务流程图进行抽象业务流程分析，得出整个企业信息流动及存储的综合情况。

② 从数据和处理两方面来进一步分析细节，得出数据流程图（data flow diagram，DFD）。同时，确定新系统的目标，对系统的逻辑结构、子系统划分和功能进行定义，并对子系统之间的接口、信息关联、新系统与现行系统之间的结合、系统与他系统之间的接口进行定义。

③ 进一步优化业务处理流程和数据流程图，定义经济数学算法和模型，产生子系统模块功能表、数据流程图、输入 / 处理 / 输出（input/process/output，IPO）、数据字典等系统分析文档。

④ 从新系统机构和功能要求出发，提出对计算机逻辑配置的方案。

（3）系统设计

系统设计是新系统的物理设计阶段，根据系统分析阶段所确定的新系统的逻辑模型、功能要求，在企业提供的环境条件下考虑简单性、灵活性、完整性、可靠性的要求，提出一个能在计算机上实施的方案，建立新系统的物理模型。具体工作内容：将子系统设计成若干个模块，进行具体的代码设计、输入设计、输出设计、数据库设计、系统可靠性设计、与其他接口系统的设计、与外部系统的连接设计等。

（4）系统实施

系统实施是使系统设计的物理模型付诸实施的阶段，主要包括程序设计、系统调试和系统转换等。

（5）系统运行和维护

MIS 试运行成功后进行系统转换，进入系统运行与维护阶段。保证 MIS 安全、可靠地运行，同时不断地完善系统，以增强系统的生命力，延长系统的生命周期，提高系统的管理水平和企业经济效益。

MIS 在技术进步和社会发展的推动下，正朝着智能化、网络化、集成化的方向发展。

通常 MIS 应用在三个不同层面上，即第一个层面是建立工艺设计与生产控制的控制信息管理系统；第二个层面是建立企业内部的管理信息系统；第三个层面是基于互联网的企业商务贸易信息系统。

5.5.3 集成化管理信息系统

20 世纪 90 年代，随着信息高速公路的建设，互联网技术被用于企业内部，系统的规模越来越大，结构越来越复杂，使得全面控制一个系统变得更加困难。同时，系统的开放特性和动态交互特性已被广泛使用，互联网的普及不仅使得世界经济成为了一个整体，而且在更深层次上使人们观念更新。它从潜意识里改变了人们的生活，并且使一些现代管理科学的新理念进入实际应用。因此，建立基于内联网的新型管理信息系统成为企业的迫切要求。提出了集成化管理信息系统（Integration-MIS，I-MIS）的概念。I-MIS 与 MIS 是不同的，集成化是指将分散的各种因素或单位有机结合构成一个具备发展功能的整体。MIS 概念本身已包含集成的性质，但是 MIS 只是将集成作为内部构造的一种手段，MIS 强调的是自身构造的完整性和稳定性，集成尚未成为系统向外延伸和拓展的一种机制。I-MIS 是以集成化的方式将传统的 MIS 与外界的信息系统连接起来，形成开放性的动态功能系统。

（1）I-MIS 的设计内容

I-MIS 的设计内容主要包括四个方面的集成化（罗伟其，2000）。

① 功能集成化（function integration）。在设计 I-MIS 时，将各种应用功能（办公自动化功能、事务处理功能、决策支持功能等）按某种开放协议、标准或规范集于一体，达到互为调用、相互通信的目的。

② 技术集成化（technology integration）。在 MIS 系统中，常用的技术和方法有人工智能技术、数据处理技术、数据库技术、计算机技术、通信技术，以及管理科学方法、定性和定量相结合的综合集成方法等。技术集成化就是在实现 I-MIS 的过程中综合运用不同的技术和方法，将这些不同的技术和方法在系统的整体功能的统一框架下实现集成。

③ 软件集成化（software integration）。主要包括软件开发环境的集成和数据库系统的集成。

④ 人的集成化（people integration）。系统集成涉及各类人员，如系统集成人员、原系统开发及维护人员、各级管理者和高级决策层。企业的经营思想是否正确，是否真正改善经营取得经济效益，最根本的是要通过人来实现，归根结底取决于人。因此，必须对各类人员按系统集成要求进行分类、技术分析和综合。可见，人的集成在系统集成中起着关键的作用，人的集成应包括以下几方面的内容：协调工作、人与技术的集成、人机协同、企业与客户的良好关系的协调等。

（2）I-MIS 的工程化开发方法

软件工程的技术和方法为以工程化方法开发 MIS 提供了一种有效的范例，但是软件工程方法还不能简单地应用于 I-MIS。I-MIS 是一项复杂的系统工程，它包括计算机科学、信息科学、管理科学以及通信科学与技术，需要各学科和技术的综合集成；它还包括开发人员、各级管理人员以及用户，需要各方面人员的密切配合和通力合作，它是人、开发方法以及采用工具三者的有机集成。I-MIS 的工程化开发方法的逻辑体系如图 5-4 所示，它是在参考软件工程方法、系统开发方法以及当前流行的开发管理工具的基础上给出的一种工程化开发方法。

I-MIS 是一类大型的复杂系统，其开发过程涉及计算机技术以及许多相关的领域，如软件工程方法学、程序设计方法学、软件工具与软件环境、数据库技术、计算机网络技术、管理工作规范化以及人工智能等。如何将

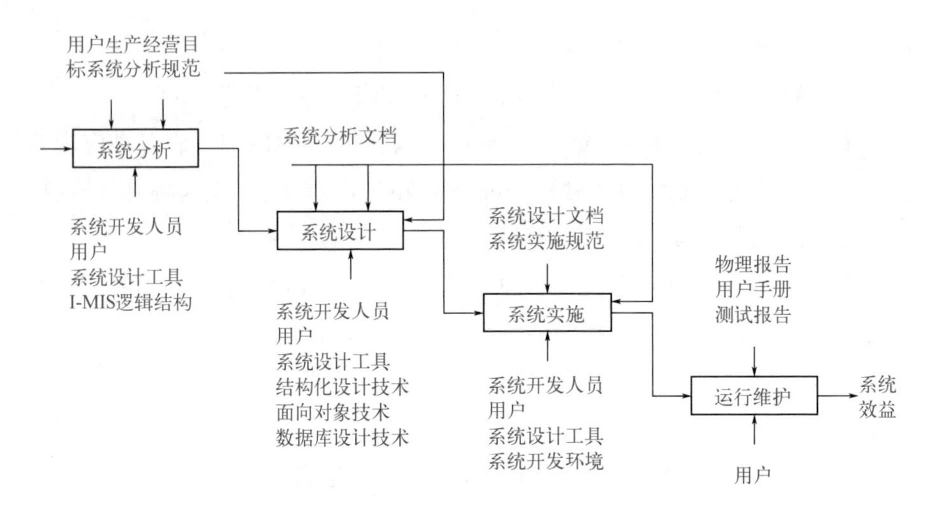

图5-4 集成化系统开发的工程化方法（马蔼乃，2001）

这些技术和方法应用于 I-MIS 的开发也是 I-MIS 研究的重要课题。

5.6 离散制造工业中的系统集成

国际上通常将社会经济过程中的全部产品分为三大类，即硬件（hardware）产品、软件（software）产品和流程性材料（processed material）产品。制造业主要是指硬件产品的制造工业及流程性产品的制造技术。

对一个国家来说，制造业是国民经济的支柱产业和经济增长的发动机，是高新技术产业化的载体和实现现代化的重要基石。具体来说，制造工业一般分成离散制造工业（硬件产品制造）与过程工业（流程性产品制造）两大类。以下将首先讨论离散制造工业中的集成，接着在 5.7 节中讨论过程工业中的集成。

5.6.1 产品与过程

制造业的基本内涵是产品与过程的综合。它的两大本质内容是“做什么”和“怎么做”，与之对应的知识是“产品技术”和“过程技术”，按照传统的制造理论理解就是“设计”和“工艺”。因此，产品技术通常被理解为设计技术，但实际上产品技术不只是具体的设计理论、方法和技巧，而是具体设计前的基于市场和用户的研究，以及新技术发展的应用，这是更重要的方面。过程技术通常被称为制造技术或工艺，但实际上，过程技术不仅仅是制造工艺，还包括制造过程中所用的装备、工具、仪表和组织管理技术以及整个生产过程的构思、规划和设计，即过程的含义是将物化前的产品设计和构思制成物化的具体产品的全过程。更进一步地，现代制造理论把这两个内容定义为以设计为中心的产品技术和以工艺为核心的过程技术。因此，可以认为产品与过程，以及相应的以设计为中心的产品技术和以工艺为核心的过程技术构成了制造业技术（练元坚，1999）。

纵观制造业发展的历程，在手工制造时代，“做什么”和“怎么做”是一体化的，考虑这两个问题的主体是统一的。后来，随着采用机器发展大规模生产，建造自动化流水线实施专业化生产，设计者与制造者分离，形成“设计”和“工艺”。这样在分工提高效率的同时也带来了许多新问题，尤其是现代工业的发展使产品复杂化、多样化，使设计者与制造者之间产生了越来越多的矛盾、脱节和对立。事实上，每个新产品的问世，都是同时解决了“做什么”和“怎么做”的结果。因此，现代制造业的发展要求在新的基础上实现高层次的融合统一，“设计”与“工艺”的协调和集成已经成为进一步提高制造业水平的迫切要求。从制造业的发展轨迹不难发现，从“一体”，经过“分离”，再走向“集成”，是螺旋式上升的发展，是制造业的进步。由此可见，制造业的快速发展总是伴随着先进制造模式的不断出现和企业创新实践的层出不穷，在技术创新和组织创新的同时，推动着一个基于信息技术的制造业的形成，在众多先进制造模式中有一个共性的指导原则和方法论，这就是产品与过程集成。

5.6.2 产品与过程集成的重要特征

产品与过程集成是当今受到普遍重视的研究方向（练元坚，1999）。例如，美国一个有名的生产航空涡轮发动机的公司，为走向世界级制造企业而开发的“承诺不断改进”行动计划（Commitment to Continuous Improvement，C2I）中的重要组成部分正是并行工程和产品与过程集成。他们在 20 世纪 90 年代初开始改变传统的设计和制造的单向顺序关系，针对新产品的开发，以团队开展工作，建立了“集成产品与过程技术委员会”。在该委员会的指导下，几年后，在所有三个重要新产品的开发过程中，都取得了质量提高、成本降低、专用部件减少和整体周期缩短6个月的明显成效。再比如，美国商贸系统唯一的政府科研机构——国家标准与技术研究院（National Institute of Standards and Technology，NIST）专门设有系统集成分部（System Integration Division，SID）。该研究院的一项主要工作是推进“设计规划与过程规划的集成”项目。该项目的目标是开发一项信息模型以实现在设计各阶段上设计规划与过程规划软件的相互沟通。不像有些新理论、新学说提出时与企业界联系不大，产品与过程集成的概念从一开始提出就受到产业界的高度重视和认同，而学术界则在帮助产业部门提高关于系统集成的理论知识和实用方法方面作出了巨大的努力。国际供应链及运营管理协会（The Association for Supply Chain Management，ASCM）发起编写了一套以集成管理为主题的丛书，在丛书中一批专家对于产品与过程开发及其集成作出了十分详细的论述，以帮助企业进行系统学习、自我提高、评估改进，全面掌握当今制造企业面临的十分紧迫的重要问题——集成。

为了实现产品与过程的集成，必须充分发挥集成的优势，它的内容涉及一些新的概念。从产品方面看，集成应该具备对过程友好的解决方案，即具备三要素——可制造性（manufacturability）、无差错设计（error-free design）和解决问题的快速反应（quick problem-solving）。从过程方面看，它应具备的能力是预见能力（forecasting）、抵抗风险能力（managing risk）和处置意外变化能力（coping with unexpected changes）。

产品与过程集成的三大具体作用：第一，协调配合——相互沟通、减少矛盾、减少差错和返工；第二，缩短周期——早期介入、强化反馈、及早准备、提前完成；第三，相互提高——互相支持和加强了解并充分发挥自身及对方的长处和优势。

产品与过程集成的重要特征可以从下述三个方面来说明。

（1）并行工程与成组技术是实现产品与过程集成的典型案例

并行工程（concurrent engineering）是集成地、并行地设计产品及其相关的各种过程（包括制造过程和支持过程）的系统方法。这种方法要求产品开发人员在设计一开始就考虑产品整个生命周期中从概念形成到产品报废处理的所有因素（包括质量成本、进度计划和用户要求等）。它将产品开发设计中的各个串行过程尽可能多地转变为并行工程，在设计时考虑到下游工作中的可制造性、可装配性以及质量问题，从而减少反复过程的发生。并行工程的显著特点是对产品及其过程实行集成的并行设计。因此，并行工程出色地实现和体现了产品与过程的集成（杨伟，1997），是体现过程集成的一种先进制造模式。

成组技术同样也是产品与过程集成的完整体现。以产品技术与过程技术的集成为指导思想的成组生产布局，能够将产品技术和过程技术最好地结合起来，在相对独立的工作单元中做到最大限度的灵活、快捷、高效。成组技术既适用于多种生产，也适合于一定数量的成批生产，将是今后一段时间内现代工厂布局的主要发展方向（练元坚，1999）。

（2）信息技术、虚拟技术与快速原型制造技术为实现产品与过程集成创造了良好环境

当代制造业的两大相辅相成的技术支柱是先进的制造工艺、装备及管理技术和计算机、网络及相关软件技术（练元坚，1999），这从一个方面说明了过程技术、信息技术和产品技术之间的紧密联系和互动关系。

从信息技术的角度看，产品的设计和制造过程是一个信息处理、交换、流通和管理的过程。因此，人们能够对产品从构思设计到投放市场的全过程进行分析和控制，也就是说能对设计和制造过程中的信息的产生、转换、存储、流通管理进行分析和控制。所以，CIMS 环境下的计算机辅助设计（CAD）、计算机辅助工艺规划（computer aided process planning，CAPP）、计算机辅助制造（CAM）就是有关产品设计和制造的信息处理系统。

随着信息技术以及计算机集成制造系统在企业中的广泛应用，新产品开发各个过程应用了相应的信息化工具。例如，在产品设计中使用产品数据管理（product data management，PDM），PDM 是以软件技术为基础，以产品为核心，实现对产品相关的数据、过程、资源一体化集成管理技术。工艺过程设计是连接产品设计制造的桥梁，是整个制造系统中的重要环节，对产品质量和制造成本具有极为重要的影响。在工艺设计中使用了 CAPP 等，CAPP 的集成度不仅仅体现在其与其他系统（如 CAD、CAM、PDM 等）及企业资源计划（enterprise resources planning，ERP）的信息集成，而且更能够体现在工艺内部的集成、不同专业工艺之间信息和过程的集成。从工程的角度看，CAPP 起着向上（产品设计）连接 CAD、向下（加工制造与管理）连接 CAM 的桥梁作用，是工艺信息化技术的核心，在 CIMS 中起着

重要的作用。迄今为止，已开发出众多的商业化的CAPP系统。从总体来看，以交互式设计和数据化、模型化和集成化为基础，具有工艺管理功能并集成数据库技术、网络技术等是这些商品化CAPP软件的共同特点。

应用CAD、CAPP系统以后，迅速产生了大量的电子文档，大部分企业由于种种原因一般没有采用专用的图文档管理系统而造成电子文档查询困难、共享程度不高、数据信息传递速度缓慢、利用率低下、图文档管理不规范和数据安全性差等问题。因此，如何保证电子文档的完整性、一致性和正确性是应用CAD、CAPP系统后所面临的一个大问题。产品数据管理（PDM）正是在这一背景下产生的新的管理思想和技术。PDM解决了上述问题，有机地组织与产品相关的完整生命周期的全部数据，解决CAD、CAPP等系统应用带来的管理问题，如产品结构管理、版权管理、安全性，文件的存储、入库、分类、查询、借用和共享等；实现了宏观管理和控制所有与产品相关信息的机制，覆盖了产品生命周期内的全部信息。由于PDM支持分布、异构环境下的不同软件和硬件平台、不同网络和不同数据库，从而真正实现了CAD、CAPP等的完整集成，成为CAD/CAPP的集成平台。

目前，企业在设计和生产过程中使用CIMS、MIS等单元计算机辅助技术已经日益成熟，但是实现企业信息化离不开这几种技术，即CAD、CAE、CAM、CAPP、PDM、ERP技术，这些技术是实现企业内部全面信息化平台的基本构成。广义的工程设计系统包括CAD、CAPP以及PDM等，项目管理系统与工程设计系统的集成主要包括两部分：一是产品物料清单（bill of material，BOM）的集成，二是产品开发过程的集成。集成与优化技术支持着制造企业的人、技术、管理和资源的集成以及物流、信息流与价值流的有机集成。它是在网络化敏捷制造环境中实现企业内和全球化企业间全局集成的基础设施。系统集成技术支持企业信息的交换与共享、工具和任务间的相互操作、数据和过程的自动管理。

虚拟制造（virtual manufacturing，VMT）是由多学科知识构成的综合系统技术，其本质是以计算机支持的仿真技术为前提，对设计、制造等生产过程进行统一建模，在产品设计阶段，实时地、并行地模拟出产品未来制造全过程及其对产品设计的影响，预测产品性能、产品制造技术、产品的可靠性、产品的可装配性，从而更有效、更经济、柔性灵活地组织生产，使工厂和车间的设计与布局更合理、更有效，以达到产品的开发周期和成本的最小化，产品设计质量的最优化（沈斌，1997）。在 VMT 技术里已经很难区分出产品设计阶段和过程设计阶段。因此，VMT 以高度综合的特征融合了各种先进制造技术、组织和理念，使产品与过程的集成得到了完美体现。

快速原型制造技术（rapid prototype manufacturing，RPM）是在现代 CAD/CAM 技术、激光技术、计算机数据技术、精密伺服驱动技术以及新材料技术的基础上集成起来的一项高新技术，目前流行的 3D 打印技术即为其典型代表。它的基本原理是：将计算机内的三维实体模型进行分层切片得到各层截面的轮廓，计算机根据此信息控制激光器（或喷嘴）有选择性地切割一层又一层的片状材料（或固化一层层的液态光敏树脂，烧结一层层的粉末材料，或喷射一层层的热熔材料或黏合剂）形成一系列具有一个微小厚度的片状实体，再采用粘接、聚合、烧结、焊接或化学反应等手段使其逐层堆积成一体，制造出所设计的三维模型或样件。它的显著特点是能快速地制造出产品样件和模具，大大缩短新产品开发的时间和降低开发费用。目前研究比较成熟的快速原型制造技术有立体光造型制造、分层实体制造、熔丝沉积成型、光固化成型、喷墨打印等。RPM 既为产品与过程的集成创造了先进的新手段，又进一步模糊了设计和制造的界限，成为未来制造的重要生产方法。随着科学技术的进步，计算机技术、新材料技术、激光技术、网络通信技术的发展以及工业部门对缩短制造周期、降低实验成本的要求不断提高，快速原型制造技术更显示出了它巨大的优越性（黄树槐，1997）。因此，可以认为，信息技术、虚拟技术和快速原型制造技术为完美实施产品与过程的集成创造了前所未有的理想环境。目前，产品与过程集成的研究成果已广泛应用于机械制造、汽车制造、飞机制造、航空航天和军事工业及医疗保健领域中。

（3）产品与过程集成的深层次内涵已经超越其本身，而着眼于全面的系统集成

产品与过程集成在经过了 30 多年的发展后，它的概念实际上已经不限于狭义的技术，而是涵盖了更广泛的领域。多层面的产品与过程集成包括产品与过程技术的集成、产品与过程规划的集成、产品设计与过程设计的集成、产品系统与过程系统的集成、产品管理与过程管理的集成、产品组织与过程组织的集成等。同时，产品与过程集成的概念已经扩展到制造活

动与销售、供应、分包等活动的集成关系中。国内外对系统集成发展过程的共识是信息集成→过程集成→企业集成。但是具体怎样理解这三个集成概念，国内外不同的专家有不同的说法。一般认为，系统集成在企业实践中有两种含义：一种是指企业集成，应用在计算机集成制造领域；另一种是指信息系统集成，属于信息系统工程研究的范围。目前，通常意义上的系统集成一般指信息系统集成。通过对信息系统集成的内容、实施和方法的分析可知，从通俗的意义上来讲，信息系统集成是针对某种应用目标而提出的全面解决方案的实施过程，是各种技术的综合实现过程，是各种设备的有机组合过程。这个过程由技术咨询、方案设计、设备造型，到网络建设、软件硬件系统配置、应用软件开发、维护支持和培训等一系列活动组成。如果将集成的程度用集成度来表示，可以把系统集成模式的发展经历划分成几个阶段，如图 5-5 所示（李少波，2002）。由图可知，基于文档的集成是初级阶段。基于 PDM 系统的集成为 CIMS 环境下的各个分系统之间的集成搭起了集成数据和过程的集成平台和框架。随着对系统集成智能度要求的提高，又发展了产品协同商务（collaborative product commerce，CPC）的集成，它建立了协同的作业条件 / 环境，但其集成仍然缺少智能性。知识管理作为知识经济发展的依托和知识创新的手段，已成为企业和政府关注的热点课题，也成为管理学、经济学、信息管理学等学科研究的新课题。知识开始成为企业关键的经济资源并变成主宰甚至是唯一的竞争优势来源。因此，基于知识的集成系统成为目前系统集成的最高阶段，也是信息集成系统发展的趋势。

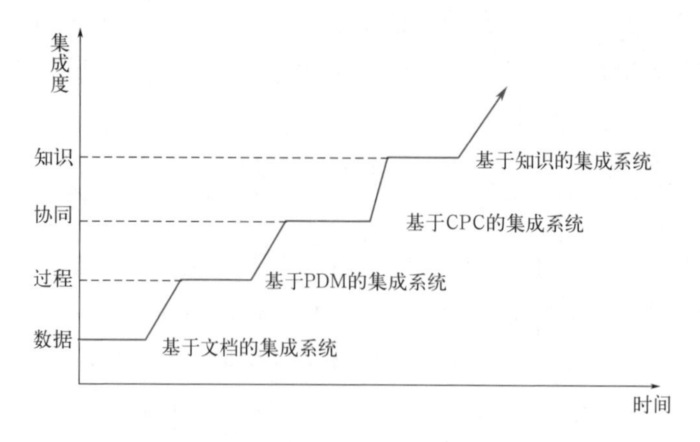

图5-5 系统集成的发展趋势（李少波，2002）

以上讲到的企业信息化技术、并行工程、虚拟制造和快速原型制造技术都是实现敏捷制造的重要手段和方法，它们将使现代制造业的生产过程、企业管理、劳动方式、组织结构和决策准则都经历巨大的冲击和变化。

由此可见，产品与过程集成不仅是一种新的制造模式或新技术，而且是一种原则，一种思维方式，一种从实践中来又回到实践中去的指导思想，一种组织制造业生产活动的基本观念和方法论，它体现于诸多有特点的技术和理论之中（韩冬冰，1999）。21 世纪初，一些大型先进的制造企业都在研究如何适应全球化竞争形势的发展战略，探讨如何才能成为一个世界级的制造企业。为了做到世界级制造企业必须具备的满足客户、质量驱动、减少损失、员工参与和永不停顿地改进等基本要求，其中一个最重要的对策就是推行产品与过程的集成原则。通过这一原则，产品与过程集成的概念实际上已经不限于狭义的技术，而是涵盖更广阔的领域。

5.6.3　计算机集成制造系统中的系统集成

美国于 20 世纪 70 年代提出了计算机集成制造系统（CIMS）的思想，CIMS 的研究与应用在离散制造业取得了巨大的成就。世界上许多国家的研究机构纷纷提出了自己的 CIMS 理论体系。

（1）CIMS 的发展历程

CIMS 是在企业面临激烈的市场竞争需求和科学技术长足发展的形势下出现的一项综合性的高技术，自从 1973 年美国的哈林顿（J.Harrington）博士首次提出 CIM 的概念以来，CIMS 已经成为制造业的热点，各工业发达国家都对 CIMS 给予了高度关注。CIMS 被认为是 21 世纪组织企业生产的主要模式。在我国，自 20 世纪 80 年代中期以来，CIMS 逐渐成为制造业现代化的热点。尤其是 1986 年 3 月，在启动国家“863”高技术研究和发展计划的同时，CIMS 被列为国家高技术研究发展计划的主题之一。

经过近 40 年的工作，我国 CIMS 的研究、开发与应用取得了重大进展，提出了许多新的概念。回顾历史，可以将 CIMS 的发展分为三个阶段（顾冠群，1999）。

① 信息集成 CIMS 的第一阶段以信息集成为特点，即通过信息集成解决上市（T）、质量（Q）、成本（C）、服务（S）。这个阶段主要是从技术角度解决企业竞争需求，关键技术是企业建模、系统设计方法、软件工具和

规范、异构环境下的信息集成等。企业 CAD/CAPP/CAM 系统的信息集成，提高了企业的设计自动化程度和水平，解决了企业各部门之间信息不共享、信息反馈速度慢、计划不正确、库存量大、产品制造周期长等问题。

② 过程集成 CIMS 的第二阶段以过程集成为特点，通过人 / 组织体制及技术集成重点解决 T、Q、C、S 等问题。这个时期的关键技术：产品设计开发过程的重构和建模；计算机支持下的协同工作（computer supported cooperative work，CSCW）和产品数据管理（PDM）；并行工具，如组装的设计（design for assembly，DFA）、制造的设计（design for manufacturing，DFM）等。

③ 企业集成阶段以企业集成为特点，从优化角度形成虚拟企业或动态联盟，以敏捷制造（agile manufacturing，AM）为特征，重点实现企业集成和组织上的动态联盟。这个时期的关键技术是支撑敏捷制造的使能技术、资源优化和网络平台［互联网（Internet）、企业内部网（Intranet）、外延网（Extranet）］。

（2）CIMS 的内涵

那么，CIMS 的具体内涵是什么呢？CIMS 是企业组织、管理和运行的新模式，它综合运用现代制造技术、信息技术、自动化技术和管理技术，将企业各项活动中的人、技术和经营管理，以及信息流、物料流和资金流有机集成，并实现企业整体优化，从而达到产品上市快、质量高、成本低和服务好的目的，使企业赢得市场竞争。有了前面关于系统集成、信息系统集成和管理信息系统集成的基本知识后，我们就比较容易理解 CIMS 的概念了。CIMS 的集成技术包括：信息流、物质流与组织的集成生产自动化、管理现代化与决策科学化的集成；设计制造、监测控制和经营管理的集成。换句话说，CIMS 是集现代信息技术、制造技术于一体的大规模综合自动化系统，是信息时代制造业的生产、经营和管理模式。CIMS 不同于其他计算机系统或自动化系统的主要标志在于“集成”二字，即 CIMS 的核心内容在于集成。它将企业中的人、技术和组织集成起来，将企业在制造其产品的各个环节（包括市场预测、产品设计、制造、储运、管理、销售等）中的计算机高新技术集成起来。但是，归纳起来，CIMS 中的集成主要是系统集成和信息集成。

（3）CIMS 的构成框架

由于 CIMS 是一个极为复杂的大系统，要想使这个系统中的各个组成部分有机地集成起来，必须有一个总体的系统集成框架。当然 CIMS 的总体体系结构是不尽一致的，不同的 CIMS 可有不同的总体体系结构。但一般情况下，CIMS 系统的构成包括四个应用分系统和两个支持分系统（马晓光，1999）。

四个应用分系统如下。

① 管理信息应用分系统。上面已经学到了 MIS 的基本知识，它具有生产计划与控制、经营管理、销售管理、采购管理、财务管理等功能，处理生产任务方面的信息（如 MIS）。通过信息集成达到缩短产品生产周期，降低流动资金占用，提高企业应变能力的目的。

② 技术信息应用分系统。由计算机辅助设计、计算机辅助工艺规程编制和数控程序编制等功能组成，用以支持产品的设计和工艺准备，处理有关产品结构方面的信息（如 CAD、CAPP 等），使产品开发过程更高效、更优质地进行。

③ 制造自动化应用分系统。也可称为计算机辅助制造分系统（如 CAM），它包括各种不同自动化程度的制造设备和子系统，用来实现信息流对物流的控制和完成物流的转换，即为 CIMS 中信息流和物质流的结合点。对于离散制造业，可由数控机床、加工中心、立体仓库、多级分布式控制计算机等设备及相应的支持软件组成。对于连续生产过程，可以由集散控制系统（distributed control system，DCS）控制下的生产设备组成，通过管理与控制达到提高生产率、优化生产过程、降低成本和能耗的目的。

④ 计算机辅助质量管理应用分系统。其具有制订质量管理计划、实施质量管理、处理质量方面的信息、支持质量保证等功能，如计算机辅助质量系统（computer aided quality，CAQ）等，保证从产品设计、制造、检测到后勤服务的整个过程的质量，从而实现产品高质量低成本的目标。

此外，数据管理支持分系统和计算机网络支持分系统作为两个支持系统，分别用于管理整个 CIMS 的数据，实现数据的集成与共享；用于传递 CIMS 各分系统之间和分系统内部的信息，实现 CIMS 的数据传递和系统通信功能。

从 CIMS 的定义及其系统结构可以看出，CIMS 是一种典型的企业信息集成系统。最初 CIMS 的含义侧重于信息集成，信息集成是早期 CIMS 的基本内容。因此，企业实施 CIMS 首先要实现信息集成。因为它解决了企业各部门间因信息不共享、信息反馈速度慢、信息不全等造成的企业决策困难、计划不准确、库存量大、产品制造周期长等问题，提高了企业的现代化管理水平和整体经济效益。但是，无论是信息集成、功能集成，还是过程集成，都离不开软件工具的支持，因为企业集成水平的提高在很大程度上取决于软件系统集成水平。

目前，我国CIMS总体技术的研究目标是：研究面向21世纪的各种先进制造系统的新模式、新概念和新思想，提出符合中国国情的CIMS方法论，即现代集成制造系统；研究CIMS的总体集成技术，开发关键的建模工具和集成工具。根据这个目标，有研究者提出了CIMS总体技术框架，如图5-6所示（祁国宁，1999）。

由图5-6可知，现代集成制造系统强调的是系统集成，它包括了信息集成和系统优化两方面的含义。

（4）CIMS技术的研究内容

CIMS总体技术的研究内容分为四个层次。

① 先进制造系统的新模式、新概念和新思想。现代制造业正在经历着巨大变革，提出了一些先进制造系统的新模式，它们包括：

· 可伸缩的、柔性的制造系统组织模式；

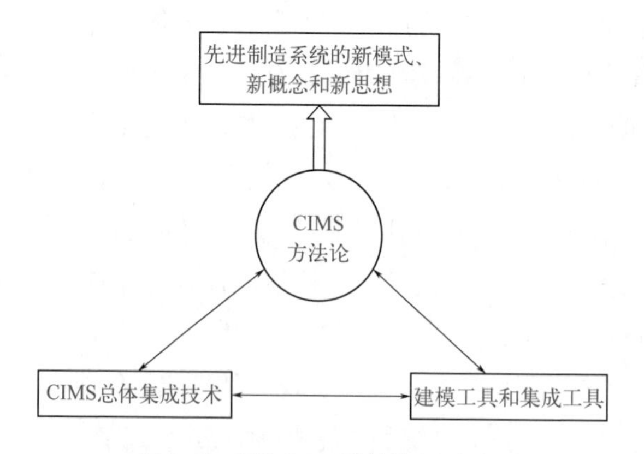

图5-6 现代CIMS总体技术的框架

· 基于复杂系统模型的制造系统组织模式；

· 偏重管理优化的先进制造系统模式；

· 大规模定制生产（mass customization，MC）的制造系统模式；

· 可持续发展的、社会和环境可承受的制造系统模式；

· 综合的制造系统组织模式。

由于本书篇幅所限，这里对上述概念不作具体讲述，感兴趣的读者可以自行查阅有关专业资料。

② CIMS 方法论。由于制造系统环境的不断变化，CIMS 的思想和哲理也在不断变化、发展和完善之中。除了将各种先进制造系统新模式和新思想引入到 CIMS 中外，还应该对 CIM 中“集成”概念的内涵进行深入的研究和探索。这种研究成果必然会对 CIMS 复杂系统的开发和实施提供指导作用。根据 CIMS 的定义，CIMS 中有三个要素，即经营管理、技术及人 - 机结构。CIMS 中的集成就是把这三者紧密结合起来，组成一个统一的整体，使整个企业范围内的工作流、物流和信息流都保持通顺流畅和相互有机联系。即“集成”的核心内容包括了信息集成、过程集成及企业间集成三个阶段的集成优化。目前，CIMS 中“集成”的形态主要有：信息集成、功能集成、过程集成和知识集成等。可以说，CIMS 研究的重点在“集成”上，CIMS 中的集成概念正在发生着三个方面的重大转变：第一，集成范围的转变，即从企业内部的集成到整个供应链的集成；第二，集成紧密度的转变，即从过程序列到过程链和过程流的转变；第三，集成重点的转变，即从下游的物流集成到上游的产品形成过程的集成。CIMS 的另一研究重点是企业建模方面的一些共性理论和方法。例如，智能建模方法、集成的产品模型和过程模型、基于 Internet 的企业协同建模方法等。因此，过程集成和企业集成不仅在信息集成的深度和范围上有所扩展，更多的是从系统优化的角度进行系统集成。

③ CIMS 总体集成技术。根据 CIMS 技术发展趋势来看，CIMS 总体集成技术的发展方向是：建立基于 Internet/Intranet 的全球工业信息网和在以知识为主导的信息基础上的综合集成技术。为了适应敏捷生产的要求，离散制造业中将主要发展敏捷企业动态组织、柔性可重组的 / 模块化的生产单元；过程工业将主要发展企业级集成优化技术、智能型过程控制和仿真系统、全球化动态联盟企业的管理与组织技术，面向全球化生产体系的全局信息集成与系统优化技术等方面将迅速发展。

④ 关键建模工具和集成工具。CIMS 是一门包括信息技术、自动化技术、制造技术、管理技术的综合工程应用技术，是促进传统产业改造和新兴高技术产业形成的重要途径。目前 CIMS 的关键技术主要包括：面向 CIMS 集成的支撑技术；面向 CIMS 的经营管理技术；面向 CIMS 的计算机辅助设计

（CAD）、计算机辅助工艺设计（CAPP）、计算机辅助制造（CAM）技术；面向CIMS的柔性制造技术；面向CIMS的并行工程技术等。完成上述任务的基础是具有系统有效的建模工具和集成工具。目前这方面的研究重点是：

· 研究基于互联网的企业参考模型库，使实施CIMS的企业可以方便地通过互联网建立、查询、下载和修改自己企业的模型；

· 研究基于互联网的面向企业内和面向企业间信息集成的工具，研究支持敏捷设计和制造的基于互联网的集成信息系统、产品信息资源库，研究支持企业创新网络的集成工具等；

· 研究支持大量生产的工具和平台，实现以大量生产的效益进行单件生产；

· 研究支持企业重组和持续改善的分析和建模工具。

5.7 过程工业中的系统集成

过程工业（又称为流程工业）涉及范围十分广泛，它主要包括石油、化工、冶金、食品加工、制药以及电力等。过程工业是国民经济发展中的一个多品种、多层次、服务面广、配套性强的重要基础产业，与其他部门和直接消费市场关系密切，在全球制造业中占有十分重要地位。它又是资金密集和技术密集的产业。

5.7.1 过程集成

所谓“流程性材料”是指以流体（气、液、粉粒体等）形态为主的材料。过程工业是加工制造流程性材料产品的现代国民经济的支柱产业之一。它通常涉及一系列的过程机器和过程设备，按一定的流程方式用管道、阀门等连接起来的密闭系统，再配以必要的控制仪表和设备，连续平稳地使以流体为主的各种流程性材料经历必要的物理化学过程制造出人们需要的流程性材料产品。

过程工业的计算机集成过程系统（computer integrated process system，CIPS）中必定有某种过程进行。所谓过程集成，目前尚无明确的公认的定义。一般认为，过程集成是指将两个或两个以上的生产技术或工艺步骤有机地结合在一起，在一个生产过程或设备中同时完成的先进生产技术，它能够将企业的一切资源、功能、活动过程重新构建，实现业务流程的优化。这个任务反映在信息系统上，要求支持过程集成的新一代信息系统体系结构和信息系统集成方法。过程集成的目的是简化工艺流程，提高生产效率及降低投资和生产成本。现代过程系统工程中一个很重要的特征概念是过程集成，它从系统的角度进行过程设计优化，负责过程综合、过程分析与过程优化的相互协调。

目前，在过程集成方面的研究工作较少。过程集成概念的产生和发展与离散制造业的产品与过程集成紧密相关，过去，人们对制造企业的各种单元技术进行了大量的研究与开发，并且在工业应用中取得了巨大的经济效益。但是，分散孤立对待各项管理、制造与自动化技术，无法保证制造业全局性优化运行。激烈的环境变化和市场竞争要求企业以集成的观点综合管理技术、加工技术及各种过程自动化技术。

近 40 年来，CIMS 的研究与应用在离散制造业取得了巨大的成就，CIMS 的理论与技术在过程工业也得到了重视。虽然过程工业可以借鉴离散制造业的 CIMS 的成果，但是过程工业 CIPS 理论体系框架、管理模式、建模设计方法、集成技术及其系统实施方法、生产过程和经营管理方面具有自身的特点。过程工业与离散制造业相比在生产经营方面具有较大差异。例如，石油化工的最终产品全是经过无数次的分离、化合、重整、聚合、异构、裂解、合成来完成的，同时需要进行产品、副产品、废品及回收物品的管理。因此，对于过程工业，在借鉴离散制造业 CIMS 成果的基础上，必须建立具有过程工业自身特色的 CIMS 理论体系框架、管理模式、建模设计方法、集成技术及其系统实施方法等。在这项工作中应遵循的一般原则如下。

第一，为了实现过程集成保证有效地发挥人与技术的作用，提高企业的市场竞争力，首先应从过程企业管理模式入手，在总结和提炼国内外过程企业自动化系统实施经验的基础上制订企业的各种管理策略。

第二，分析企业各种功能、过程、资源约束关系、组织机构和产品等，建立相应的参考模型和企业体系结构，使企业功能模型覆盖企业的经营决策、生产管理、计划调度、协调与监控等主要工作，提高企业功能子系统的智能；使业务过程模型覆盖企业采购与销售供应链过程、计划调度过程、成本核算控制过程以及产品生产过程等活动，并以功能模型与过程模型为核心，其他模型为辅助，实现不同视图之间的集成和导航。

第三，信息集成是各种优化策略和企业综合自动化的基础，过程集成是综合自动化的核心部分，它将企业内发生的各种过程（物流过程、能流过程、资金流过程、人力流及管理过程流等）集成在一起，发挥综合优势的效果。

图 5-7 为一个典型的石油化工行业生产流程的过程流模型。其中有资源智能体（Agent）、物流智能体及资金智能体等，从不同的角度反映生产全过程。

由于过程工业的重要性，过程企业综合集成问题已经成为政府、企业和科技界普遍关心的课题。目前，过程企业的基础自动化技术已比较成熟，各种单元控制的硬件与软件在企业生产装置的控制中起到了重要作用。相对而言，在企业管理与过程技术综合集成方面的研究和应用较为薄弱。因此，过程工业的管理与自动化技术研究内容应主要包括四个方面的技术集成：基础自动化技术及过程集成（包括反馈控制、逻辑控制、数据采集处理技术及各类底层自动化设备装置）；过程自动化技术及综合集成（包括过程建模与优化控制、过程仿真、过程故障诊断及预测技术）；生产优化调度及协调控制和集成；企业管理及决策支持技术的集成。

总之，过程集成的实质内涵是：以并行的思想综合考虑产品全生命周期中所有活动，实现企业产品全周期中各业务过程的整体优化。过程集成是信息集成在广度和深度上的扩展和延伸，更多地考虑了系统的优化。

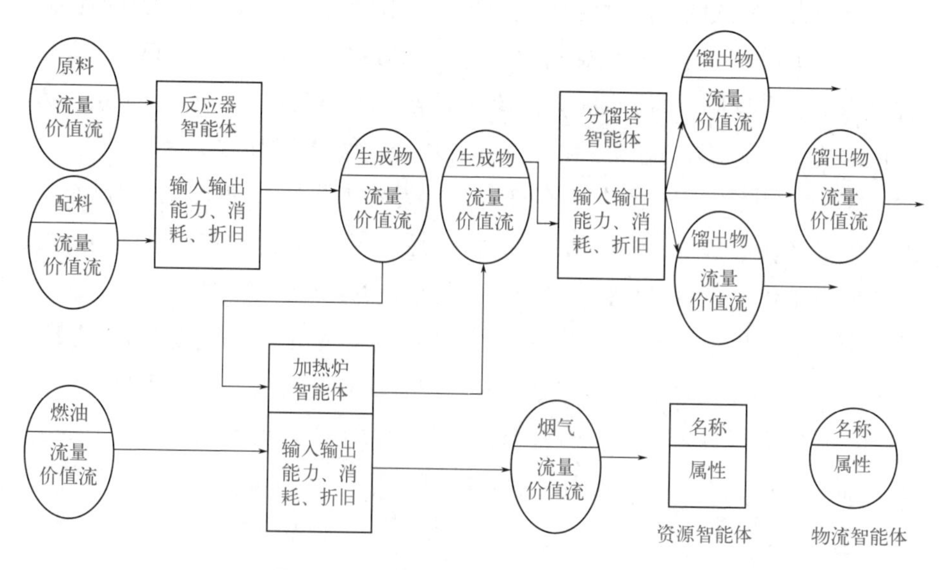

图 5-7 过程集成与优化（王成恩，2000）

5.7.2 计算机集成过程系统中的系统集成

计算机集成制造（CIM）理论在离散制造工业中已有了近 40 年的实践，但是在流程工业（如石油、化工和能源工业等）中的应用要晚几年。20 世纪 90 年代以来，随着日益严重的环境问题和市场竞争压力的增大，CIM 思想开始在过程工业推广应用，形成了计算机集成过程系统（CIPS）或称为流程工业的 CIMS。一般来说，过程工业的连续生产过程与离散制造过程相比具有以下几个特点（杨忠明，1999）。

① 从生产方式上来看，连续生产及其产品相对稳定、生产周期长，生产设备种类单调，更换周期长，有很强的结构化特征。

② 从优化生产方面来看，连续生产过程往往以现有生产过程为基础，通过优化调度和操作等手段使过程在安全和平稳的条件下根据市场需求进行优化生产，以获得最大的经济效益。

③ 从生产过程的信息化方面来看，连续生产过程有时会涉及一些化学物质的能量传递和转换过程，可测量的状态参数主要是各种不确定的温度、压力和流量等数据，因此，怎样从大量冗余的、不可靠的测量数据中提取有用信息，成为生产管理、操作运行和质量控制等工作顺利进行的基础。

④ 从运行和控制机制方面来看，流程工业生产过程涉及复杂的过程机理，信息不完整，外界干扰因素多，具有较大的随机变化发生。因此，它们往往要用各种模型化方法进行优化的生产操作和控制。

⑤ 在故障突发事件的处理方面，连续生产过程涉及原料供应、动力系统、操作工艺、设备故障等多种因素的影响，故障的预测和处理难度很大，事故造成的危害巨大。

根据上述连续生产过程的具体特点，CIPS 的基本思想就是在获取生产流程所需全部信息的基础上，将分散的控制系统和管理、决策支持系统有机地集成起来，形成现代化的综合管理自动化系统。在这个系统中必须体现过程工业连续生产过程的 CIPS 的四个基本要求，即：

- 整体性要求——从整个生产过程的全局进行考虑，实现整体的全面优化；
- 有效性要求——使生产过程处于最优状态，获得最大的经济效益；
- 柔性要求——能够快速适应市场的原材料供应和产品需求的变化；
- 可靠性要求——能够保证建立一套故障诊断、状态检测、安全保护系统，确保生产系统安全、稳定、长周期运行。

根据连续生产过程的具体特点和要求，图 5-8 给出了一个 CIPS 功能结构的示范（杨忠明，1999）。

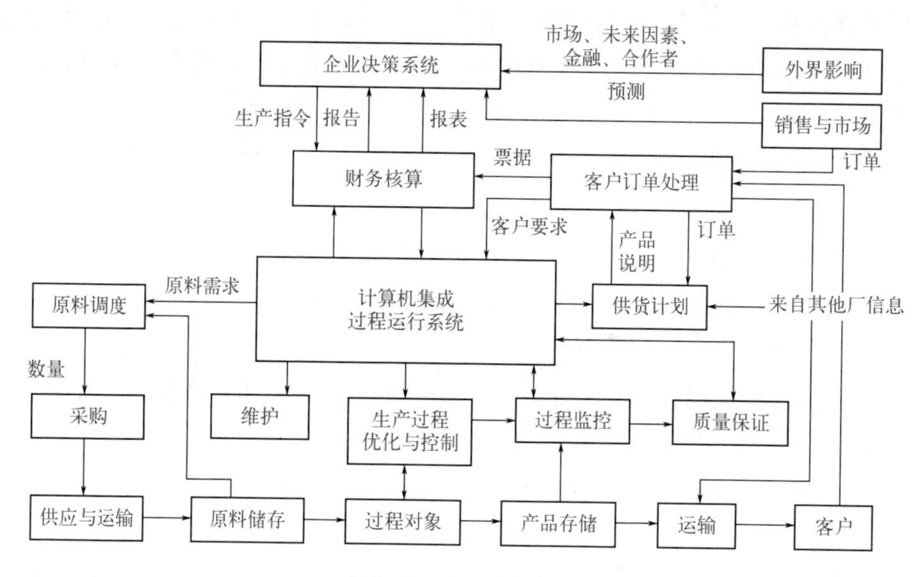

图5-8 CIPS功能结构

5.7.3 计算机集成过程系统的体系结构

由图 5-8 的分析可知，这种常用的 CIPS 的体系结构可以总结为过程工业 CIPS 的传统五层次结构，如图 5-9 所示。

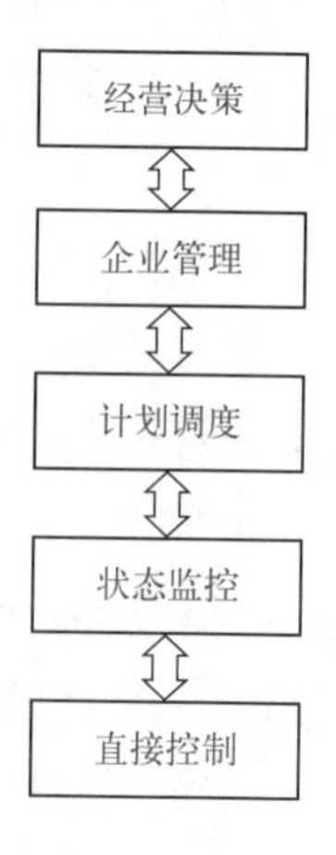

图5-9 过程工业CIPS的传统五层次结构

近 30 年来，现代信息技术（特别是网络技术）的飞跃发展导致了全球市场的形成，从而带来了激烈的市场竞争，用户对产品质量、品种和价格的挑剔越来越苛刻，致使新产品的生命周期越来越短。另一方面，日趋严峻的资源、环境及安全等方面的约束，对过程工业提出了严峻的挑战，要求过程工业企业必须采用先进的信息技术、控制技术与系统集成技术，改善生产技术和管理水平，从而迫切需要应用 CIPS 技术。其主要内容是采用计算机、信息和自动化技术以及有关生产技术，建立包括全企业经营决策、管理信息、生产调度、监督控制和直接控制在内的管理及控制全部生产活动的综合系统，从而达到提高企业竞争力和获得良好经济效益的目标。显然，其核心是“集成”，即通过多种技术的综合，从而达到企业的信息集成、任务集成、工具（方法）集成等目标。在国内，CIPS 技术研究正处于起步阶段。

企业经营可以分为两大部分：一部分是营销管理、物资供应管理、财务管理、人事管理等软技术；另一部分是测量数据的采集、实时数据库建立、过程模型化与模拟技术、故障诊断和生产调度等硬技术。CIPS 就是企业软技术与硬技术的集成，如图 5-10 所示。

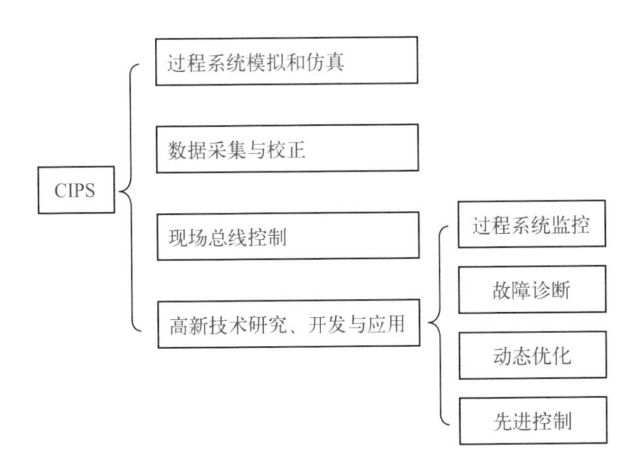

图5-10　CIPS体系的主要内容

但是，随着过程工业 CIPS 理论与技术的发展，图 5-9 所示的传统体系结构已不能适应过程工业综合自动化的发展趋势。如今，CIPS 的体系结构已经开始转变为如图 5-11 所示的 ERP/MES/PCS 三层次“扁平化”结构（王凌，2003）。

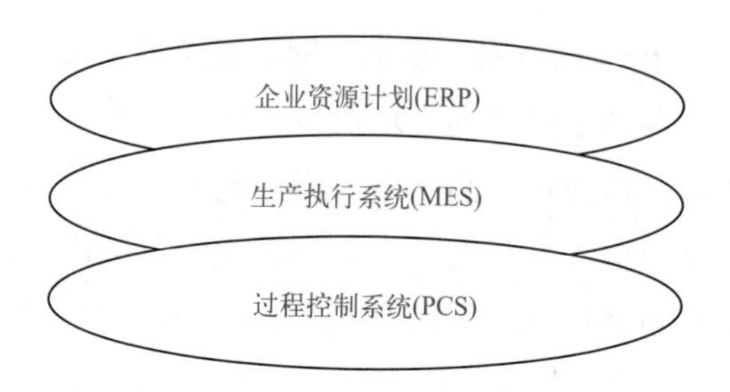

图5-11 过程工业CIPS的“扁平化”三层结构

其中，企业资源计划（enterprise resources planning，ERP）采用以财务分析决策为核心的整体资源优化技术；生产执行系统（manufacturing execution system，MES）采用以综合生产指标为目标的生产过程优化运行、优化控制与优化管理技术；过程控制系统（process control system，PCS）采用以产品质量和工艺要求为目标的先进控制技术、常规控制技术以及智能优化控制技术。在 PCS 层中包括企业使用的集散控制系统（distributed control system，DCS）和现场总线控制系统（fieldbus control system，FCS）。可见，MES 是处于计划层与控制层之间的执行层，是生产活动和管理活动的桥梁。企业网络服务系统、计算机网络系统、关系和实时数据库系统组成的计算机支撑系统则是通过 MES 和支撑系统实现整个企业的总体信息集成。它通过生产过程信息处理和支持系统提供的信息与知识对生产统计、生产调度、物料平衡、生产成本、设备、质量以及安全等进行实时管理。目前，在过程工业 CIPS 中，由于 PCS 层的信息集成技术已相当成熟，ERP 层的理论和技术与离散工业区别不大，可以直接使用。因此，MES 是过程工业 CIPS 发展的关键。

由于今后 ERP/MES/PCS 将成为过程工业 CIPS 理论和产品的主流框架，所以，针对过程工业 CIPS 的特点，有研究者提出了如图 5-12 所示的过程工业 CIPS 实施体系（王凌，2003）。

由于 CIMS 体系最早是针对离散工业产品制造提出来的，从功能结构上来看由经营管理分系统、工程设计分系统、车间自动化分系统、质量保证分系统及计算机网络和数据库支撑分系统组成，而过程工业与离散工业相比有许多不同的特点，它的功能结构与实施细则显然与离散工业的 CIMS 有所不同，这些不同点表现在产品开发的过程、生产过程的环节、在线采集数据、连续稳定生产和降低能耗及节省原料等几个方面，读者可参阅有关资料自行分析比较。

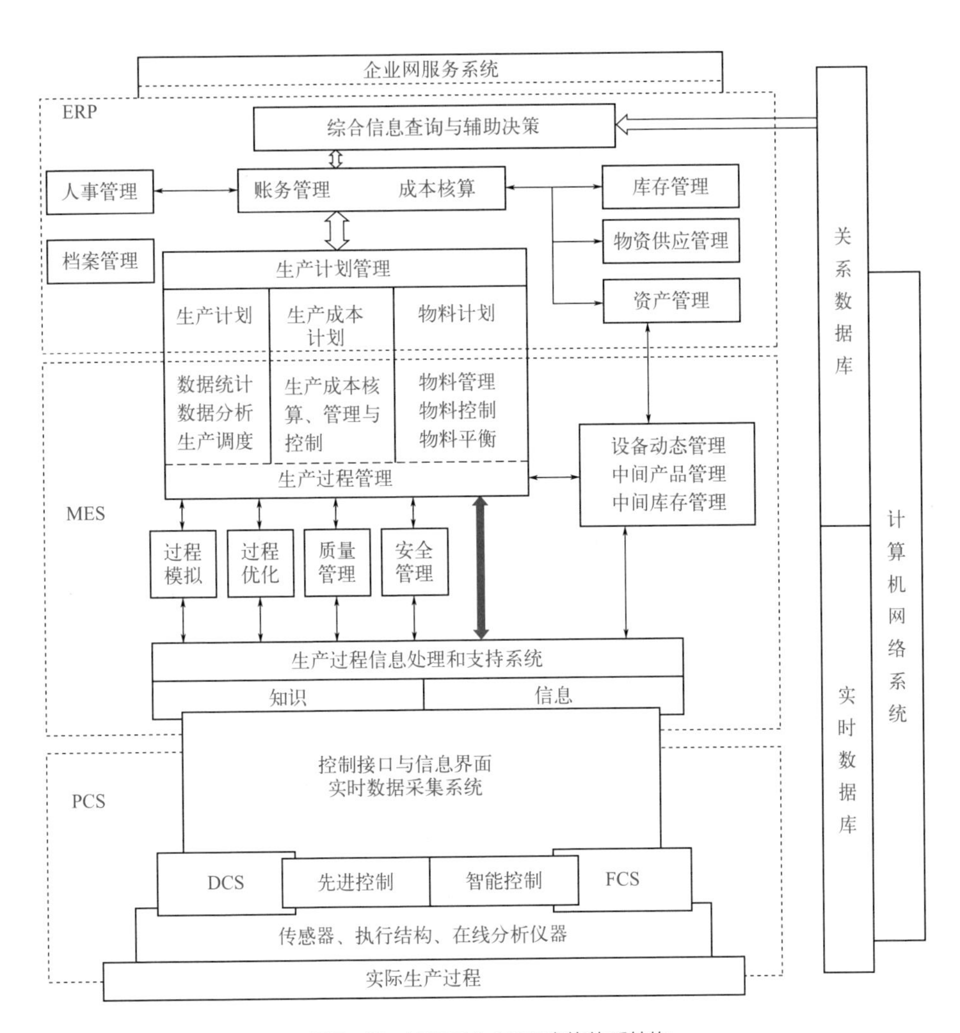

图5-12 过程工业CIPS实施体系结构

5.8 企业信息化工程中的集成概念

企业信息化是将信息技术、现代管理技术和制造技术相结合，并应用到企业产品生命周期全过程和企业进行管理的各个环节，从而提高企业市场管理竞争能力的过程。企业信息化工程是企业为进行信息化建设而进行的一项复杂的工程项目，该项目需要一定的投资，要进行系统全面的总体规划，在总体规划的指导下分步实施并实际应用，最终达到企业信息化建设的预定目标。

由于企业信息化的目标在于企业的总体效益，而企业能否获得最大的效益，很大程度上又取决于企业各种功能的集成。一般来说，企业集成的程度越高，这些功能就协调得越好，企业竞争取胜的机会就越大。因为只有各种功能有机地集成在一起，才可能共享信息，在较短的时间里做出高质量的经营决策，提高产品质量，降低成本，缩短交货期。只有集成才能使“正确的信息在正确的时候以正确的方式传到正确的地方”。显然，系统集成是企业信息化工程中最重要的问题。

为了说明信息化工程中集成的含义，我们先来看企业信息化工程的系统结构。一般的系统结构分三个层面，即支持层、部门层和领导层。各应用系统分别位于这三个层面。

① 支持层。计算机网络系统（network system，NES）、数据库系统（database system，DBS）、信息安全管理与控制（information security management control，ISMC）同属于支持层，主要为其他功能系统提供运行环境，进行权限和安全管理。

② 部门层。工程设计系统（engineering design system，EDS）、制造自动化系统（manufacturing automation system，MAS）、管理信息系统（management information system，MIS）、质量保证系统（quality assure system，QAS）、电子商务（electronic commerce，EC）、客户关系管理（customer relationship management，CRM）、供应链管理（supply chain management，SCM）和网络化设计与制造（networked design and manufacturing，NDM）属于部门级的功能系统，主要是对企业以及企业价值链的业务进行运作和管理。

③ 领导层。办公自动化（office automation，OA）、情报管理（information management，IM）和知识管理（knowledge management，KM）系统为部门层和领导层共用，负责支持企业和企业价值链的办公信息化、情报查询和管理以及领导层管理等功能。决策支持系统（decision support system，DSS）主要为领导层使用，负责为企业和企业价值链的领导层提供决策支持。

为了更加清晰地理解企业信息化建设的层次关系，按集成所覆盖的企业业务范围、集成的对象、企业的组织结构等，可以将企业信息化工程中的集成分为如图 5-13 所示的几种集成问题和层次（张旭梅，2003）。

随着新的制造模式的出现和技术的发展，企业信息化工程集成的深度和广度也在逐渐发展，在信息集成的基础上，比较有代表性的是过程集成和企业间的集成。过程集成以并行集成工程为代表，重点解决产品设计和优化，将原来的并行工程尽可能用并行过程来代替。企业间集成以敏捷制造为代表，将集成扩大到企业外部，以充分利用企业的外部资源实现企业间的合作。例如，敏捷虚拟企业是普遍看好的企业集成的范例。

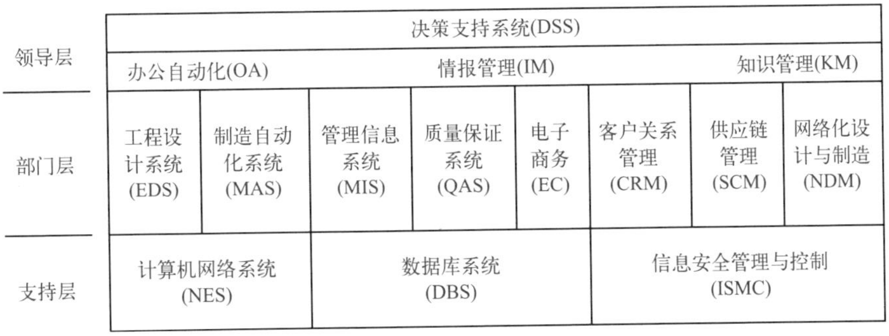

<table>
<tr><td rowspan="2">领导层</td><td colspan="8">决策支持系统(DSS)</td></tr>
<tr><td colspan="3">办公自动化(OA)</td><td colspan="3">情报管理(IM)</td><td colspan="2">知识管理(KM)</td></tr>
<tr><td>部门层</td><td>工程设计系统(EDS)</td><td>制造自动化系统(MAS)</td><td>管理信息系统(MIS)</td><td>质量保证系统(QAS)</td><td>电子商务(EC)</td><td>客户关系管理(CRM)</td><td>供应链管理(SCM)</td><td>网络化设计与制造(NDM)</td></tr>
<tr><td>支持层</td><td colspan="2">计算机网络系统(NES)</td><td colspan="3">数据库系统(DBS)</td><td colspan="3">信息安全管理与控制(ISMC)</td></tr>
</table>

图5-13 企业信息化的系统结构（张旭梅，2003）

下面从集成的基本内容和深度及广度方面来重点介绍信息集成、过程集成、企业集成和人的集成，以及它们之间的相互关系。

① 信息集成是过程集成的基础。信息集成是企业引入先进的设计、生产和管理技术，改善企业三要素、三流程的集成状况，提高企业整体效益的基本技术手段。只有在信息集成构建的信息通道基础上，各功能单元才能克服时间上、空间上以及异构环境的障碍，进行良好的沟通和协调以实现过程集成。过程集成不但要采用信息集成这一技术手段，还必须通过企业经营过程进行重构，应用并行工程等技术将传统串行过程变为并行过程。

② 信息集成和过程集成为更好地实现企业间集成创造了条件。因为在敏捷制造的关键技术中，广泛地采用了信息集成和过程集成的技术成果。如通过信息集成实现的资源共享、信息服务和网络平台等，通过过程集成实现的并行工程、虚拟制造等，敏捷制造是建立在信息集成和过程集成基础之上的企业间集成的主要手段。

③ 企业集成的发展促进信息集成和过程集成向更高层次发展。由于敏捷制造需要将分处异地、不同企业的不同部门集成到一起，协同地进行产品开发，进而将并行工程这一过程集成的生产组织模式由企业内扩展到企业间，

形成了新一代的异地设计、异地制造的过程集成模式。与此同时，异地设计、异地制造也对分处异地各部门间的沟通和协调提出了更高的要求，从而推动了企业信息平台向 Internet 扩展，信息集成的深度和广度得到了极大的拓展。

④ 人的集成是实现信息集成、过程集成、企业集成的基本保障。

思考题

1. 广义上讲集成的概念是什么？
2. 技术集成的主要内容是什么？
3. 什么是过程工业和过程集成？
4. 什么是系统集成基本原理和实施方法？
5. 什么是信息系统集成？
6. 信息技术可以提高企业的设计、制造、生产、经营、管理、决策的效率和水平，从而提高企业经济效益和市场竞争力。信息技术为什么有这样大的“催化”作用？
7. 计算机集成制造系统（CIMS）的含义是什么？
8. CIMS 总体技术的研究内容分为哪几个层次？
9. 为什么说信息集成是企业实施 CIMS 的关键？
10. 试比较离散工业产品制造与过程工业连续生产在 CIM 的体系结构和信息集成方面有什么相同点和不同点。
11. 您认为应该怎样定义管理信息系统？

参考文献

[1] 罗伟其. 信息系统综合集成的发展及其若干问题 [J]. 小型微型计算机系统, 2001, 22(9): 1121-1125.

[2] 胡晓峰. 系统集成与系统综合集成 [J]. 测控技术, 1999, 19(9): 11-13.

[3] 韩方煜, 华贲. 面向21世纪的模型化和过程综合技术 [J]. 山东化工, 2000, 29(2): 1-6.

[4] 路甬祥. 当今时代更需要技术集成创新 [J]. 职业技术教育, 2001, (27): 28-29.

[5] 路甬祥. 同心同德奋力创新建设制造强国 [J]. 粉末冶金技术, 2003, 21(2): 67-75.

[6] 胡聃, 奚增均. 生态恢复工程系统集成原理的一些理论分析 [J]. 生态学报, 2002, 22(6): 866-877.

[7] 万麟瑞, 李绪蓉. 系统集成方法学研究 [J]. 计算机学报, 1999, 22(19): 1025-1031.

[8] 罗治英, 郭同章, 魏福平, 等. 世界正在走向系统集成时代 [J]. 兰州铁道学院学报（社会科学版）, 2003, 22(5): 55-59.

[9] 王寿云, 于景元, 戴汝为, 等. 开放的复杂巨系统 [M]. 杭州：浙江科学技术出版社, 1995.

[10] 宋海波, 顾君忠. 系统集成技术与分布计算技术 [J]. 微型电脑应用, 1998, (2): 85-90.
[11] 霍亮, 毋河海. 空间物流信息系统集成策略研究 [J]. 测绘学院学报, 2002, 19(4): 290-292.
[12] 王育平, 林萍. 信息系统集成建模方法研究 [J]. 北京联合大学学报, 2001, 15(2): 50-53.
[13] 黄梯云. 管理信息系统 [M]. 北京: 高等教育出版社, 1999.
[14] 罗伟其. 关于管理信息系统的综合集成研究问题 [J]. 控制理论与应用, 2000, 17(1): 27-30.
[15] 马蔼乃. 地理复杂系统与地理非线性复杂模型 [J]. 系统辩证学学报, 2001, 9(4): 19-23.
[16] 练元坚. 产品与过程集成——先进制造模式的共性特征 [J]. 中国机械工程, 1999, 10(5): 481-484.
[17] 杨伟. 并行工程概念分析 [J]. 航天工艺, 1997, (4): 50-54.
[18] 沈斌, 张平慧, 张曙. 虚拟制造及其体系结构 [J]. 成组技术与生产现代化, 1997, (4): 24-31.
[19] 黄树槐, 张祥林, 马黎, 等. 快速原型制造技术的进展 [J]. 中国机械工程, 1997, 8(5): 8-12.
[20] 李少波, 谢庆生, 张海盛. 基于知识的集成产品设计与制造 [J]. 贵州工业大学学报（自然科学版）, 2002, 31(4): 48-51.
[21] 韩冬冰, 纪洪波. 走向综合——工程教育改革对策之一 [J]. 山东工业大学学报（社会科学版）, 1999, (4): 81-82.
[22] 顾冠群, 冯径, 汪芸. CIMS 技术及其在我国的应用 [J]. 电子工程师, 1999, (2): 1-4.
[23] 马晓光. 计算机集成制造系统 (CIMS) 简介 [J]. 电力系统自动化, 1999, 23(4): 48.
[24] 祁国宁, 戴国忠, 熊光楞, 等. 面向21世纪的CIMS总体技术发展战略 [J]. 机电工程, 1999, (5): 8-10.
[25] 王成恩, 戴国忠, 张宇, 等. 过程系统管理与技术的综合集成 [J]. 中国管理科学, 2000, (01): 10-16.
[26] 杨忠明, 黄道, 王行愚. 连续化工生产过程 CIPS 的理论与实践 [J]. 信息与控制, 1999, 28(1): 69-74.
[27] 王凌, 王雄. 流程工业 CIMS 体系结构和生产执行系统 [J]. 计算机工程与应用, 2003, (10): 16-18.
[28] 张旭梅, 但斌, 刘飞. 企业信息化工程 [M]. 北京: 科学出版社, 2003.

第 6 章 综合集成方法及其应用案例

在浩瀚的科学探索征途中，面对日益复杂的社会、经济、技术系统，我们如何能够拨开迷雾，找到那把解开复杂难题的“金钥匙”？钱学森等杰出科学家提出的“综合集成方法”，为我们提供了一条全新的思考路径和解决方法。那么，到底什么是综合集成方法？什么是综合集成研讨厅体系？它们是如何出现并不断发展完善的？在解决现代复杂系统问题时，综合集成方法又展现出了哪些独特的优势和应用案例？本章内容将给出这些问题的答案。

知识点思维导图

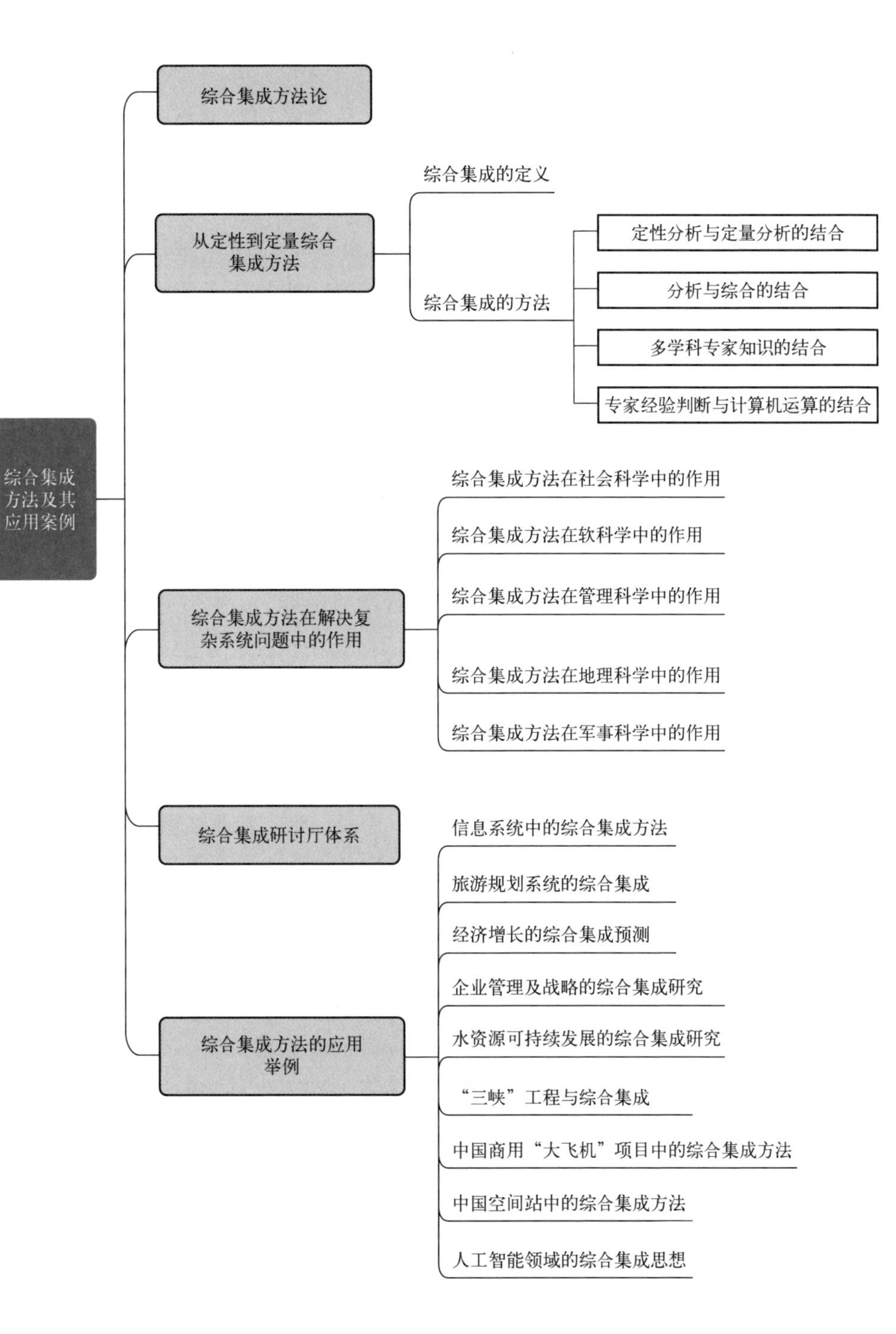
综合集成方法及其应用案例
综合集成方法论
从定性到定量综合集成方法
综合集成的定义
综合集成的方法
定性分析与定量分析的结合
分析与综合的结合
多学科专家知识的结合
专家经验判断与计算机运算的结合
综合集成方法在解决复杂系统问题中的作用
综合集成方法在社会科学中的作用
综合集成方法在软科学中的作用
综合集成方法在管理科学中的作用
综合集成方法在地理科学中的作用
综合集成方法在军事科学中的作用
综合集成研讨厅体系
综合集成方法的应用举例
信息系统中的综合集成方法
旅游规划系统的综合集成
经济增长的综合集成预测
企业管理及战略的综合集成研究
水资源可持续发展的综合集成研究
“三峡”工程与综合集成
中国商用“大飞机”项目中的综合集成方法
中国空间站中的综合集成方法
人工智能领域的综合集成思想

6.1 综合集成方法论

面对真实而复杂的社会系统和客观世界，无论是在科学研究、创建理论方法，还是在技术发明、工程实践方面，人类都面临着不同层次的知识（经验的、科学的、哲学的）、不同领域的知识（数学、物理学、化学、经济学、文艺学、医学等）、不同学科的知识（自然科学、社会科学、思维科学等）、不同类型的知识（定性的、定量的知识等），如何把这些知识和人类智慧综合集成起来，创造出新知识和大智慧，提高人类认知世界的水平和改造世界的能力，是综合集成方法和方法论需要研究和解决的课题（王寿云，1995）。

根据第1章中关于综合的定义，综合方法与分析方法一样是人类认识世界的主要方法。一方面，综合是产生一个系统的过程，即把对事物的各种认识放在一个宏观的或某个系统范围内考察其相互影响和制约，进行对比和权衡，注重目的和效果，从而得到一种判断和认识；另一方面，综合又是一种能力，是一种应对社会实践和工程项目的能力，是一种科学技术领导者必备的能力。任何人都生活在复杂的社会中，社会是伦理、人际关系等的综合。同样，工程问题，尤其是大型工程问题，往往不是单纯的科学问题，也不单纯是技术问题。它的影响因素涉及研制产品、设计工艺、生产制备、质量控制、降低消耗、减少污染和提高经济效益等各方面，是一个系统工程问题。这样的系统工程问题不是靠一两门专业知识就能解决的，必须综合考虑各方面的信息、资料、综合技术、经济、社会、伦理、法律、环境以及工程经验等，进行综合分析、判断和决策。因此，综合性的思维方法和能力是科学研究工作者和工程技术人员必备的素质。

科学方法论研究史表明：还原方法论所遵循的途径是把事物分解成局部或低层次事物来研究，认为低层次或局部问题弄清楚了，高层次或整体问题自然也就清楚了。还原论在近代科学发展到现代科学的过程中发挥了重要作用，特别是在自然科学领域取得了很大成功。但是现代科学技术的综合发展趋势向这种方法论提出了挑战，许多事实使科学家们认识到还原论的不足之处正日益凸显（欧阳莹之，2002）。首先意识到还原论方法不足之处的科学家是路德维希·冯·贝塔朗菲（Ludwig Von Bertalanffy），他是一位理论生物学家。当生物学研究深入到分子水平产生分子生物学时，他对生物整体的认识反而模糊了，因为很多问题用还原论无法解释清楚，还原论的根基受到了动摇。这促使他把研究方法转到整体论和整体方法论上来，并提出一般系统论。但是限于当时的科学技术水平，他没有能够解决整体论的具体方法问题，主要还是用定性描述和概念阐述，泛泛而谈，解决不了根本性问题。既然还原论方法处理不了复杂性问题，就需要寻找处理复杂性问题的方法论，那么，研究复杂性问题的方法论到底是什么呢？

钱学森是一位高度重视科学方法和方法论研究的科学家，他从实际出发，运用系统科学思想进行方法论研究，提出了处理复杂行为系统的综合集成方法。

所谓综合集成方法（meta-synthesis)，其核心思想是：在处理复杂问题时，把多学科和多方面的知识有机地结合起来，进行综合分析和研究，并通过多次的“分析—实践—综合—再分析—再实践—再综合”的循环往复，逐步达到对问题从定性到定量的认识。

早在 20 世纪 80 年代末到 90 年代初，钱学森首先提出“从定性到定量综合集成方法”，它是由人、计算机、人工智能软件三种类型的子系统组成的协调工作的系统。其中的主要内容包括：专家群体、人造知识系统群体和计算机网络三类子系统。即综合集成法是各种学科的科学理论、专家群体的知识、数据和各种信息与计算机技术的有机结合。

综合集成系统的开发研究是一项非常重要的课题，它涉及理念、理论、方法论、思路、技术、实现、应用，以及组织管理等多层次的一系列问题。对于支持自然科学和社会科学的人-机综合集成系统，实质上就是要求达到“人脑-电脑”系统＞人脑 + 电脑。这样的要求，用系统科学与系统工程的语言来说，实质上就是要求对“1+1 ＞ 2”能够有所突破。这个要求在人类认识论的范畴里，是一个质的飞跃，也是当今系统科学所面临的最本质和最艰难的一个课题。要完成这项艰巨的任务，一方面要立足于自主的原创性的研究开发，同时另一方面必须进行多种研究成果的“综合集成”（王浣尘，2002）。

综合集成方法论的内容是由“从定性到定量综合集成方法”和“从定性到定量综合集成研讨厅体系”所构成。综合集成方法是从整体上研究并解决问题的方法论，是在现代科学技术条件下实践论的具体化，也是将社会科学与自然科学结合起来的有效途径。因此，综合集成方法的基础是社会科学的方法论、现代科学知识体系与计算机网络技术的有机结合。目前认为，综合集成方法是目前唯一可用的有效处理开放复杂巨系统的方法（安小米，2018）。

综合集成方法论的重要意义表现如下。

① 综合集成方法的提出突破了传统的思维理念，否定了机械的还原论，同时也突破了机械的整体论。

② 系统科学和系统工程的一个重要进展就是研究复杂系统，以及随之而来解决复杂系统的新理论和新方法，综合集成方法是解决复杂系统的一个非常重要的方法。

③ 综合集成方法吸收了还原论方法和整体论方法的长处，同时也弥补了它们各自的局限性，是还原论方法与整体论方法的辩证统一。综合集成方法既超越了还原论方法，又发展了整体论方法，是科学方法论上的重大进展，具有重要的科学意义和深远的学术影响。

④ 综合集成方法作为科学方法论，其理论基础是思维科学，方法基础是系统科学与数学科学，技术基础是以计算机为主的现代信息技术，实践基础是系统工程应用，哲学基础是马克思主义认识论和实践论。

与还原论相对应的是综合集成方法论，综合集成方法论的提出到现在只不过四十几年的时间，无论是方法论本身，还是它的应用，都取得了可喜的进展。但是从长远来看，这些进展仅仅是开始，方法论的创新，将孕育着伟大的科学革命。还原论方法，推动了 19 世纪到 20 世纪的科学大发展，钱学森等把还原论与整体论结合起来，创立了综合集成方法论，它必将对系统科学的发展起到巨大的推动作用（于景元，涂元季，2002）。

6.2 从定性到定量综合集成方法

6.2.1 综合集成的定义

综合集成的目的是：将各种信息收集起来，进行分类、整理、提取和融合，从而获取有用的信息，学到知识，最终为应用服务。举一个简单的例子来说明综合集成的研究内容：WWW 利用超文本和超媒体建立起各种媒体数据的关系，通过互联网的统一资源定位器（uniform resource locator，URL）、HTML 语言和 HTTP 协议，建立了在全网范围内多种媒体数据的相互连接关系，用户可以在不了解任何专业技术的基础上，获得所要的数据和信息。这正是 WWW 之所以成功的最重要原因。WWW 的成功给我们一个有益的启示，即超文本建立的是文本的超链的连接，超媒体建立的是多媒体之间的连接，这些仅仅是已有技术的集成，它在基于互联网的“大信息环境”下的应用发挥了远远比各种单独技术大得多的作用。作为一个未来的复杂系统应用（特别是虚拟化、协同化和可视化的应用），可能要涉及各类媒体数据、各种资源中心、参与协作的人员和专家、处理的单元、参与的任务和需要解决的问题等多种要素，在各种要素之间还存在着更为复杂的相互关系。建立起这些要素之间的关系，也要依靠超媒体技术，即未来的开放超媒体技术。将资源的范围扩大，用超媒体建立起包括数据、信息、知识、模型、专家、处理等各种系统要素之间的综合集成“超链”联系，通过能够自主工作和学习的所谓“智能代理”，在信息媒体协作空间上的相互影响，形成多媒体综合集成环境，形成以超媒体为基础的超级中间件（hyper-middle ware），是综合集成环境所要研究的主要内容之一。

钱学森在对社会系统、人类系统、地理系统和军事系统这四个开放的复杂巨系统研究实践的基础上，提出“从定性到定量综合集成方法”（本书中简称“综合集成方法”）。

所谓定性综合集成，主要任务包括从大量信息中提取比较重要的信息，由不同学科、不同领域专家组成专家体系，把每个专家的科学理论、经验知识、智慧结合起来，从不同层次（自然的、社会的、人文的）、不同方面和不同角度去研究同一个复杂系统，并且通过对这些信息意义、关系的分析与综合，得出能够指导下一步行动的方案。

所谓定量综合集成，就是通过有关数据和信息资料，建立数据和信息体系以及描述性指标体系（如系统状态变量、观测变量、环境变量、调控变量）以及评价指标体系，用模型和模型体系来定量描述系统状态，从而得出科学结论。

所谓从定性到定量综合集成，就是在数据与信息体系、模型体系的支持下，对专家体系提出的经验性判断进行系统仿真和实验，从系统环境、系统结构、系统功能之间的输入-输出关系，进行系统分析与综合；再由专家体系对前一次系统仿真和实验结果进行综合集成。这一次信息、知识的综合集成较开始提出的经验性判断不仅又增加了新的信息，而且进行了定量分析，把原始的经验性判断上升到定量结论。完成从定性综合集成提出经验性判断，到人-机结合的定性定量综合集成并得到定量描述，再到从定性到定量综合集成获得科学结论，实现从经验性的定性认识上升到科学定量认识（于景元，周晓纪，2002）。

6.2.2 综合集成的方法

从定性到定量综合集成方法的主要步骤有以下四步。

第一步：提出经验性假设（判断或猜想）。这些假设往往是定性的认识，而且不能用严格的科学方式加以证明。但是，可以用经验性数据和资料以及上千个参数的模型对其确定性进行检测。

第二步：借助现代计算机和通信技术，可以基于统计数据和各种信息资料，根据已有经验和对系统的实际理解，建立包括大量参数的模型。

第三步：经过计算机仿真和计算得到定量结果。

第四步：再由专家分析、综合和判断，形成包括感性的、理性的、经验的、科学的、定性的和定量的知识的综合集成。

由此可见，综合集成方法的具体思路是：采取从上而下的路线，从整体到部分，再由部分到整体，把宏观和微观研究统一起来，最终从整体上研究和解决问题。其研究方法的主体包括如下几个方面的有机结合。

（1）定性分析与定量分析的结合

定性分析是指通过对使用观察或调查等方法得到的数据进行判断及推理，获得对某一系统的性质及其发展规律的认识。它广泛应用于社会科学和人文科学的领域内，也在自然科学的某些学科中采用。例如，动物及植物的分类，地质年代的判别等，它主要依靠研究人员的经验。而定量分析则是指通过计算（包括数学运算、统计及仿真）与数学推导，从实验或实践得到的数据中获得对某一系统的结构及其变化规律的认识。定量分析广泛应用于自然科学与技术科学的领域中。这一方面是由于定量分析所研究的对象是数量化的；另一方面则是由于定量分析主要依靠丰富的数据及严密的推断，依靠经验的成分较少。现在社会科学及人文科学中也已逐渐引入了定量分析的方法，如数理经济学、计量经济学、计量历史等。当前需要进一步促进定性与定量方法的结合。

（2）分析与综合的结合

简单地说，分析就是了解一个系统的单元、结构及功能，而综合则是将有关的单元集成为一个具有一定功能的系统。在研究复杂系统时，这两种手段是交替使用、相辅相成的。

（3）多学科专家知识的结合

复杂系统的研究通常需要多学科领域的专家们参加，通过收集→加工→综合提出处理复杂问题的方案。这就需要有一个将各领域专家的知识进行集成的方法，而且这一集成过程应当贯穿于研究的全过程。例如，著名的美国石油学会（API）标准风险评价方法、美国陶氏公司火灾爆炸危险指数评价方法等安全分析中（许文，2002），广泛采用了专家的经验判断作为工厂风险性分析的基础。

（4）专家经验判断与计算机运算的结合

专家的经验判断是十分宝贵的，它通常包含对系统的结构及动力学的深刻了解，但是这种判断往往是定性的，而且不尽一致。而计算机运算则具有强大的数据处理能力，能够以很快的速度定量地显示专家的判断，展示系统的结构与发展，并能模拟出各种假设方案的预期结果。因此，复杂系统的研究需要人脑与电脑的结合。综合集成方法是各种学科的科学理论、专家群体的知识、数据和各种信息与计算机技术的有机结合。它可以为领导机构解决复杂问题提供咨询，也可以作为思想方法、工作方法。

6.3　综合集成方法在解决复杂系统问题中的作用

自从 20 世纪 90 年代初开始提出复杂巨系统科学以来，通过多个学科和领域学者的几十年共同努力，从系统科学的角度，采用综合集成方法已经可以处理社会系统、地理系统、人体系统及人脑系统等复杂巨系统的难题，同时也揭示了这些复杂系统的本质特征。综合集成方法是迄今为止研究复杂系统最有效的手段。第 2 章中讲过，现代科学技术体系包括了前科学、应用技术、技术科学、基础理论和哲学等层次的知识。目前，综合集成方法已经广泛地应用到这几个层次的任何领域。下面以五个学科领域中的实际应用来说明综合集成的作用。

6.3.1 综合集成方法在社会科学中的作用

人是自然界中最复杂的物种，由人构成的社会现象呈现极大的随机性、模糊性和不稳定性；社会系统的影响因素多、层次多、子系统多、相互作用多，而且是种类多样的非线性作用；社会事件又不可能完全重复出现，不具有时间和空间上的平移不变性，这些特点构成了人类社会系统固有的复杂性。关于社会系统的研究以往主要是用还原论。传统的还原论方法在处理复杂社会系统时，有着单元的行为难以分析、单元间的关系或相互作用难以明确的局限性。这些复杂性特点给社会系统研究造成了极大的困难，这是还原论所无能为力的，只有用综合集成方法才能解决。

在社会系统研究中，综合集成方法可以运用由几百个至几千个变量描述的定性、定量相结合的系统工程方法对社会经济系统进行分析研究。

6.3.2 综合集成方法在软科学中的作用

软科学是新兴的决策科学。软科学的思想、理论和系统工程的方法在决策实践中的应用，体现了高新科技革命时代决策观念和方法的变革。软科学的研究对象是社会、经济等人为事物的开放的复杂巨系统，它的研究成果是为各级各类的决策提供支持。因此，可以认为软科学是社会、经济等开放的复杂巨系统中的系统工程，是宏观层次上的管理科学，是政治、经济等领域内的决策科学。

综合集成方法可以贯穿在软科学研究的全过程中，它的研究方法是定性与定量相结合的综合集成方法，具体体现在下列几个环节上（成思危，1997）。

① 在进行目标分析与建设总体框架的过程中，软科学研究通常应由软科学专家负责组织领导，但是一定要有与该项研究相关的领域专家参与。软科学专家与领域专家不仅是在一起工作，还要相互了解，经常交换意见，共同参加总体框架的制定及方案选择的讨论，实现软科学专家与领域专家及决策者相结合。

② 在建立模型阶段，软科学专家应当与领域专家一起分析研究系统的结构、功能及演变过程，确定影响系统行为的主要因素及其影响的模式，并在此基础上构筑出系统的定性模型。再由领域专家负责将此定性模型转

换为定量模型或半定量模型，并尽可能在计算机上予以实现，实现专家经验判断与计算机辅助计算相结合。经求解或模拟后得出定量的结论，再对这些结论进行定性归纳，以取得认识上的飞跃，形成解决问题的建议，实现定性分析与定量分析相结合。

③ 在方案评价及选择阶段，软科学专家与领域专家一起，根据现状分析及模型运算的结果，构思出几种解决问题的方案，并对每一方案的利弊进行初步的分析。尽管软科学研究完成任务的主要形式是提出研究报告（该报告中一般包括目标、资源分析及环境分析、应采取的主要措施、可行性分析等），但软科学专家还应注意向有关方面宣传其研究成果，关心其研究成果的实施情况，并在实施过程中不断总结经验。

为了发展定性与定量相结合的综合集成方法，需要在一些关键技术上有所突破。例如，在软科学研究中就需要突破定性变量及其关系的量化技术、开放复杂巨系统的总体表征技术、价值体系的建立及表达技术、群决策中的妥协技术等。

6.3.3　综合集成方法在管理科学中的作用

在管理科学研究领域，决策科学的重要性越来越受到人们的重视。决策问题是复杂问题，它与认知科学（或思维科学）有密切关系。下面以一个复杂决策问题的例子来说明综合集成方法在管理学科研究方法中的作用。

复杂决策问题是指对复杂系统的决策问题进行结构优化的研究。它的主要内容包括复杂决策问题的表示、定性和定量知识的处理、智能模型构造、模型求解和提出解决问题的建议和方案等。从认识论的角度来看，人类在刚接触复杂性决策问题时，仅从感性上对其表面现象产生一种朦胧的认识，因此，人类以往对解决复杂性问题的思维习惯是：将复杂问题进行简单化处理，从复杂问题的诸多局部子问题开始，而且这些局部的选取都是以研究者对其知识储备丰富与否为依据的，带有较大的局限性。此外，诸多理论研究总是从假设开始，假设与实际总是有很大的差距，故人类常用的将复杂问题简化处理的方式会产生较大的误差。随着认识过程的发展和认识水平的提高，人类对复杂问题本身内部规律的理解和掌握不断深入，并开始运用定性知识将复杂问题分解成多个子问题，这一过程的目的不是把复杂问题简单化，而是对复杂问题的一种简化处理。通过定性分析建立各个子问题的概念模型，尽可能将这种概念模型转化为数学逻辑模型，再经过求解或模拟后得到定量的结论，最后再对这些定量结论进行定性归纳，进而形成解决问题的方案和建议，取得认识上的飞跃。按照这样的思维方式，可以提出一个解决复杂问题的定性与定量综合集成方法的三层次理论框架，如图 6-1 所示。

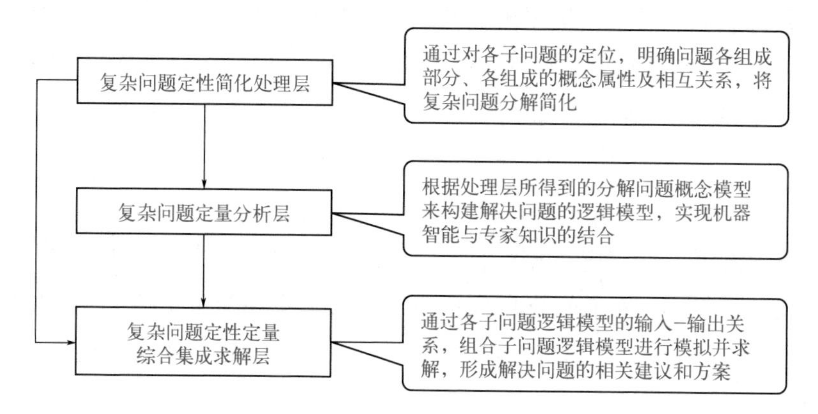

图6-1 复杂决策问题的综合集成方法三层次理论框架（向阳，2001）

根据图 6-1，可以将复杂决策问题求解的综合集成方法理论框架表示成图 6-2 的具体结构形式。

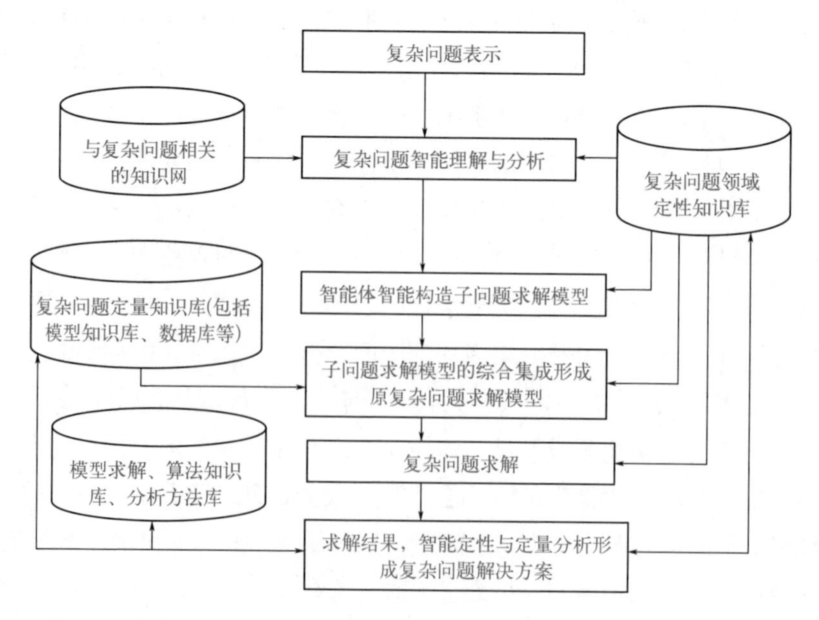

图6-2 复杂决策问题求解的定性与定量综合集成方法理论框架（向阳，2001）

运用综合集成方法求解复杂决策问题的步骤如下（向阳，2001）。

第一步：确定复杂决策问题的表示方法，使得复杂问题求解能够最大限度地发挥计算机的作用。一般采用自然语言、各种符号（包括数学、物理、化学、系统和图像等符号）来描述。

第二步：运用与复杂问题有关的知识网智能理解复杂问题，并将复杂问题分解成子问题。这是对问题由定性认识到定量认识过程中的关键环节，实现问题的机器智能理解是人-机有机结合的基础。通过运用自然语言理解技术（切词、句法分析、语法分析、语义分析等）获取关键词，再将关键词与人类对复杂问题的初步认识和相关的认识所构成的概念和属性在知识网中进行关键词匹配，最终获得该复杂问题的相关概念和属性等信息。

第三步：定性与定量知识处理。首先采用合适的方法对知识进行表示，然后通过抽取相关问题领域专家的知识经验，经过整理、分析和抽象形成模型，对系统运行结果进行处理，进而形成问题领域定性与定量知识不断充实的知识库。

第四步：运用知识的智能体（agent）智能构造子问题求解模型。这一步是定性与定量知识综合集成的具体过程，也是综合集成方法的核心步骤。它的工作由模型构造器来执行和完成。模型构造器作为构模控制中心，通过消息的发送与接收，灵活运用模型模板和相关问题领域的定性与定量知识，实现各个知识对象相互作用、相互通讯，完成模型构造过程。

第五步：根据生成的求解模型，调用适当的算法，运用求解知识库和算法知识库中的知识来自动完成求解复杂决策问题。

第六步：形成解决复杂决策问题的建议和方案。对复杂问题模型求解结果，运用问题领域定性知识进行归纳，对知识模型求解结果的可行性进行分析，并形成求解复杂决策问题的建议和具体方案。

6.3.4　综合集成方法在地理科学中的作用

地球上最高级的系统是人地系统（理论地理系统），包括两个子系统，即社会系统和地理系统。地理系统的研究是在对地理科学的认识和研究的基础上完成的，地理科学是由地理学、生态学、环境学、航天信息学等相融合的复杂科学，它既是空间的科学，也是时间的科学。现代地理科学体系可以包括理论地理科学、地理信息科学和地理工程科学三个层次（马蔼乃，2001）。这种复杂系统的结构可以用图 6-3 来说明。

在地理科学中，用生态学、环境保护以及区域规划等综合知识探讨地理系统，进行综合集成研究。下面仅以地理信息系统为例，说明综合集成方法在地理科学中的作用。

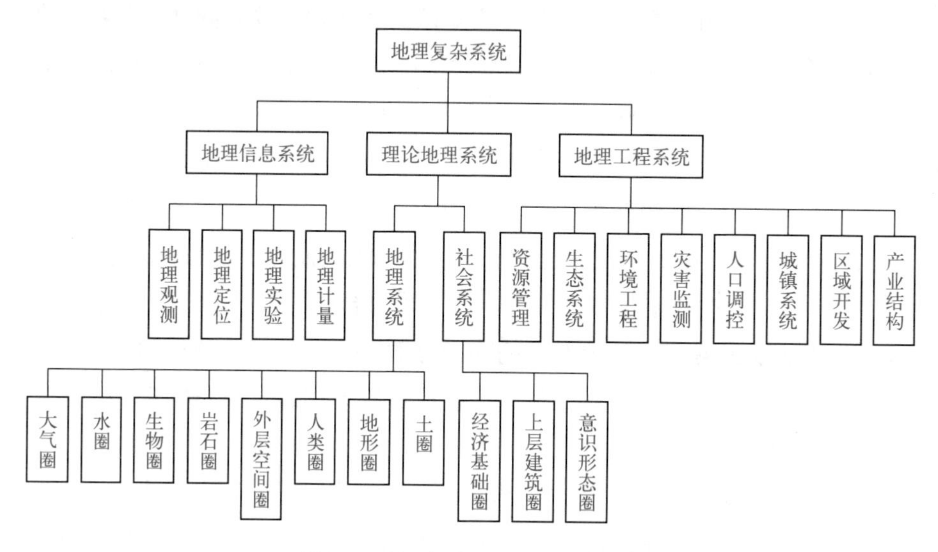

图6-3 地理复杂系统的结构示意图

地理信息系统（geographical information system，GIS）是一种处理空间或地理信息的计算机程序，其本质特征是数据库信息和分析。随着经济建设和现代信息技术的发展，GIS 正在向开放、复杂、巨大系统的方向发展。尤其是近几年来，GIS 将地理信息与企业自身的经营信息有机地结合在一起，按数据库建立空间模型，为经营战略提供模拟实验，为制定企业发展战略发挥了重要作用。可以这样说，GIS 技术现已成为创造现实社会新的空间结构和秩序、进行综合分析、制作模型、做模拟实验、制订计划和决策的重要手段。

对于一个开放、复杂而巨大的地理系统来说，建立地理信息系统首先要考虑多层次和随机性的影响因素，它们包括气象、水文、岩石、生物和人类社会等方面的信息。运用综合集成方法建立地理信息系统的步骤有（陈立人，1995）以下五步。

第一步：收集资料。对气象、地形、生态等原始数据分别建立数据库，以供模拟和预报使用。

第二步：建立模型。通常在解决信息获取、表达和分析等问题时，多采用数学模拟，数学模拟的基础是建立数学模型。例如，理论模型、演化动态模型、管理模型、社会经济生态模型、生长量模型、全球环境模型等。

第三步：求解和检验模型。

第四步：定位预报。利用测算软件把各个预报点的测绘信息通过电脑绘图设备输出。

第五步：资料综合和信息处理。将空间属性、资源属性和生态属性的数据进行连接和分析综合，获得生态系统与地理因素之间的关系及其规律。

6.3.5 综合集成方法在军事科学中的作用

军事系统是研究在一定物质基础上的集团与集团或国家与国家之间的智力和装备对抗问题，是一个复杂巨系统问题。人类实践活动的范围随着科学技术的发展而不断扩大，从陆地扩展到海洋，直至空中。每一次物理空间的延伸都很快地为军事所利用，使之成为军事对抗活动的场所，形成了空间军事系统、海上军事系统和陆地军事系统，而且军事斗争的手段总是随着生产力水平的发展而不断地更新。一些研究者运用综合集成方法，探讨了国防军事系统和空间军事系统的理论框架，将作战理论与军事技术、模拟仿真与训练演习、战略规划与决策指挥系统等综合起来，按分布式交互作用网络和不同层次结构方式构成一个实战模拟研讨厅体系。军事系统综合集成研讨厅的建设是一项大的系统工程，它涉及现代作战理论、建模技术、政治军事、对抗模拟、决策分析技术等，需要应用各种先进建模理论方法和现代信息技术，运用综合集成方法在理论上和实践中都具有重要意义。目前在军事系统中，通过军事对阵系统和现代作战模拟的研究（田平，2000），已经建立了较为完整的综合集成研讨厅（李元左，1999）。

可以认为，钱学森于 1990 年提出的定性与定量相结合的综合集成方法（简称综合集成方法，meta-synthesis）是迄今为止研究复杂系统最值得重视的方法之一（于景元，2001）。除了应用于上述五个学科领域中，综合集成方法还可应用于其他许多领域。目前，人们已逐渐意识到，由信息技术这个重要因素引起的面向文献与情报学科之间的综合集成是当前这个学科群建设中的中心课题，在图书情报学中应用综合集成方法已成为一种趋势（彭俊玲，1998）。综合集成方法还可应用到洪水灾害分析与评估、气象预报

（谢玲娟，1995）。综合集成方法在人体科学中也有应用（王永怀，1995）。在人体系统中，应把生物学、生理学、心理学、西医学、中医学等综合起来进行研究。

综上所述，综合集成方法的实质是将科学理论、经验知识和专家判断相结合，提出经验性的假设，再用经验数据和资料以及模型对其确实性进行检测，经过定量计算及反复对比，最后形成结论。它正是从战略高度来探讨推进科学融合的问题，并在推进科学融合的过程中不断实现科学方法的创新。综合集成方法不仅在认识论上具有重大的哲学意义，在求解复杂系统问题时有重大科学技术意义，而且在研究社会复杂系统、经济系统、人体系统、地理系统、信息网络系统和科学决策及管理方面，都有着重要的应用价值。

6.4 综合集成研讨厅体系

钱学森进一步地将人、计算机、人工智能软件这三者联系起来，发展出了“从定性到定量综合集成研讨厅体系”。“研讨厅体系”是一个特殊的概念，目前对其还缺乏一个公认的定义。“厅”不能简单地理解为建筑学意义上的一种建筑形式，而是一个思想框架体系（胡晓峰，1999）。“综合集成研讨厅体系”属于系统科学的基础理论层次，是开放的复杂巨系统的方法论，同时也是思维科学的一项应用技术，属于思维科学的工程应用层次，是系统科学与思维科学交叉发展产生的原创性成果（戴汝为，2004；王丹力，2021；郑楠，2022）。研讨厅一般由三部分组成：以计算机为核心的各种信息技术的集成所构成的机器体系、专家体系、知识体系（图 6-4）。这三个部分的有机结合构成了高度智能化的人-机结合体系和人-网结合体系，它不仅具有信息、知识的采集、存储、传递、调用、分析与综合集成功能，更重要的是具有产生新知识的功能，是知识的产生系统。

构造研讨厅的具体要求如下（王慧斌，2001）。

① 开放式的系统结构，易于管理及维护。建立复杂系统综合集成研讨厅是一个相当大的工程项目，需要分步进行。在基本框架确立并能运行后，需要进一步开发更多的预测模型加入系统。另外，大型项目都是由多单位

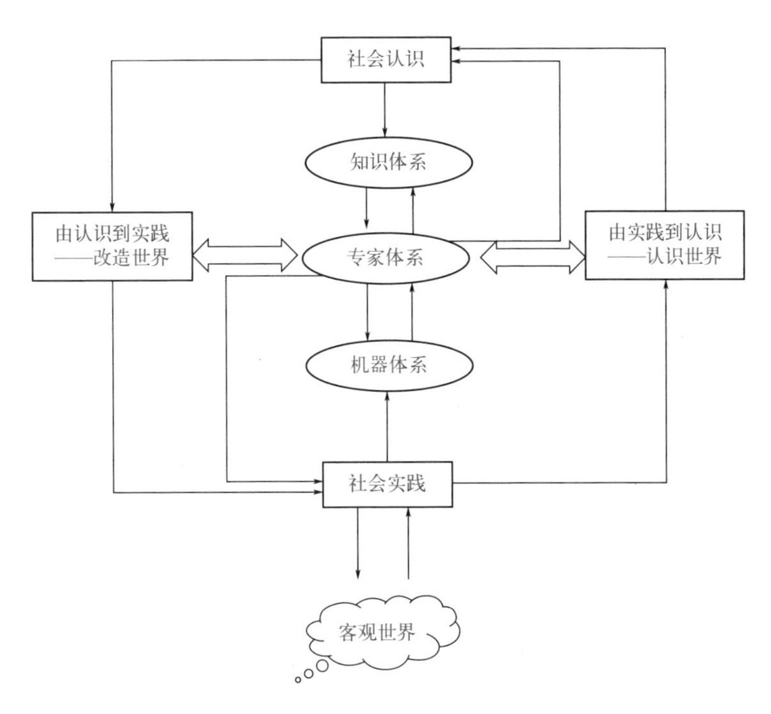

图6-4　从定性到定量综合集成研讨厅的一般结构（胡代平，2001）

多研究人员共同参与的，不同单位与个人都可以开发自己预测模型，并将其加入系统中以供研讨专家应用，由他们自己维护和更新所开发的模型。因此，要求系统采用开放式的系统结构，易于管理维护。

② 分布式的系统结构，远程调用模型。一般研讨厅都是基于网络环境的，参加研讨的专家都将基于互联网进行研讨，并且利用多个计算机同时运行多个模型，这就需要系统中的各种模型分布于网络的不同计算机上，并且能够远程调用模型运行。

③ 自适应的系统结构，满足多人调用同一模型的需要。

④ 保存运行结果以实现结果共享，减少重复计算。

综合集成研讨厅方法已应用于区域流域可持续发展规划（王慧斌，2001）、国防系统分析（王寿云，1995）、航天系统专家决策（王磊，2021）等。图 6-5 所示为国防系统分析的综合集成研讨厅的具体形式。

从定性到定量综合集成方法及相应的研讨厅体系不是一门具体的技术，而是一种研究问题的思想，是一种指导分析复杂巨系统问题的总体规划、分步实施的方法和策略。这种思想、方法和策略的实施一般要通过多种技

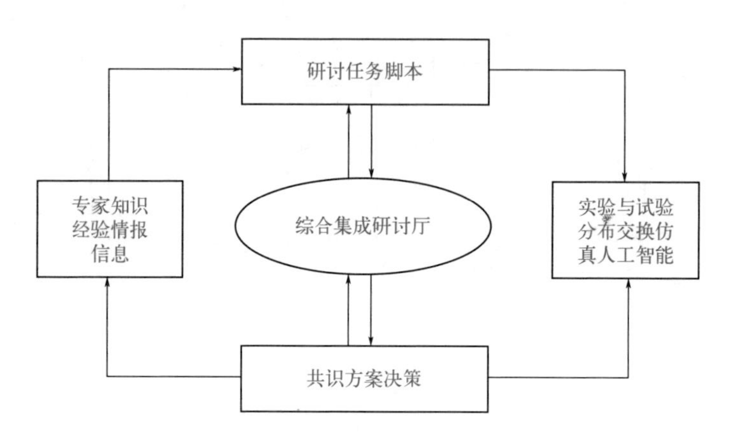

图6-5 从定性到定量综合集成的研讨厅

术的综合运用，包括定性定量相结合、专家研讨、多媒体及虚拟实现、信息融合、模糊决策及定性推理技术和分布式交互网络环境等。

综合集成研讨体系既是系统科学的研究成果，也是思维科学的研究成果，是科学方法论发展史上的革命性变革。这是钱学森后期对现代科学与技术发展的最重大贡献，意义和影响深远。综合集成研讨体系始终以提升思维能力为目的，核心是在解决问题的过程中，细化、科学化对问题涉及的各种知识、理论并加强对这些知识和理论的理解，通过群体研讨的方式，激发群体智能涌现，提升人们对问题的认知程度。其目的不仅是得到复杂问题求解的方案，更重要的是探究如何生成方案的一般性规律，推动智能科学的发展。综合集成研讨体系既重视人的能力，也重视机器、设备、工具的重要作用。在解决问题的过程中，人和机发挥各自的长处，实现人机融合智能共进。综合集成研讨体系最终的落实需要以信息技术作为载体的可操作人机融合共进智能平台，作为观察并提高思维的场所，不断梳理思维模式和研究领域的学科范式，促进综合集成研讨体系持续的发展，形成领域的知识生产和服务体系（郑楠，2022）。

6.5 综合集成方法的应用举例

为了让读者进一步理解和掌握综合集成方法的内容和求解过程，下面通过具体应用案例来说明。

信息系统中的综合集成方法

人们普遍认为，在 20 世纪前半世纪科学家贡献给人类的新思想是相对论和量子力学，后半世纪是系统论和信息论。这些新思想改变了人们的思维模式和工作方式，改变了世界。至 20 世纪末 21 世纪初，计算机技术和信息技术的高速发展、互联网的出现和发展，使人们可依赖和控制的系统越来越庞大，可实现的目标越来越多。物料流、劳力流、智力流等客观世界和人的主观活动无一不被信息化为信息流，大系统信息化的结果便形成 21 世纪的信息集成。

信息系统是一种开放的复杂系统，这个系统的研究和开发应具备一种对宏观与微观、整体与部分、功能与结构、系统与环境等关系的辩证分析和辩证综合的思路。信息化网络建设工程涉及的要素数量巨大、种类繁多、结构复杂，它是一个涉及技术和社会两个层面的复杂巨系统的建设，如图 6-6 所示（罗伟其，1999）。

（1）网络信息系统的特点

除了系统共有的整体性、关联性、非加和性、目的性等特点外，这个开放的特殊复杂巨系统还有以下特点。

① 能动性。由于系统的主导要素和操作者是有意识活动的人，因此信息化系统比一般系统要活跃得多。这种活跃从系统的整体发展来看是有利的，但在阶段上，这种能动性应与整体目的性相结合，才能达到预定的目标。

② 社会性。信息化系统的建设离不开技术，但是与普通系统相比，由于信息化系统的建设将渗透到社会生活的方方面面，因而它的技术层面与社会层面的关系更加密切，其技术因素带有深刻的社会性，该系统的技术要素受社会因素制约。

③ 集成性。信息化系统规模庞大、结构复杂，时空层次繁多，数量关系既递进又交叉。但是，该系统却具有相当明确的功能目标，利用功能目标的确定性可以对如此特殊的复杂大系统进行综合集成，使其要素和关系朝着系统目标协调的方向发展。

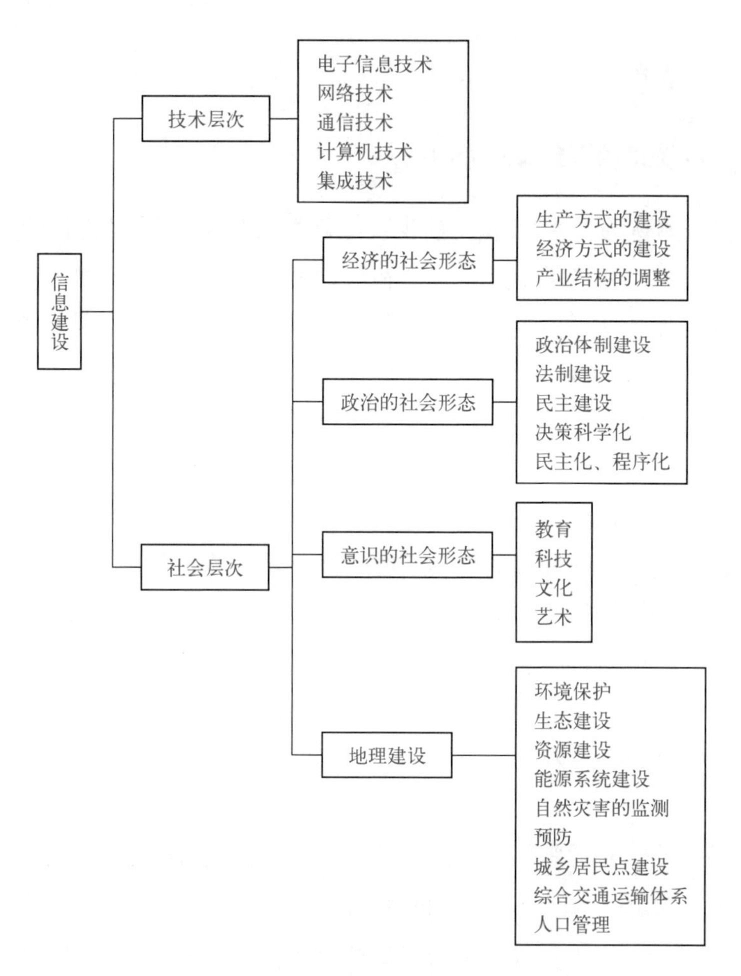

图6-6 信息化建设涉及的技术和社会两个层面（罗其伟，1999）

在信息化建设工程的内部结构中，信息网络是连接社会层面和技术层面的纽带，信息化的核心是网络化。通过网络的作用，社会层次和技术层次沟通成为一个有机的、相关联的系统整体，如图 6-7 所示。

（2）网络信息系统的模型

信息化系统建设虽然范围宽广，要素的数量巨大，但是可以简化、抽象为信息资源、信息网络、信息用户三个方面。这三个方面的相互作用关系十分复杂，人的要素作用贯穿其中，起着十分重要的作用。信息化系统建设的综合集成模型如图 6-8 所示。

显然，信息化系统是一个复杂的结构模型，系统整体下的每一个分支及其子分支本身都是一个复杂的层次结构。如此复杂的、开放的系统结构，

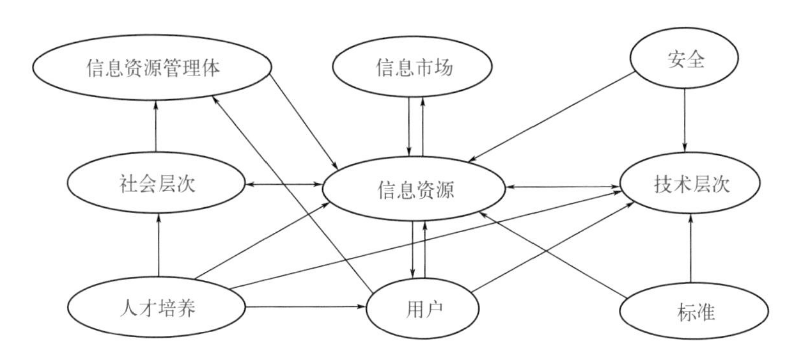

图6-7 信息化系统要素关联图（罗伟其，1999）

如果没有从定性到定量的逐层推进的综合集成方法，很难建立相应的总体模型。即使建立了总体模型，由于随机量的大量加入，也难以求解。从定性到定量的综合集成，提供了一种多层分析集成形式，这种集成形式与计算机技术快捷的数据处理能力相结合，能有效消解或降低系统内外部产生的信息熵，使系统能够相对稳定地、有序地发展。贯穿于集成过程中的思维方式是紧紧围绕有关要素的相互作用及其综合效应，贯穿于集成过程中的建模方法是分析和综合相结合、定性与定量相结合的科学方法。

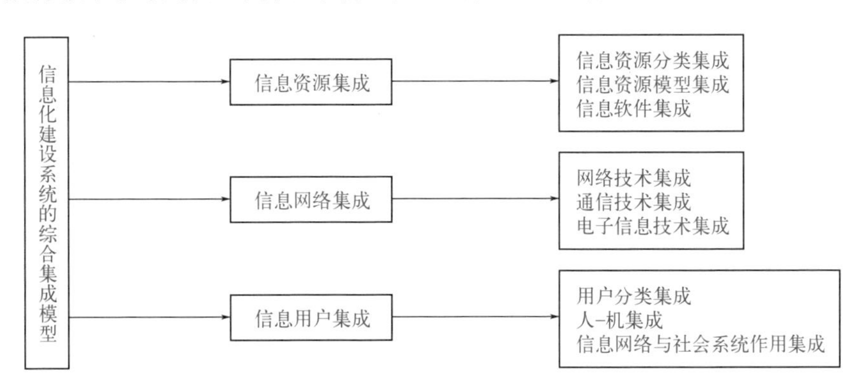

图6-8 信息化系统建设集成模型（罗伟其，1999）

下面简单分析每个层次的具体内容。

① 信息资源集成。信息资源的集成首先要对信息资源进行分类，建立一个对随机产生的信息资源进行甄别和选择的机制，建立真实、有效、完善的分类信息资料，以供网络随时提取。然后，应用解析法建立其综合集成的数学模型，随着信息资源的增多，信息相互作用及其综合效应也越来越明显，在此基础上建立的数学模型也越来越多，因此模型的集成也成为

一种必然的要求。

② 信息网络集成。信息网络建设的实质是电子信息技术、通信技术、网络技术的融合和集成。如飞速发展的多媒体技术，就是一个综合了声音、文本、图像、动画、视频和通信等多种信息存储形式和电话、电传、电视等传输设备以及高速计算机等信息加工装置的综合集成的过程。通信技术是信息运动的载体，它包括传递、传输和接收处理三大环节，它本身也是各个环节的技术综合集成过程，每个环节技术都有硬件技术和软件技术两个方面。通信技术是一个综合技术群，其中某项技术的突破与发展都会引起相关技术发展规律变革的要求，从而引起联动的综合集成效应。

③ 信息用户集成。信息用户集成有三个层次。一是用户的分类集成、人-机集成和信息网络通过用户与社会系统的耦合集成。其中用户分类集成是基础层次，它按需求对用户进行分类，探讨用户与需求信息之间的区别和联系，集成出分类信息和最普遍的用户需求信息。二是人-机集成是信息化系统中设备与用户相互作用的总体集成，一方面，设备、网络给人（用户）传输需求的信息，另一方面人又是系统中的主体，人利用个体与群体的创造性思维编制新的先进软件。因此，人-机相互作用的综合集成是信息化系统运行和发展的基本动力和机制。三是信息网络通过用户与社会系统相联系，具体地说就是信息网络与社会的经济、政治、文化教育和地理建设发生相互作用。这种相互作用的时空范围很大，需要建立一种效能先进的跟踪集成机制来对这种相互作用进行从定性到定量的随机集成处理。

案例 6.2

旅游规划系统的综合集成

旅游规划的目的是运用适当的经济、技术资源，特别是智力资源，使旅游资源产生经济效益、社会效益和生态效益。

（1）旅游系统的构成

旅游规划的过程涉及自然环境、政治环境、经济环境、社会环境、文化环境等影响因素。这些因素之间相互关联、相互制约和相互作用，构成一个复杂系统，如图 6-9 所示（成思危，1999）。

旅游系统除了涉及的因素较多外，涉及的行业、部门也很多，包括饮

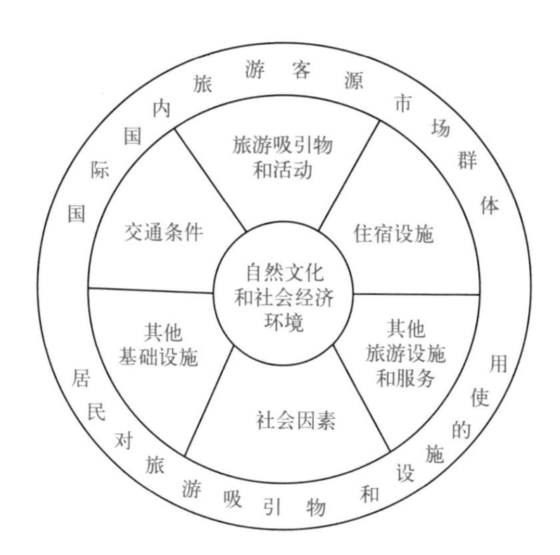

图6-9　复杂的旅游系统

食业、娱乐业、交通运输业、邮电通信业、工农业、商业、制造业、建筑业、轻工业、金融、文化、教育、园林、科技、卫生、公安等。如此综合复杂的旅游系统，迫切需要科学的旅游规划进行指导，需要积极探索科学的旅游规划方法论体系。由第3章关于系统的定义可知，每个系统在时间、空间及功能上都有着层次结构，具有多个子系统，整个系统的功能并不等于各子系统功能的简单叠加，而是各子系统功能的有机耦合，其整体功能大于各子系统功能之和。从上面的描述可以看出，旅游系统的子系统数量庞大，而且相互之间是关联的，子系统之间相互制约和相互作用，并有复杂的层次关系，显然旅游系统是一个复杂巨系统。同时，旅游系统又与其环境有着物质、能量和信息的交换，所以，旅游系统是一个开放的复杂巨系统。

旅游系统与子系统的结构关系可以分解如下。

① 旅游是由旅游主体（旅游者）组成的复杂系统，旅游客体（旅游景区景点）系统、旅游媒体（旅游服务业）系统及旅游环境系统等均可看作是子系统，而且每个子系统又可分解为多个下级子系统。以旅游服务业子系统为例，它可以分解成食（旅游餐饮）、住（旅游宾馆饭店）、行（旅游交通）、游（旅游景点、旅游娱乐）、购（旅游购物消费）等几个下级子系统。

② 旅游系统是由供给、需求以及相关支持产业组成的复杂巨系统，它还包括游览系统和支持系统、行业系统与管理系统。

③ 政治、经济与社会文化背景构成了旅游系统的环境条件，旅游系统为了实现其有效运行，需要经常与其所在的环境保持物质流、能量流与信息流的输入输出关系，即它要与周围的政治、经济、社会、自然、文化、环境进行物质、能量和信息的交换，需要与相关行业构成的外部环境协调发展。采用综合集成方法，把旅游规划作为一个开放的复杂巨系统研究对象，运用分析和综合评价原理，优化复杂旅游系统结构，调整旅游系统运行过程成为目前旅游规划行之有效的方法。

（2）旅游规划系统的综合集成方法

旅游规划系统综合集成方法的运作模式如下。

第一步，制定工作步骤和共同规则，划分子系统及其内容。例如，可以把旅游系统划分为规划对象、规划手段和规划逻辑三个子系统。其中规划对象包括旅游资源、旅游市场、旅游人才、旅游资本、旅游科技、旅游结构、旅游形象、旅游产业、旅游产品、旅游商品、旅游设施、旅游环境、旅游容量及旅游营销等多个孙子系统；规划手段包括地理信息系统（GIS）、遥感（RS）技术、智能技术和计算机辅助制图技术（简称机助图技术）等；规划逻辑是处理复杂旅游规划系统工程的过程中应采取的共同步骤，它包括系统设计、系统调研、系统分析、系统诊断、系统预测、系统仿真、系统决策及系统审计等。

第二步，以规划对象、规划逻辑和规划手段三大要素为坐标，建立多项层面的三维立体图，如图6-10所示（成思危，1999）。

第三步，在这个三维坐标系的基础上，充分利用旅游知识工程、旅游专家系统等人工智能技术、信息技术，实现人-机结合的旅游知识综合集成。对各种要素反复作用、反复对接、多次反馈、多次综合，逐步实现旅游规划的完整性、系统性及可操作性，直到获得理想的旅游规划效果。

在综合集成思想的指导下，实现下面几点的综合。

① 把旅游经济学、旅游地理学、旅游心理学、旅游文化学、旅游社会学、旅游美学、旅游规划学、旅游开发学和旅游文学等多门学科的知识综合起来。

② 在旅游规划的过程中，需要组织包括旅游各门分支学科（如区域经济学、投资经济学、建筑与园林学等）以及其他有关文化、自然、历史的学科专家，运用多学科知识、理论和方法进行综合研究。

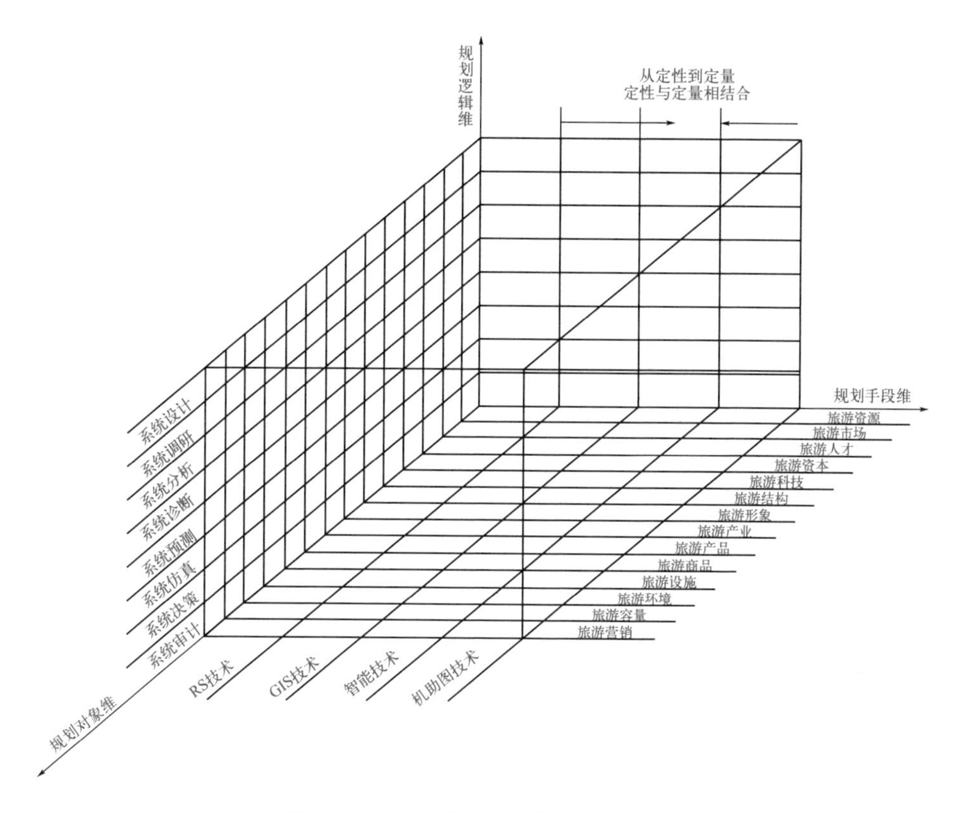

图6-10　旅游规划系统综合集成运作模式

③ 从系统的角度出发，采用综合集成的方法，对用地规划、市场规划、资金规划、管理规划、区域规划统一考虑。

由此可见，综合集成方法可以帮助我们在旅游规划上实现不同层次、不同领域和不同类型知识的集成，使旅游规划理论模型、计算机仿真技术、旅游规划专家群体和智能技术有机地结合在一起，从而更加科学、系统、严密和完整地实现旅游规划。

案例 6.3

经济增长的综合集成预测

经济增长预测是一个由来已久的研究课题，也是一个迄今为止尚未获得满意成果的难题。经济过程，是社会系统的基本运动形式之一，是一个开放的复杂巨系统。

（1）影响经济增长的因素

影响经济增长的因素是多方面的，如资源丰度、社会经济基础、人口素质、科技水平、政治制度、领导能力和自然灾害等。这个系统的建模是以市场平衡为中心，在结构上包括两大部分，一部分是国民收入分配和零售市场；另一部分是各产业部门的投入产出关系。具体来说，可以把众多影响因素归纳为下述 14 项环境变量、6 项政策变量和 4 项观测变量（许文，2002）。

① 环境变量：轻工业产值；重工业产值；生活服务费用价格指数；农村贷款额；农业总产值中农村企业工业产值；烟、酒、茶类价格指数；全民所有制企业新增职工人数；农村和城市人口总数；农业生产管理变量；城镇集体企业职工人数；全民所有制企业退、离休职工人数；集体企业职工退休人数；外贸政策变量；全民所有制工业企业职工劳动生产率。

② 政策变量：粮食零售国营牌价；全民所有制职工工资总额；衣着类价格指数；日用生活品价格指数；农业生产资料价格指数；食用植物油零售牌价。

③ 观测变量（输出变量）：财政平衡；市场平衡；货币发行与储蓄；人民收入水平。

在这些因素中，有些因素表现出趋势波动规律，因而对经济增长有趋势波动的影响作用；有些因素则表现出周期波动规律，因而对经济增长有周期波动的影响作用；同时有些因素还表现出偶然波动规律。由于传统的方法往往是用简单而且单一的模型（如灰色系统模型、自回归模型和指数模型等）进行计算，因而所考虑的影响因素不够全面。为了全面而客观地反映各种影响因素对经济增长的综合影响，经济增长的研究必然要用到定性与定量相结合、专家知识与数学模型相结合的综合集成方法。

（2）经济增长预测模型

用综合预测模型方法的拟合误差比单一模型计算的误差小，预测结果更接近实际。智能化经济决策支持系统就是体现这一方法的重要技术手段，它不仅能为各级领导进行科学管理和宏观决策提供重要的依据，而且也能为制定政策提供一定的信息。

设经济增长的趋势波动用灰色系统模型 $T(t)$ 来分析，则经济增长的灰色预测模型为

$$\hat{T}^{(1)}(t)=\left(T^{(0)}(t)-\frac{u}{a}\right)e^{-(t-1)}+\frac{u}{a} \tag{6-1}$$

式中，u、a 为待定参数；$T^{(0)}(t)$ 是原始序列，$T^{(0)}(t)=\{T^{(0)}(1), T^{(0)}(2), \cdots, T^{(0)}(n)\}$。

对式（6-1）求导，得还原模型为

$$\hat{T}^{(0)}(t)=\hat{T}^{(0)}(t)-\hat{T}^{(0)}(t-1) \tag{6-2}$$

这是经济增长的趋势波动分析结果（冯利华，1999）。

以 A 省第三产业增长数据为例（原始数据列于表 6-1）求解灰色预测模型。根据国内生产总值中第三产业所占的比重及其年净增比重 $Y(t)$，可以计算得到 A 省第三产业年净增比重的灰色预测模型为

$$\hat{T}(t)=7.6449e^{0.0439(t-1)}-7.3449 \tag{6-3}$$

如果用逐步回归周期模型 $P(t)$ 来分析经济增长的周期波动，则

$$P(t)=\sum_{i=1}^{k}b_i f_i(t)+e(t),\ t=1,2,\cdots,n;\ I=1,2,\cdots,k \tag{6-4}$$

式中，k 为隐含周期个数；n 为资料序列长度；$f_i(t)$ 是隐含周期长度为 l_i 的周期波动序列；b_i 为 $f_i(t)$ 的系数；$e(t)$ 为白噪声。

将 A 省第三产业年净增比重的一次剩余序列 $\left[Y(t)-\hat{P}(t)\right]$ 作为 $P(t)$，进行逐步回归周期分析，在 5 个隐含周期中，其长度分别为 5、7、8、11 和 12 年，则第三产业周期年净增比重波动变化的预测模型为

$$\hat{P}(t)=0.42f_5(t)+0.55f_7(t)+0.51f_8(t)+0.47f_{11}(t)+0.47f_{12}(t)+0.19 \tag{6-5}$$

这是经济增长的周期波动分析结果。

进一步地，如果对经济增长进行随机波动分析，可用 P 阶自回归模型 $A(t)$ 来完成。

$$A(t)=\sum_{i=1}^{p}\psi_i A(t-i)+\varepsilon(t),t=1,2,\cdots,n;i=1,2,\cdots,p \tag{6-6}$$

式中，$A(t-i)$ 为第三产业年净增比重的二次剩余序列 $\left[Y(t)-\hat{T}(t)-\hat{P}(t)\right]$；

ψ_i是系数；$\varepsilon(t)$为白噪声。

根据A省第三产业年净增比重的二次剩余序列，得到三阶自回归模型的系数：$\psi_1=0.82$，$\psi_2=0.08$，$\psi_3=-0.07$。那么，A省第三产业随机年净增比重波动变化的预测模型为

$$\hat{A}(t)=0.82A(t-1)+0.08A(t-2)-0.07A(t-3) \tag{6-7}$$

A省历年第三产业的随机年净增比重的计算结果见表6-1。

通常影响经济增长的因子是多方面的，如资源丰度、社会经济基础、工业基础设施、人口数量和素质、科技水平、政治制度、领导者的能力和自然灾害是否发生等。在这些因子中，有些因子会表现出随机波动性，因而又会使经济增长带有随机波动特征。为了全面而客观地反映各种因子对经济增长的综合影响，可以用趋势项 $T(t)$、周期项 $P(t)$ 和随机项 $A(t)$ 综合集成的方法来描述经济增长 $Y(t)$ 的长期波动过程，即

$$Y(t)=T(t)+P(t)+A(t),\quad t=1,2,\cdots \tag{6-8}$$

可得A省第三产业增长期波动的综合集成模型为

$$\begin{aligned}\hat{Y}(t)&=\hat{T}(t)+\hat{P}(t)+\hat{A}(t)\\&=7.6449\mathrm{e}^{0.0439(t-1)}+0.42f_5(t)+0.55f_7(t)+0.51f_8(t)+0.47f_{11}(t)\\&\quad+0.47f_{12}(t)+0.82A(t-1)+0.08A(t-2)-0.07A(t-3)-7.1549\end{aligned} \tag{6-9}$$

表6-1同时列出了根据综合集成模型计算的结果。由于综合集成模型既考虑了趋势波动成分，又考虑了周期波动成分，同时还考虑了随机波动成分，因而其拟合误差要比单一模型计算的误差小。误差比较结果列于表6-2。本案例说明了将三个模型简单相加的一种综合集成方法。

表6-1 A省第三产业比重及其计算结果

年份	实际比重	年净增比重	趋势年净增比重	一次剩余年净增比重	周期年净增比重	二次剩余年净增比重	随机年净增比重	计算年净增比重	计算比重	相对误差
		Y	$\hat{T}$	$Y-\hat{T}$	$\hat{P}$	$Y-\hat{T}-\hat{P}$	$\hat{A}$	$\hat{Y}$		
1998	21.2	0.3	0.3	0	0.23	−0.23				
1999	18.3	−2.9	0.34	−3.24	−2.71	−0.54				
2000	18.2	−0.1	0.36	−0.46	−0.07	−0.39				

续表

年份	实际比重	年净增比重	趋势年净增比重	一次剩余年净增比重	周期年净增比重	二次剩余年净增比重	随机年净增比重	计算年净增比重	计算比重	相对误差
		Y	$\hat{T}$	$Y-\hat{T}$	$\hat{P}$	$Y-\hat{T}-\hat{P}$	$\hat{A}$	$\hat{Y}$		
2001	18.6	0.4	0.37	0.03	0.68	−0.66	−0.35	0.71	18.71	1.68
2002	19.5	0.9	0.39	0.51	1.66	−1.16	−0.54	1.52	20.12	3.17
2003	19.6	0.0	0.41	−0.41	0.49	−0.90	−0.98	−0.08	19.42	−0.40
2004	19.3	−0.2	0.43	−0.63	−0.47	−0.16	−0.79	−0.83	18.67	−3.28
2005	18.6	−0.7	0.45	−1.15	−0.77	−0.37	−0.13	−0.46	18.84	1.29
2006	16.5	−2.1	0.47	−2.57	−2.40	−0.17	−0.26	−2.19	16.41	−0.53
2007	17.2	0.7	0.49	0.21	0.00	0.21	−0.16	0.33	16.83	−2.16
2008	19.9	2.7	0.51	2.19	2.02	0.17	0.18	2.71	19.91	0.04
2009	21.4	1.5	0.53	0.97	0.13	0.84	0.17	0.83	20.73	−3.13
2010	23.5	2.1	0.57	1.54	0.48	1.07	0.69	1.73	23.13	−1.59
2011	23.7	0.2	0.58	−0.38	1.17	0.79	0.93	0.35	23.85	0.62
2012	24.5	0.8	0.61	−0.19	−0.23	0.43	0.68	1.05	24.75	1.04
2013	26.6	2.1	0.63	1.47	0.34	1.13	0.35	1.32	25.82	−2.95
2014	27.0	0.4	0.66	−0.26	−0.81	0.55	0.91	0.76	27.36	1.35
2015	28.1	1.1	0.69	0.41	−0.08	0.49	0.52	1.12	28.12	0.08
2016	29.2	1.1	0.72	0.38	0.31	0.07	0.37	1.40	29.50	1.04
2017	29.5	0.3	0.76	−0.46	−0.66	0.20	0.06	0.16	29.35	−0.46
2018	31.6	2.1	0.79	1.31	1.27	0.04	0.14	2.20	31.70	0.32
2019	32.9	1.3	0.83	0.47	0.64	−0.16	0.04	1.51	33.11	0.63
2020	32.0	−0.9	0.86	−1.76	−1.17	−0.59	−0.15	−0.45	32.45	1.39
2021	31.3	−0.7	0.90	−1.6	−1.34	−0.26	−0.50	−0.94	31.06	−0.76
2022	32.1	0.8	0.94	−0.14	0.25	−0.39	−0.26	0.94	32.24	0.42

表6-2 拟合误差的比较 单位：%

模型	最大相对误差 Smax	平均相对误差$\bar{S}$max
灰色预测模型	17.70	4.13
自回归模型	13.88	3.88
综合集成模型	−3.28	1.29

案例 6.4

企业管理及战略的综合集成研究

自20世纪80年代初企业战略管理引入我国以来，我国企业已逐步认识到战略研究的重要性，并从理论与实践两方面进行了研究。

（1）企业战略的分类

由于对企业战略的分类有多种视角，从而形成许多战略种类（杨建梅，2001）。比如，按空间（实施主体）来分类有公司集团战略、子公司经营战略及职能战略等；按时间来分类有短期、中期及长期战略；按功能来分有增长型、稳定型、防御型及混合型战略；按产业来分有新兴产业型、成熟产业型、衰退产业型战略；按研究方法论来分有10大学派，这10大学派是设计学派、计划学派、定位学派、自由企业学派、认知学派、学习学派、权力学派、文化学派、环境学派及由前面9个学派进行组合的构造学派。尽管有10大学派之多，但是在实践中仍出现许多问题，任何一个学派只能在一个特定的条件下，适用于特定的企业。除了构造学派，后面6个学派从20世纪80年代以来声誉虽然在逐年增长，但可操作性差，同时声誉低于定位学派。定位学派在20世纪90年代达到其声誉的顶峰后已走下坡路。许多战略专家认为，研究方法的不当使用，使企业战略研究贬值，成为“听起来激动、做起来没用”的东西（芮明杰，1997）。那么，企业应如何选择（使用）战略研究方法论呢？目前认为，只有分析各学派的优势和方法论的内在联系，并根据这些联系对它们进行综合集成式的分类才是最有效的方法（杨建梅，2001）。

（2）企业战略研究的综合集成方法

如果从战略研究的视角对企业进行分类，把系统概念的新进展与系统方法论的新进展集成起来，可以建立如图6-11所示的综合集成框架，它显示了对企业战略研究方法论综合集成与创新的总思路。

分析图6-11可知，它是按照企业的系统隐喻以及系统方法论体系的二维结构，对企业战略研究的各学派进行综合集成式分类，用系统方法论系统体系的各种方法论改进对应学派的方法论，形成了专门用于企业战略研究的系统方法论的系统体系。该综合集成方法中的关键环节包括三个。

① 目前，有的研究者认为系统是通过各种隐喻来构造的，它们包括机器隐喻、有机隐喻、神经控制隐喻与政治隐喻等。因此，首先建立联系企业与企业系统的“系统隐喻”集成。

② 把一般系统理论（general system theory，GST）、社会技术系统思考（social technology system thought，STST）、社会系统设计（social system design，SSD)、战略假设的提出和测试、互动计划、软系统方法论、评论的系统启发式方法等进行综合，形成了系统方法论的系统体系。

③ 根据系统隐喻，找出对混乱的问题情景、有洞察力的隐喻及要处理的议题，选择与系统隐喻匹配的主要系统方法论与辅助系统方法论，用选出的方法论干预问题的情景，提出变革的建议。将这三个关键的环节集成起来，就可形成企业战略研究的系统方法论。

随着工业经济向知识经济的转变，知识的作用越来越重要，知识已经成为生产力诸要素中的首要因素。与之相应的，企业管理也转入了知识管理时代。知识管理的目的是知识创新。知识管理的主要内容，从结构上可以分为对人力资源的管理和对信息的管理两个方面（图 6-12)。实现知识管理的最佳方法是综合集成方法（常金玲，2000)。

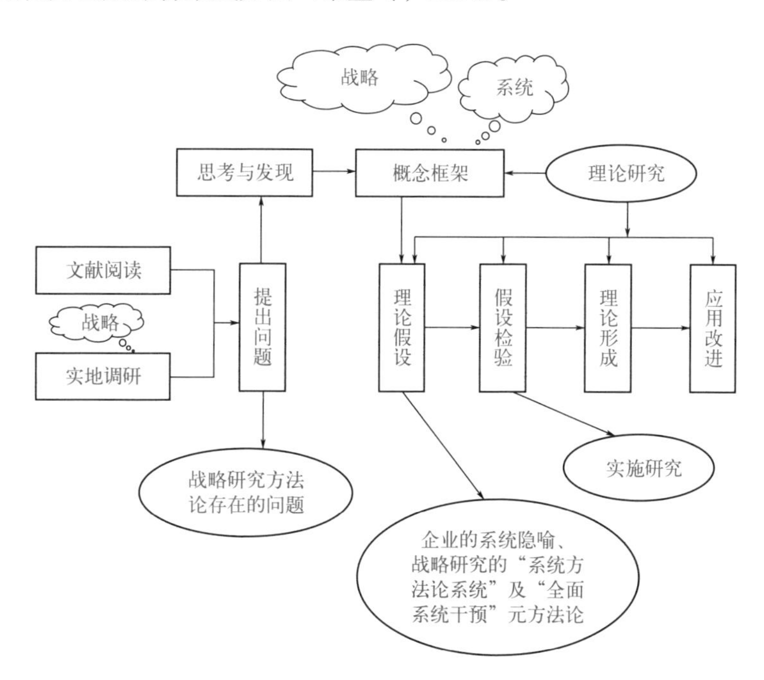

图6-11　集成与创新的总思路

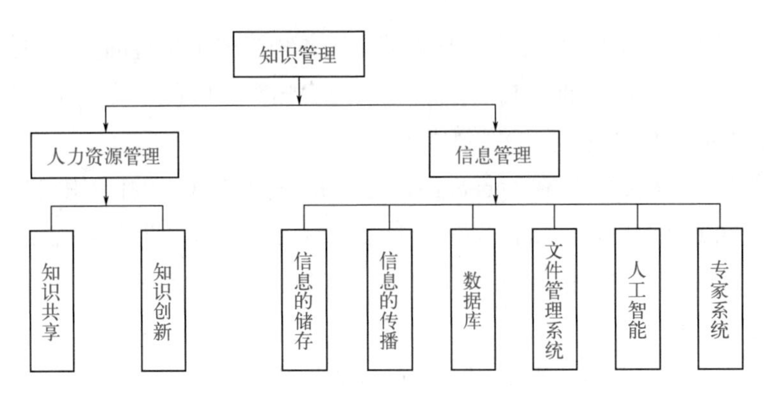

图6-12 知识管理结构体系

运用综合集成方法，将专家、数据和各种信息与计算机仿真技术有机结合起来，把各学科的理论和人的经验与知识结合起来，将现代计算机信息技术、多媒体技术、人工智能技术、现代仿真技术、虚拟现实技术引入到知识管理系统，按照“人机分工”的原则在系统中发挥作用，从而最大限度地实现知识创新，提高企业所有知识的共享水平和知识创新的能力。

案例 6.5

水资源可持续发展的综合集成研究

（1）水资源可持续发展系统是复杂的巨系统

水资源可持续发展以及如何协调现实人类社会与自然的关系问题，是当代科学研究的前沿领域之一，而且水资源可持续发展模式的选择又是中国西部面临的基本问题（王慧敏，1999；王慧敏，2000）。

从自然角度看，水资源可以作为一种典型的自然流域或区域；从经济角度看，水资源又是组织和管理国民经济，进行自然资源开发的中心区域。因此，可持续发展研究把水资源看成是由自然（水为核心）、社会（人为中心）、经济（农业为重点）共同组成的复杂系统（本书编写组，2001）。这样的复杂系统从总体上可以分解为两个子系统，即自然系统和社会经济系统。人类活动作为系统中的最基本要素，影响到资源、环境、社会和经济等相关要素，因此，人的作用对两个子系统产生相互耦合的互动作用，从而发生自然系统与社会经济系统的相互作用。这种相互作用主要发生在社会物质产品的生产和消费过程中，这个过程也是水资源可持续发展的基本过程。要完成这个过程会涉及五个主要环节（图 6-13），即：从自然系统获取自然水资源；保护被社会生活污染的水资源；将自然水资源转化或加工成社会产品；社会产品的消费；向自然水资源系统排放废弃物。

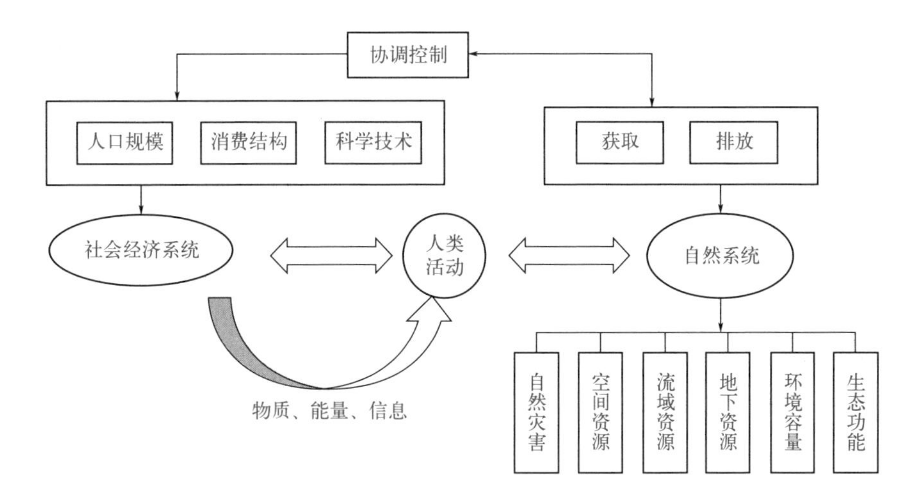

图6-13　水资源可持续发展影响因素的综合集成

由此可见，水资源可持续发展的过程是人口资源、消费水平和结构及科学技术协调控制的过程。协调控制的结构和形式是由人类的价值观念、人类社会系统的制度和社会的组织管理方式决定的。协调控制对科学技术和消费水平有直接的影响，从而间接地决定水资源可持续发展系统的基本过程。

人类从自然界获取的自然资源的种类和获取的方式、自然资源转化成社会产品的加工方式、社会产品的种类、工业生产和消费中产生的废弃物的种类和方式都取决于科学技术的水平。消费结构和水平与人口规模和物价高低有关，同时它又决定了人类从自然界获取的自然资源的总量。科学技术决定了人与自然相互作用的方式，消费水平决定了水资源可持续发展系统中人与自然相互作用的规模或强度。

综上所述，水资源可持续发展系统是“有人参与”的、开放的、复杂的巨系统，它的子系统之间相互影响，过程的基本要素之间也相互作用。它的决策过程是一个复杂的系统工程问题，涉及因素繁多，用一般的简单方法已无能为力，必须以系统工程理论为基础，采用定性与定量相结合的综合集成新方法才有可能获得满意的结果。

（2）水资源系统研究的综合集成方法

研究水资源可持续发展的战略思想如下。

① 宏观与微观相结合。水资源可持续发展问题是一个非常宏大的战略问题，必须从宏观尺度建立框架体系；同时，它又受当地人口规模、空间资源、环境容量和生态功能等微观因素的直接影响。因此，要特别重视宏观与微观的结合。

② 全局与局部相结合。水资源可持续发展与全国总体社会经济和自然资源有关，也受地区性的局部因素制约，尤其是作为局部地区的社会子系统、经济子系统、资源子系统、环境子系统都具有局部地区的特色。因此，必须把设计全局性可持续发展的问题与区域性人口、经济、资源、环境等局部特点结合起来。

③ 理论与实践相结合。水资源是一种可以用日、月、年甚至百年计数的可量化物质，它可以用经典的水利学、流体力学、气象学等相关理论进行描述；同时，它又具有很多不确定因素，只能用实践中总结的经验和半经验规律来定性描述。因此，理论预测模型的生命力和精确度必须在理论与实践的结合中才能显示出来和保持下去，在理论与实践的结合中不断地修改和完善所建立的可持续发展系统。

④ 多学科协同作战。水资源可持续发展需要经济学、环境科学、系统科学、水利学、计算机科学等多学科领域的研究者协同作战，共同完成。

（3）综合集成方法的基本思路

① 研究机制的多元集成化。把人类的智能活动视为对象系统内部行为，把过去分离的“研究”与“决策”、“决策”与“执行”等诸行为纳入一个统一的框架，把这些行为作为流域可持续发展系统运行机制的不同方面。

② 研究过程和集成过程的集成化。对流域可持续发展的研究，系统的边界条件往往是不明确的，在研究过程中往往不断改变着系统边界。对于流域复合系统，研究过程同时也是一个学习过程。通过学习过程，知识得到累积，加深对对象系统的认识，同时知识累积也导致传统

行为的改变。

③ 人与计算机技术的集成化。由于社会经济系统的复杂性，经常要用计算机进行仿真模拟、预测流域发展趋势，进行数据管理与分析等，但是，系统动力学建模、大规模系统非线性复杂系统建模都需要由人来完成，并且要做到方便的人-机对话。因此，人与计算机技术结合在研究中发挥着重要的作用。

④ 从定性到定量的综合集成。对于研究流域可持续发展这样重要而又复杂的系统，要研究各个要素与时间和空间的变化关系，还要考虑自然和社会经济两个方面的变量识别。因此，仅仅用定性分析显然是远远不够的，必须与定量分析相结合，把科学理论、经济知识和专家判断能力相结合，提出经验假设。虽然这些经验假设不能用严格的科学方式加以证明，往往是定性的认识，但可用经验性数据和资料以及模型对其确定性进行检验。这些模型必须建立在经验和对系统的实际理解上，经过定量计算和反复对比，最后形成定论，从定性上升到定量，揭示系统的本质，这样的结论才会是现阶段认识客观事物所能达到的最佳结论。这种将定性与定量、科学理论与专家经验、宏观与微观有机结合起来构成一个系统，发挥这个系统的整体优势和综合优势的方法就是综合集成方法。

实现上述四个方面的具体步骤如下。

① 全面收集、整理该地区的气象、地理、人口、工业、经济建设等基本资料，分别建立数据库。

② 建立计算机计算模型。

③ 处理各类信息，如气候要素信息、生态属性信息、资源属性信息和社会属性信息，并进行各种信息的综合。

④ 求解和验证结果。

⑤ 分析与结论。

（4）水资源系统综合集成研究的有关支撑技术

要实现水资源系统的规划，除了应用综合集成方法进行分析外，还需要相关的技术提供必要的信息及信息储存与分析。主要支撑技术有：

· 遥感技术与地理信息系统（geographical information system，GIS）；

· 决策支持系统（decision support system，DSS）及智能决策建模技术；

· 分布式团体决策理论模型及团体决策支持系统（group decision support system，GDSS）。

案例 6.6

“三峡”工程与综合集成

“三峡”工程，全称“长江三峡水利枢纽工程”，是中国乃至世界上规模最大的水利水电枢纽工程。它位于长江上游与中游的交界处，地理位置得天独厚，具有防洪、发电、航运、水资源利用等巨大的综合效益。

（1）“三峡”工程的主要功能

① 防洪。三峡工程显著提高了长江流域的防洪能力，特别是荆江河段的防洪标准从十年一遇提高到百年一遇。在面对特大洪水时，三峡水库能够拦蓄洪水，减轻下游地区的防洪压力，保障人民生命财产安全。

② 发电。三峡水电站装机总容量达到 2250 万千瓦，年发电量近 1000 亿千瓦时，是中国乃至世界上最大的水电站之一。其发出的电力主要供应华中、华东和广东电网，对缓解电力短缺、促进经济发展起到了重要作用。

③ 航运。三峡工程改善了长江中上游的通航条件，万吨级船队可以直达重庆，极大地提高了长江的航运能力。这不仅降低了航运成本，还促进了沿江地区的经济发展。

④ 水资源利用。三峡工程通过调节长江水量，实现了水资源的优化配置和高效利用。在枯水期，三峡水库可以向下游补水，改善中下游地区的生活、生产和生态用水条件。

（2）“三峡”工程的建设过程

三峡工程的建设过程是一个复杂而宏大的系统工程，历经多年的论证、规划、建设和调试，最终实现了其宏伟蓝图。

① 前期准备阶段（1992 年 4 月 3 日～ 1994 年 12 月 13 日）。长江三峡工程的设想和论证始于 20 世纪 50 年代，经过长达 40 多年的调研论证，终于在 1992 年 4 月 3 日，第七届全国人民代表大会第五次会议通过了《关于兴建长江三峡工程的决议》。这一阶段凝聚了毛泽东、周恩来、邓小平等中央领导人的大量心血智慧和几代人的不懈努力。在决议通过后，国务院及有关部门开始进行前期准备工作，包括机制准备、资金筹措、工程建设准

备、征地移民等各个方面的决策准备。

② 一期工程建设阶段（1994 年 12 月 14 日～ 1997 年 11 月 8 日）。一期工程的主要任务是进行一期围堰填筑和导流明渠开挖。1994 年 12 月 14 日，时任国务院总理李鹏宣布长江三峡工程正式开工。1997 年 6 月 30 日，右岸导流明渠按期通航。同年 11 月，实现大江截流，一期工程达到预定目标。在一期工程进行的同时，三峡库区一期水位移民搬迁安置工作启动。

③ 二期工程建设阶段（1997 年 11 月 9 日～ 2003 年 7 月 17 日）。二期工程的主要任务是修筑二期围堰，进行左岸大坝的电站设施建设及机组安装等。同时，继续进行并完成永久特级船闸和升船机的施工。2003 年 6 月 1 日起，三峡大坝开始蓄水，6 月 10 日蓄水至 135 米，永久船闸开始通航。7 月 10 日，第一台机组并网发电。7 月 18 日，三峡三期工程全面开工。

④ 三期工程建设阶段（2003 年 7 月 18 日～ 2009 年）。三期工程继续推进左岸和右岸大坝的建设，以及电站厂房和机组的安装。同时，完成地下电站的建设和机组安装。2006 年 5 月，三峡工程大坝全线浇筑到设计高程。2008 年 10 月，长江三峡工程左、右岸 26 台机组全部投产发电。2012 年 7 月，地下电站 6 台机组全部投产发电，标志着三峡工程全部机组投产发电。

⑤ 竣工验收与后期运行。2020 年 11 月，三峡工程完成整体竣工验收。至此，三峡工程建设任务全面完成，工程质量满足规程规范和设计要求，总体优良，运行持续保持良好状态。三峡工程在竣工验收后，继续发挥其防洪、发电、航运、水资源利用等综合效益。工程运行平稳，各项指标均达到或超过设计预期。

（3）“三峡”工程中的综合集成思想

① 系统规划与决策。三峡工程是一个复杂的系统工程，涉及多个领域和多个部门的协同工作。综合集成方法有助于将各个领域的专业知识和经验进行集成，为工程的系统规划和决策提供科学依据。

② 技术集成创新。在三峡工程的建设过程中，需要采用大量的新技术和新材料。综合集成方法有助于将这些新技术和新材料进行集成创新，形成具有自主知识产权的核心技术体系。

③ 项目管理。三峡工程的建设周期长、投资大、技术复杂。综合集成方法有助于实现项目管理的科学化、规范化和精细化，确保工程按时、按质、按量完成。

④ 风险管理与应对。在三峡工程的建设和运行过程中，面临着多种风险和挑战。综合集成方法有助于识别和评估潜在的风险因素，制定有效的风险应对措施，降低工程风险。

⑤ 环境保护与生态修复。三峡工程的建设对生态环境产生了一定影响。综合集成方法有助于在工程建设和运行过程中全面落实各项环保措施，强化对生态环境的保护和修复，实现人与自然的和谐共处。

案例 6.7

中国商用“大飞机”项目中的综合集成方法

中国商用“大飞机”项目是中国航空工业的重要里程碑，旨在自主研发具有国际竞争力的商用飞机。其中，最具代表性的项目是中国商飞 C919 大型客机。

（1）中国 C919 商用“大飞机”

中国商飞 C919 是中国首款按照国际通行适航标准自行研制、具有自主知识产权的喷气式中程干线客机，设计定位于 150 座级单通道窄体机市场。C919 于 2007 年立项，2017 年首飞，2022 年 9 月完成全部适航审定工作后获得中国民用航空局颁发的型号合格证。2022 年 12 月 9 日，C919 首架飞机交付航司。

C919 机长 38.9 米、翼展 35.8 米、机高 11.95 米，空机重量 45.7 吨、最

大商载 18.9 吨，座级 158 ～ 192 座，航程 4075 ～ 5555 公里。C919 采用先进气动设计、先进推进系统和先进材料，碳排放更低、燃油效率更高，采用先进的新一代发动机 LEAP-1C，经济性竞争优势明显。2023 年 5 月 28 日，C919 完成首次商业飞行，首发用户为中国东方航空。

中国“大飞机”项目注重产业链建设，通过市场化原则，面向国内外供应商公开招标、择优选用，加快飞机原材料、标准件等基础产品的国产化，形成较为完整的民机业务链和产业链。项目旨在建立适合我国民机产业发展的强大工业体系，推动航空工业的整体发展。

（2）商用“大飞机”的生产流程

C919 大型客机的生产流程是一个复杂而精细的过程，涉及多个阶段和多个领域的协同工作，充分体现了综合集成思想在大型复杂工程项目中的重要性。

① 设计研发阶段。C919 的设计研发工作主要由国内的高校和科研院所负责，借鉴了国际先进适航标准和技术，确保了飞机的安全性和经济性。设计过程中，需要考虑飞机的气动布局、结构强度、系统配置等多个方面。

② 零部件制造阶段。C919 的制造需要使用大量的合金、复合材料等原材料，这些原材料需要从国内外供应商处采购，并经过严格的质量检测。C919 的零部件制造涉及多个厂家，包括中航工业成飞、西飞、洪都等。这些厂家根据设计图纸和工艺要求，生产出各种零部件，如机身部段、机翼、尾翼、起落架等。

③ 部件装配阶段。在零部件生产完成后，需要进行部件装配工作。这一阶段的工作主要是将各种零部件按照设计要求进行组装，形成更大的部件或组件。

④ 总装调试阶段。所有部件和组件完成后，会被运往上海的中国商飞总装制造中心进行总装。上海飞机制造有限公司作为 C919 的总装制造中心，拥有丰富的民用客机制造组装经验。在总装过程中，需要安装各种机载系统，如机电系统、航电系统等。这些系统的安装和调试需要严格按照设计要求进行，以确保飞机的各项功能正常。总装完成后，C919 需要进行试飞验证工作。试飞验证是飞机研发过程中不可或缺的一环，通过试飞可以验证飞机的性能、安全性和可靠性等指标是否满足设计要求。C919 在试飞过程中完成了多个科目的试飞任务，并获得了中国民用航空局的型号合格证。

⑤ 交付与运营阶段。经过严格的试飞验证和适航审定后，C919 将交付给客户使用。首架 C919 已于 2023 年交付给中国东方航空公司。交付后的 C919 将进入运营阶段，需要定期进行维护和保养以确保飞机的持续安全运营。

（3）综合集成思想在商用“大飞机”项目中的运用

① 系统集成。在 C919 的设计与制造过程中，综合集成方法被用于将各个子系统进行有机整合，确保整体性能的最优化。通过综合集成，不同部门、不同领域的专家能够协同工作，共同解决复杂的技术问题。在供应链管理方面，综合集成方法有助于实现原材料、零部件等供应链资源的优化配置，提高生产效率和产品质量。

② 技术创新。在 C919 的装配过程中，采用了先进的数字化装配技术，如激光雷达、室内 GPS 等。这些技术的综合应用，提高了装配的精度和效率，降低了成本。综合集成方法在这些技术的研发和应用过程中发挥了重要作用。自动钻铆系统是大飞机装配中的关键设备之一。通过综合集成方法，可以实现对不同机型、不同部位装配需求的灵活应对，提高装配的柔性和自动化水平。

③ 项目管理。“大飞机”项目是一个复杂的系统工程，涉及多个领域、多个部门和多个阶段的协同工作。综合集成方法有助于实现项目管理的科学化、规范化和精细化，确保项目按时、按质、按量完成。在项目管理过程中，综合集成方法还有助于识别和评估潜在的风险因素，制定有效的风

险应对措施，降低项目风险。

综上所述，中国商用“大飞机”项目在自主研发和产业化过程中取得了显著成果，综合集成方法在其中发挥了重要作用。未来，随着技术的不断进步和产业链的不断完善，中国商用“大飞机”有望在全球航空市场中占据更加重要的地位。

案例 6.8 中国空间站中的综合集成方法

中国空间站（China Space Station，CSS），也被称为天宫空间站（Tiangong Space Station，TSS），是中国载人航天工程的重要组成部分，旨在构建一个长期在轨运行、具备多舱段结构、支持多名航天员驻留、开展大规模空间科学实验和技术试验的国家级太空实验室。中国空间站项目是中国载人航天工程的第三步战略任务，自 2010 年 10 月正式启动实施以来，经过多年的努力，已经取得了显著成果。项目的最终目标是通过自主创新和国际合作，提升中国在国际航天领域的地位和影响力，推动空间科学、空间技术、空间应用的全面发展。

（1）中国空间站的建设过程

① 空间实验室阶段（2010 年～ 2016 年）。2011 年 9 月，中国成功发射了天宫一号目标飞行器，作为空间实验室的雏形，为后续的空间站建设积累了宝贵经验。随后，中国通过神舟八号、神舟九号、神舟十号等飞船与天宫一号的交会对接任务，验证了空间站交会对接技术的可行性。2016 年 9 月，中国成功发射了天宫二号空间实验室，进一步提升了空间实验能力。

② 空间站组装与建设阶段（2018 年～至今）。2021 年，中国成功发射了天和核心舱，作为空间站的管理和控制中心。随后，中国又相继发射了问天实验舱和梦天实验舱，与天和核心舱对接，形成了空间站的基本构型。在空间站组装与建设期间，中国还定期发射天舟系列货运飞船和神舟系列载人飞船，为空间站提供物资补给和人员轮换。

（2）中国空间站的构成

中国空间站由以下几个主要部分组成。

① 核心舱。天和核心舱是空间站的管理和控制中心，全长约 18.1 米，

最大直径约 4.2 米，发射质量 20 ～ 22 吨。核心舱分为节点舱、生活控制舱和资源舱，主要任务包括为航天员提供居住环境，支持航天员的长期在轨驻留，支持飞船和扩展模块对接停靠并开展少量的空间应用实验。核心舱有五个对接口，支持飞船和扩展模块对接，从而开展空间应用实验。

② 实验舱。包括问天实验舱和梦天实验舱。两个实验舱全长约 14.4 米，最大直径约 4.2 米，发射质量 20 ～ 22 吨。实验舱主要用于应用试验，与核心舱对接后可开展长期在轨驻留的空间应用和新技术试验。其中，问天实验舱还具备组合体控制能力，配置了生命生态、生物技术和变重力科学等实验柜；梦天实验舱则主要面向微重力科学研究，配置了流体物理、材料科学等多学科方向的实验柜。

③ 载人飞船。“神舟”系列载人飞船是航天员往返空间站的主要交通工具，由专门为其研制的长征二号 F 火箭发射升空。空间站建成后，每年都会与载人飞船、货运飞船对接若干次进行补给。

④ 货运飞船。“天舟”系列货运飞船是空间站的地面后勤保障系统，由大直径的货物舱和小直径的推进舱组成。其中货物舱用于装载货物，推进舱为整个飞船提供动力与电力。货运飞船的主要任务包括补给空间站的推进剂消耗、空气泄漏，运送空间站维修和更换设备，延长空间站的在轨飞行寿命；运送航天员工作和生活用品，保障空间站航天员在轨中长期驻留和工作；运送空间科学实验设备和用品，支持和保障空间站具备开展较大规模空间科学实验与应用的条件。

⑤ 光学舱。巡天光学舱是中国第一个大口径、大视场空间天文望远镜，将与中国空间站共轨飞行。光学舱将支持多功能光学设施，开展巡天和对地观测，也可与空间站主体对接从而开展推进剂补加、设备维护和载荷设备升级等活动，是空间站的重要组成部分。目前巡天光学舱正在研制过程中。

（3）综合集成方法在中国空间站中的应用

① 系统分解与一体化设计。中国空间站项目首先将整个系统分解为多个子系统（如核心舱、实验舱、货运飞船、载人飞船等），并对每个子系统进行独立研究和设计。然后，通过一体化设计将各子系统有机结合起来，形成一个整体协调、功能完备的空间站系统。

② 专家评估与决策支持。在空间站的设计、建设和运营过程中，涉及

大量的技术决策和风险评估。中国航天机构组织专家团队对各项技术方案进行评估和打分，并结合统计分析和模糊数学等方法进行量化处理。同时，建立决策支持系统，利用计算机技术和数据分析手段为决策者提供科学依据和参考。

③ 人-机结合与智能化管理。在空间站的运营过程中，人机结合的方式得到了充分体现。航天员在空间站内进行实验和操作的同时，地面控制中心通过计算机系统和通信网络对空间站进行实时监控和管理。此外，还引入了人工智能技术来提高空间站的自主管理和决策能力。

④ 跨学科协同与集成创新。中国空间站项目涉及多个学科领域的知识和技术（如航天技术、材料科学、生命科学、信息技术等）。在项目实施过程中，各领域的专家和团队进行跨学科协同工作，共同解决技术难题和实现创新突破。通过集成创新的方式将各领域的成果融合在一起，形成具有自主知识产权的空间站系统。

由此案例可以看出，综合集成方法在中国空间站项目中发挥了重要作用，为项目的顺利实施和成功运营提供了有力保障。同时，也为其他领域的复杂系统研究和决策提供了有益借鉴和参考。

综上所述，案例 6.6、案例 6.7 和案例 6.8 的共同特征是解决大工程建设流程的组合、设计、过程控制和优化的问题，要求工程技术人员不能只沿用传统的工程方法去研究、处理复杂工程中的各类问题，而是需要用计算机技术、信息技术和人工智能技术来实现大型项目或大规模复杂系统的综合集成。

案例 6.9

人工智能领域的综合集成思想

早在20世纪70年代，人工智能相关研究者已经发现：在一个系统中，因问题复杂而需要同时使用多种模型的情况越来越多，这使得研究者们越来越倾向于相信人工智能的理论必须是丰富多彩、各司其职且相互协作的小理论的集合。正是基于这样的认识，在后续的人工智能技术发展中，综合集成思想及方法论始终贯穿其中，综合人工智能系统集成、集成式人工智能、"人工智能+"等新概念应运而生，综合集成研讨厅与人工智能结合等新的研究课题逐渐成为相关领域的热点（戴汝为，1993；操龙兵，2008；谢宗仁，2020）。

（1）人工智能技术的发展历程

1956年夏，麦卡锡、明斯基等科学家在美国达特茅斯学院开会研讨"如何用机器模拟人的智能"，首次提出"人工智能（artificial intelligence，AI）"这一概念，标志着人工智能学科的诞生。人工智能是研究开发能够模拟、延伸和扩展人类智能的理论、方法、技术及应用系统的一门新的技术科学，研究目的是促使智能机器会听（语音识别、机器翻译等）、会看（图像识别、文字识别等）、会说（语音合成、人机对话等）、会思考（人机对弈、定理证明等）、会学习（机器学习、知识表示等）、会行动（机器人、自动驾驶汽车等）。自1956年至今，人工智能经历了几十年的发展，其历程可划分为以下6个阶段。

① 起步发展期。1956年至20世纪60年代初。人工智能概念提出后，相继取得了一批令人瞩目的研究成果，如机器定理证明、跳棋程序等，掀起人工智能发展的第一个高潮。

② 反思发展期。20世纪60年代～70年代初。人工智能发展初期的突破性进展大大提升了人们对人工智能的期望，人们开始尝试更具挑战性的任务，并提出了一些不切实际的研发目标。然而，接二连三的失败和预期目标的落空（例如，无法用机器证明两个连续函数之和还是连续函数、机器翻译闹出笑话等），使人工智能的发展走入低谷。

③ 应用发展期。20世纪70年代初至80年代中期。20世纪70年代出

现的专家系统模拟人类专家的知识和经验解决特定领域的问题，实现了人工智能从理论研究走向实际应用、从一般推理策略探讨转向运用专门知识的重大突破。专家系统在医疗、化学、地质等领域取得成功，推动人工智能进入应用发展的新高潮。

④ 低迷发展期。20 世纪 80 年代中期至 90 年代中期。随着人工智能的应用规模不断扩大，专家系统存在的应用领域狭窄、缺乏常识性知识、知识获取困难、推理方法单一、缺乏分布式功能、难以与现有数据库兼容等问题逐渐暴露出来。

⑤ 稳步发展期。20 世纪 90 年代中期至 2010 年。由于网络技术特别是互联网技术的发展，加速了人工智能的创新研究，促使人工智能技术进一步走向实用化。1997 年国际商业机器公司（IBM）深蓝超级计算机战胜了国际象棋世界冠军卡斯帕罗夫、2008 年 IBM 提出"智慧地球"的概念，都是这一时期的标志性事件。

⑥ 蓬勃发展期。2011 年至今。随着大数据、云计算、互联网、物联网等信息技术的发展，泛在感知数据和图形处理器等计算平台推动以深度神经网络为代表的新一代人工智能技术飞速发展，大幅跨越了科学与应用之间的"技术鸿沟"，诸如图像分类、语音识别、知识问答、人机对弈、无人驾驶等人工智能技术实现了从"不能用、不好用"到"可以用"的技术突破，迎来爆发式增长的新高潮。

（2）人工智能与经济社会发展深度融合

当前，人工智能正在为经济社会各领域赋能，激发出新的社会生产力和创造出新的社会价值。

① 人工智能为国家治理赋能。新一代人工智能不仅自身在快速发展，而且与其他领域紧密互动、融合创新，给我国国家治理带来广泛影响。以下从信息传递、治理结构、沟通方式三个方面来把握新一代人工智能给国家治理带来的影响。

· 新一代人工智能提高信息传递效率。人工智能是充分挖掘数据要素价值、应用数据并产生新数据的强大工具。特别是融合了语言、文字、图片、视频等诸多信息形态的新一代人工智能技术，在大模型、大算力支持下可以实时完成数据分析、生成成果并即时发布，在以秒为单位的时间内完成面向全球的信息发布与传递，极大提高信息分析与传递效率，对提高工作效率和治理效能产生强大的推动力。在新一代人工智能的支撑下，加速信息收集、处理和传递的过程，及时获取准确数据和信息，可以作出更科学的决策，进一步优化资源配置。

· 新一代人工智能助推形成新的治理结构。在政府与社会关系上，凭借海量数据、超级算力和智慧功能打造出多种多样的平台或服务界面，新一代人工智能将改变政府与社会互动的方式，以智能化、一体化的政务服务平台构建起新的治理结构。以往人们办事，需要自己找对相关部门。通过智能化平台，人们只需明确自己要办什么事，便能实现与相关部门的对接。以往人们办理一件事可能需要跑几个部门，而智能化平台可以高效协调各部门，实现全时空、跨领域、跨部门的综合服务，推动治理和服务重心下移，提高行政能力与效率。

· 新一代人工智能催生新的沟通方式。生成式人工智能带来人工智能通用型技术的重大突破，正引发新一轮智能化浪潮。其“活字典”、移动的“大百科全书”的特性，加上越来越接近人类水平的语言理解和生产能力，让其“答复”既有常识性，又呈现出集成创新性。未来，人机界面沟通方式将极大提高数字政府的办公效率。它可以调用数字政府后台大数据进行实时分析，向决策者呈现全面、准确、客观的数据与规范性分析报告，甚至可能助力决策者实现全息的决策科学分析。引入和应用生成式人工智能，将改进决策流程并提高决策效率。

② 人工智能为媒体赋能。人工智能技术正在深刻地改变媒体，重塑媒体的整个流程。

随着人工智能应用的逐渐普及以及人工智能在媒体行业中一个个新的实际应用成果的诞生，我们越来越清晰地看到人工智能在推动媒体融合发展中的作用。未来，人工智能将融入媒体运作的各个环节，成为媒体纵深融合的关键着力点，为媒体向智能化发展赋能。

人工智能在媒体有着巨大的应用空间。事实上，人工智能与媒体实际应用的结合已经有许多成功的案例并且在许多方面有着出色的表现，媒体行业对于人工智能技术直接或间接的运用正在不断发展，并将推广到更广泛的新场景。

· 人工智能高级文本分析。基于自然语言处理技术的文本分析技术是人工智能的重要技术领域。自然语言处理（natural language processing，NLP）

可以分析语言模式，从文本中提取出表达意义，其终极目标是使计算机能像人类一样“理解”语言。基于内容理解和 NLP 的写作机器人为记者赋能，可以模拟人的智能和认知行为，实现机器的“创造力”，经过对大量数据的分析和学习，形成“创作”的模板，用人机结合的方式来强化记者的写作能力。国内的媒体积极地将这一技术作为媒体内容生产方式的创新，如新华社的“快笔小新”、南方报业的“小南”等。百度人工智能开放平台推出的 NLP 产品“新闻摘要”，其技术原理是基于语义分析和深度学习模型，进行新闻内容的语义分析，自动抽取新闻内容中的关键信息，并生成指定长度的新闻摘要，可用于热点新闻聚合、新闻推荐、语音播报等场景。

· 人工智能图像和视频识别。图像和视频识别可以基于深度学习进行大规模数据训练，实现对图片、视频中物体的类别、位置等信息的识别。图像主体检测可以识别图像的场景、图像中主体的位置、物体的标签等。人工智能视频技术则能够提供视频内容分析的能力，对于视频中的物体和场景进行识别并能够输出结构化标签。图像和视频技术在媒体中应用十分广泛，如内容分析、质量检测、内容提取、内容审核等方面。以媒体内容监测为例，有了人工智能图像视频技术的加持，非结构化媒体数据采用机器审核成为可能，通过数据集的训练建立用于审核的模型，针对画面中的元素进行追踪，对于图像及视频中的不恰当、有争议或违法内容、敏感内容、低俗内容等进行识别检测，进行标注和报警，以进行过滤和处理，可以大大减少人力的投入。

· 人工智能语音。人工智能语音技术主要包括语音识别和语音合成，它是一种“感知”的智能。自动语音识别（automatic speech recognition，ASR/automatic voice recognition，AVR）是基于训练的自动语音识别系统，将物理概念上的音频信息转换为机器可以识别并进行处理的目标信息，如文本。语音合成技术是通过深度学习框架进行数据训练，从而使得机器能够仿真发声。一些智能语音开放平台也提供了智能语音服务。以科大讯飞构建的智能语音开放平台为例，科大讯飞的语音输入法准确率已经能达到 98%，并且输入的速度提高到了每分钟 400 字。越来越多的媒体开始使用科大讯飞的语音技术。随着语音转换技术的日渐成熟，“语音-文本”双向转换技术在媒体中的应用成为可能。例如，将语音识别技术在采编环节中使用，生成文本稿件并进行二次编辑。运用人工智能语音编译系统，将现场的语音报道生成文字版，大大提升了编辑人员原本耗时的整理工作的效率。语音合成技术可以基于深度学习模型，把媒体报道的文章从文字版转换成语音版，并且接近于人声。甚至可以根据不同受众群体的需求，针对性地生成特定的声音供用户收听，打造更贴切、更有亲和力的语音体验。

· 人工智能人脸与人体识别。人脸识别是人工智能的应用中最为人所熟知的，它属于计算机视觉领域。目前人脸识别技术的主要应用包括人脸检测与属性分析、人脸对比、人脸搜索、活体检测、视频流人脸采集等方面。谷歌、苹果、脸书、亚马逊和微软等互联网巨头争相在这一领域的技术和应用方面抢夺先机，纷纷推出相关的技术应用并不断突破创新。2018 年 5 月的媒体报道称，亚马逊积极推广名为 Rekognition 的人脸识别服务，该解决方案可以在单个图像中识别多达 100 个人，并且可以对包含数千万个面部的数据库执行面部匹配。脸书使用简单的人脸检测算法来分析图像中人脸的像素，并将其与相关用户进行比较，为上传到平台上的每张图片提供自动生成的标记建议，取代了手动图像标记。

· 人工智能个性化推荐。传媒领域的大部分产品如电影、新闻、书籍、音乐、广告、文化活动等都致力于吸引受众阅读、聆听和观看媒体生产的内容。发现目标群体并把内容传播给该群体是达成媒体传播效果的关键一环，而个性化推荐技术解决了这一难题。这是目前在媒体中应用较为成功的人工智能技术，在媒体的内容分发过程中，个性化推荐技术为用户提供个性化体验，针对每个特定用户量身定制推荐内容，减少搜索相关内容所花费的时间。与此同时，对于人们所担忧的，由于算法主导的精准分发过程只推荐感兴趣的内容，会导致用户陷于信息茧房，研究人员目前也在试图改进算法，开发“戳破气泡”的应用技术。例如，美国的新闻聚合网站 BuzzFeed 推出的“泡泡之外”（Outside Your Bubble）、瑞士报纸 NZZ 开发的“the Companion”程序、谷歌的“Escape Your Bubble”等。

· 人工智能预测。现在已经开发出来的一些强大的基于人工智能的预测技术，让我们可以“预知未来”。通过时间序列（time series，TS）建模来处理基于时间的数据，以获得时间数据中的隐含信息并作出判断。按照一定时间间隔点来收集数据，再对这些数据点的集合进行分析以确定长期趋势，以便预测未来或进行相应的分析。当拥有时间相关数据时，时间序列模型将派上用场。例如，可以使用时间序列数据来分析某一家媒体下一年的用户数量、网站流量、影响力排名等，从而在广告投放方面作出合理决策。另外，如何及时地抓住社会热点是新闻机构所面临的重要问题，人工智能预测技术通过对海量的热点内容的模型进行训练和分析，建立热点模型，可以实现对于热点趋势的预测。

③ 人工智能为教育赋能。作为引领新一轮科技革命和产业变革的重要驱动力，人工智能催生了大批新产品、新技术、新业态和新模式，也为教育现代化带来更多可能性。习近平总书记强调，“中国高度重视人工智能对教育的深刻影响，积极推动人工智能和教育深度融合，促进教育变革创新。”人工智能与教育结合，不断碰撞出新的火花，为教育变革创新注入强劲动能。

· 人工智能改变教学模式。音乐课上，虚拟数字人“元老师”跨越时空限制，带领多所学校的学生同唱一首歌；体育课上，学生开始跳绳项目测试，智能终端上实时显示心率变化、跳绳次数、平均速度等数据。技术改变课堂，潜力无限。比如，借助虚拟现实技术，学生能够模拟穿上太空服行走在宇宙，感受浩瀚星河的魅力；通过增强现实技术体验川剧变脸，平面的课本知识变得可感可知。现实中，越来越多的学校已经开设或准备筹备人工智能教育教学活动。

· 人工智能变革教育生态。教、练、考、评、管各环节均有人工智能辅助，让教师教得更好；虚实融合多场景教学、协同育人，让学生学得更好；海量线上数据和逐渐强大的算力，让学校管理更加精准。此外，在人工智能支撑下，优质数字教育资源跨越山海，推动教育更加公平、开放。在西藏墨脱县，得益于多媒体器材配备到雅鲁藏布大峡谷深处、“智慧课堂”全覆盖，门巴族孩子小学入学率实现 100%。

（3）综合集成方法在人工智能领域中的应用

随着人工智能技术的快速发展，社会各界对其关注热度不断提高，其概念范畴和应用场景也在不断扩大。2024 年 3 月召开的十四届全国人大二次会议及全国政协十四届二次会议上，“人工智能”再度成为“热词”，政府工作报告不仅 3 次提到“人工智能”，更首次提出了开展“人工智能 +”行动，这一创新性的表述背后蕴含着深远的战略意义。

人工智能通常指的是由计算机系统所表现出来的智能行为，这些系统通过深度学习、自然语言处理等技术和算法来模拟人类的智能。而“人工智能 +”则是一个更加宽泛的概念，它指的是人工智能作为一种基础性、驱动性的技术力量，与制造、医疗、教育、交通、农业等多个领域进行深度融合，创造出新的产品、服务和商业模式，从而推动传统行业的转型升级和社会经济结构的变革。人工智能强调技术本身，“人工智能 +”更加强调的是跟行业、场景的融合，这是两者主要的区别。而“人工智能 +”的发展离不开与综合集成思想的深入融合，即人工智能系统集成技术。

人工智能系统集成技术是指将各种信息系统、网络、数据资源以及智能化设备进行深度整合，以实现智能化管理和服务的技术体系。它不仅仅是对硬件和软件的简单堆砌，更是通过先进的技术手段，实现各系统间的无缝对接和高效协同。人工智能系统集成中的关键技术主要包括以下关键技术。

① 数据集成技术。数据是人工智能系统的基石，数据集成技术能够将来自不同渠道、不同格式的数据进行整合，形成统一、规范的数据集，为后续的数据分析和模型训练提供有力支持。数据清洗、数据转换和数据映射等技术在这一过程中发挥着重要作用。

② 模型集成技术。模型集成技术是提高预测精度和稳定性的重要手段。通过将多个单一模型进行集成，可以充分利用各个模型的优势，减少单个模型的预测偏差。常见的模型集成方法包括投票法（voting）、堆叠法（stacking）和混合法（blending）等。

③ 接口集成技术。接口集成技术是人工智能系统与外部环境进行交互的桥梁。它涉及数据交换格式的统一、通信协议的选择以及接口安全性的保障等多个方面。通过合理的接口设计，可以实现人工智能系统与其他信息系统的互联互通。

④ 优化与调试技术。人工智能系统的优化与调试是确保其性能达到预期的重要环节。这包括对算法参数的调整、模型结构的优化以及系统资源的合理分配等。

目前，人工智能系统集成技术已广泛应用于各个领域，如智能制造、智能家居、智能医疗等。在智能制造领域，通过集成各种智能化设备和系统，实现了生产过程的自动化和智能化；在智能家居领域，通过集成各类智能家居设备，提升了居住环境的舒适性和便捷性。可以预见，未来人工智能系统集成技术等新兴技术将引领新一代人工智能技术的革新与应用的拓展，继续推动人工智能技术的繁荣发展。

思考题

1. 试分析综合、集成、综合集成概念的螺旋式上升的逻辑。
2. 试举例说明有哪些定性知识，哪些定量知识。
3. 试分析人、计算机、人工智能三者联系起来的智慧效应。
4. 试根据你的学习专业或研究领域，将综合集成方法应用于某个复杂系统的分析。
5. 试根据你对综合集成方法的理解，探索综合集成研讨厅体系的基本组成要素和定量建模途径。
6. 试着想象一下未来人工智能会发展到什么程度？

参考文献

[1] 王寿云, 于景元, 戴汝为, 等. 开放的复杂巨系统[M]. 杭州: 浙江科学技术出版社, 1995.

[2] 欧阳莹之. 复杂系统理论基础[M]. 上海: 上海科技教育出版社, 2002.

[3] 王浣尘. 综合集成系统开发的系统方法思考[J]. 系统工程理论方法应用, 2002, 11(1):1-7.

[4] 安小米, 马广惠, 宋刚. 综合集成方法研究的起源及其演进发展[J]. 系统工程, 2018, 36(10):1-13.

[5] 于景元, 涂元季. 从定性到定量综合集成方法——案例研究[J]. 系统工程理论与实践, 2002, (5):1-7.

[6] 于景元, 周晓纪. 从定性到定量综合集成方法的实现和应用[J]. 系统工程理论与实践, 2002, 10: 26-32.

[7] 许文. 化工安全工程概论[M]. 北京, 化学工业出版社, 2002.

[8] 成思危. 论软科学研究中的综合集成方法[J], 中国软科学, 1997, (3): 67-71.

[9] 向阳, 于长锐. 复杂决策问题求解的定性与定量综合集成方法[J]. 管理科学学报, 2001, 4(2):25-30.

[10] 马蔼乃. 地理复杂系统与地理非线性复杂模型[J]. 系统辩证学学报, 2001, 9(4):19-23.

[11] 陈立人, 冯昌. 地理信息综合集成法的研究[J]. 地域研究与开发, 1995, 14(1):21-24.

[12] 田平, 杨兆科. 国防系统的综合集成分析探讨[J]. 中国管理科学, 2000, 8(11):377-382.

[13] 李元左. 关于空间军事系统综合集成研讨厅体系的研究[J]. 中国软科学, 1999, (3):12-14.

[14] 于景元. 钱学森的现代科学技术体系与综合集成方法[J]. 中国工程科学, 2001, 3(11):10-18.

[15] 彭俊玲. 论图书情报学的综合集成化趋势[J]. 河北大学学报（哲学社会科学版）, 1998, (4):144-146.

[16] 谢玲娟. 热带气旋路径客观综合集成预报方法的研制[J]. 气象, 1995, 21(8):31-33.

[17] 王永怀. 历史的必然(上)——人体科学与综合集成方法[J]. 中国气功科学, 1995, 2(1):6-12.

[18] 胡晓峰. 系统集成与系统综合集成[J]. 测控技术, 1999, 19（9）: 11-13.

[19] 戴汝为, 李耀东. 基于综合集成的研讨厅体系与系统复杂性[J]. 复杂系统与复杂性科学, 2004, 1(4):1-24.

[20] 王丹力, 郑楠, 刘成林. 综合集成研讨厅体系起源、发展现状与趋势[J]. 自动化学报, 2021, 47(8):1822-1839.

[21] 郑楠, 章颂, 戴汝为. "人－机结合"的综合集成研讨体系[J]. 模式识别与人工智能, 2022, 35(9): 767-773.

[22] 王慧斌, 徐小群. 综合集成研讨厅体系及应用研究[J]. 信息与控制, 2001, 30(6):516-521.

[23] 胡代平, 王浣尘. 建立支持宏观经济决策研讨厅的预测模型系统[J]. 系统工程学报, 2001, 16(5):335-339.

[24] 王磊, 赵臣啸, 薛惠锋, 等. 基于犹豫模糊语言的专家综合集成研讨方法[J]. 系统工程理论与实践, 2021, 41(8):2157-2168.

[25] 罗伟其, 刘永清. 信息系统综合集成研究与辩证思维[J]. 华南理工大学学报(自然科学版), 1999, 27(8):26-31.

[26] 成思危. 复杂性科学探索[M]. 北京: 民主与建设出版社, 1999.

[27] 冯利华. 经济增长的综合集成预测[J]. 经济科学, 1999, (1):80-84.

[28] 杨建梅. 企业战略研究方法论的综合集成与创新[J]. 系统工程理论与实践, 2001, (12):6-10.

[29] 芮明杰. 产业制胜——产业视角的企业战略[M]. 杭州: 浙江人民出版社, 1997.

[30] 常金玲. 实现知识管理的最佳方案: 综合集成[J]. 情报科学, 2000, 18(11):976-977.

[31] 王慧敏, 刘新仁. 流域复合系统可持续发展测度[J]. 河海大学学报, 1999, 27(3):45-48.

[32] 王慧敏, 徐立中. 流域系统可持续发展分析[J]. 水科学进展, 2000;11(2):165-172.

[33] 本书编写组. 科学的力量[M]. 北京: 学习出版社, 2001.

[34] 戴汝为, 王珏. 关于智能系统的综合集成[J]. 科学通报, 1993, 38(14): 1249-1256.

[35] 操龙兵, 戴汝为. 开放复杂智能系统——基础、概念、分析、设计与实施[M]. 北京: 人民邮电出版社, 2008.

[36] 谢宗仁, 等. 综合集成研讨厅研究现状及其在人工智能时代的发展机遇[J]. 科技管理研究, 2020, 16: 39-45.

附录　主要缩略语

缩略语	英文	中文
AM	agile manufacturing	敏捷制造
CAD	computer aided design	计算机辅助设计
CAE	computer aided engineering	计算机辅助工程
CAM	computer aided manufacturing	计算机辅助制造
CAPP	computer aided process planning	计算机辅助工艺规划
CAQ	computer aided quality	计算机辅助质量
CIM	computer integrated manufacturing	计算机集成制造
CIMS	computer integrated manufacturing system	计算机集成制造系统
CIPS	computer integrated process system	计算机集成过程系统
CORBA	common object request broker architecture	公共对象请求代理结构
CPC	collaborative product commerce	协同产品商务
CRM	customer relationship management	客户关系管理
CSCW	computer supported cooperative work database system	计算机支持下的协同工作
DBS	data base system	数据库系统
DCOM	distributed component object model	分布组件对象模型
DCS	distributed control system	集散控制系统
DDC	direct digital control	单机数字控制
DEDS	discrete event dynamic system	离散事件动态系统
DFD	data flow diagram	数据流程图
DLL	dynamic link library	动态链接库
DOC	distributed object computing	分布对象计算
DSS	decision supporting system	决策支持系统
EDS	engineering design system	工程设计系统
EC	electronic commerce	电子商务
EIS	engineering information system	工程信息系统
ERP	enterprise resource planning	企业资源计划
FCS	field-bus control system	现场总线控制系统
GDSS	group decision support system	团体决策支持系统
GIS	geographical information system	地理信息系统

续表

缩略语	英文	中文
HTML	hyper text markup language	超文本链接标示语言
HTTP	hyper text transfer protocol	超文本传输协议
IC	integrated circuit	集成电路
IM	information management	情报管理
IPO	input/process/output	输入/处理/输出
ISI	information system integration	信息系统集成
ISMC	information security management control	信息安全管理与控制
ISO/OSI	International Organization for Standardization /open system interconnection	国际标准化组织/开放系统互联
KM	knowledge management	知识管理
MAS	manufacturing automation system	制造自动化系统
MIS	management information system	管理信息系统
MOM	message oriented middleware	面向消息的中间件
MRP	material requirement planning	物流需求计划
NDM	networked design and manufacturing	网络化设计与制造
NIST	national institute of standards and technology	国际标准和技术研究院
OA	office automation	办公自动化
ODBC	open database connectivity	开放数据库互联
OMT	object modeling technique	对象建模技术
PDM	product data management	产品数据管理
QAS	quality assure system	质量保证系统
RDBMS	relational database management system	关联式资料管理系统
RPC	remote procedure calls	远程过程调用
RPM	rapid prototype manufacturing	快速原型制造技术
RPS	real physical system	真实物理系统
TCP/IP	transmission control protocol/internet protocol	传输控制协议/互联网协议
SCM	supply chain management	供应链管理系统
SQL	structured query language	结构化查询语言
VMT	virtual manufacturing technology	虚拟制造技术
WWW	World Wide Web	万维网